從少女到媽媽都喜愛的
100 個口金包

1000 張以上教學圖解＋
原寸紙型光碟，各種類口金、包款齊全收錄

口金包，復古的時尚

在我國小時，大姨丈去日本出差帶回了西陣織錢包，我以為有金屬包口的錢包是日本獨有的款式，一個巴掌大的西陣織布料做成的口金包，是我擁有的第一個口金包。後來，整理外婆的五斗櫃時，翻出一件件美麗的口金包包，當時還不知道這些包包的名字，只覺得很古典，所以叫它們「復古包包」。有華麗的串珠口金錢包、富含古典氣息的手工織布碎花口金手拿包，其中一款黑色牛皮縫製的花紋框口提包，至今仍保有簡單素雅的時尚氛圍，成了我最寶貝的老口金包。精緻的工藝只要用心保存，這些老工匠製作的手工口金包，數十年後仍是不退流行的配飾。

口金包、珠釦包、框架包 …… 從古早到現在，這種金屬、硬式材質框口的包包有許多稱呼，但近年最廣為人知的便是「口金包」了。這是日本的稱法，有些人甚至誤認為是日本的傳統包包，但其實最早被使用的年代、地域已不可考，能確定的是，在十八世紀前後那些美麗的老照片中，歐洲婦女的隨身配件中就很常出現這類金屬框口包了。

外婆衣櫃裡的老包包，是我愛不釋手的寶。超過半世紀的老口金包，就算現在背在大街上，仍然不退流行。

2015 春季的一個文創展的參展作品，向知名的木作職人訂製的實木框，嘗試透過木材、皮革、棉布的搭配，和使用者展開既熟悉但也創新的時尚對話。

　　對我來說，口金包開啟了我對手工製包的興趣，幾年下來的摸索、嘗試、從錯誤中學習，各式口金包裝載小女孩對縫紉世界的嚮往，成長過程中接觸了不同樣貌的口金包款，就好像人生不同階段的經歷，既華麗又實際。

　　幸運地，在 2013 年底出版了《手作族最想學會的 100 個包包 Step by Step》很受到讀者們的喜愛，感謝出版社及負責本書的編輯再次給我機會，可以藉著本書與大家分享我熱愛的口金包製作，希望這些製包技巧的分享，讓大家跟我一樣愛上手工製作的口金包包，體驗它的獨特魅力。

編輯家人數年前歐洲旅行帶回的老口金包，上面的美麗織紋，有一種華麗古典的氣質。

楊孟欣
2015.06.12.

製作前，先看這！

Before You Do The Frame Bags

哇！這麼多大大小小的口金包，相信你一定躍躍欲試了！
但製作前，不論你是新手或具有經驗的人，建議閱讀以下 6 個說明，
先認識本書與光碟檔案的使用方法，再開始操作！

說明 1　先閱讀 p.12 ～ p.51

這個部分包含了認識縫紉基本工具、布料、口金框、五金配件和輔助材料，以及需要學會
的基本縫紉技巧。此外，我也歸納了一些製作小撇步和心得，希望讓讀者更快學會。

說明 2　3 種目錄多選擇

除了 p.6 ～ 11 以口金包的尺寸做「小巧」、「中型」和「大型」的目錄外，再分別於 p.52、
p.78 和 p.104，以作品的「難易程度」和「完成時間」做詳細區分，給讀者多種選擇，讓
大家依個人喜好和學習程度選擇製作品項。

說明 3　詳盡的布料排版、製作順序圖解

於每個作品的「步驟圖解手作教學」頁面中，都附上所需的布皮尺寸、排版圖，以及製作
順序圖解，方便大家在製作前備好布料、皮料、五金、工具等。

說明 4　作品紙型號碼清楚易找

於每個作品的「步驟圖解手作教學」頁面中，都清楚標上紙型號碼圖案，讓讀者不費吹灰
之力立刻找到紙型號碼來製作。

說明 5　關於 DVD 光碟檔案

如何使用光碟中附的原寸紙型呢？

光碟中有兩個資料夾的選項，即「jpg」和「pdf」，代表每一個紙型同時存成「.jpg」及
「.pdf」兩種檔案格式，可依電腦的內建軟體，選擇可以開啟的檔案格式。不論開啟哪個
資料夾，一樣都會看到名為 no.01 ～ no.100 名稱排序的資料夾，分別為 100 件作品的紙
型檔名。書中「步驟圖解手作教學」單元，每個作品頁面，都會標註作品的紙型檔名，只
要按照書上的編號，到光碟中的資料夾「jpg」或「pdf」，就可以找到相對應的紙型囉！

如何印出紙型使用？

光碟內所附的紙型檔案，依據書中的紙型大小需求，全部紙張大小都設定為 A4 尺寸。依照下列步驟，即可印出紙型，開始動手做口金包喔！

步驟 1 ➡ 複製檔案

將所需的紙型資料夾（包含內容檔案）複製到隨身儲存設備，例如 USB 隨身碟（若家中有印表機等輸出設備，即可省略複製檔案的動作）。

步驟 2 ➡ 印出檔案

① **沒有印表機等輸出設備者：** 需將檔案帶到影印店或便利商店輸出，告訴店員要印出的檔案紙張尺寸為 A4，且留意縮放設定，確保一定是原尺寸印出，便利商店支援下列 7 種媒體儲存裝置：

> USB
> SMART MEDIA
> mini SD
> XD
> MEM, STICK
> SD/MMC
> COMPACT FLASH

小叮嚀

或者在家上網，利用「7-11 雲端列印／上傳個人文件」服務，將檔案上傳到 7-11 雲端，抄下「取件編號」，即可至 7-ELEVEN ibon 機台，選擇「列印掃描 > 列印圖片文件 > 雲端列印 > ibon 個人文件」，就可以輕鬆印出紙型囉！

② **備有印表機等輸出設備者：** 無論選擇哪種檔案格式，在按下確定列印前，特別留意縮放比例設定必須為「100% 正常大小」的選項，即可印出紙型使用。

說明 6　其他注意事項

① 本書所有紙型皆為 100% 大小，使用時需留意紙型標記的所有記號點。

② 本書所有紙型皆已包含縫份，可以印出後直接使用，但縫份會因作品差異，製作時請留意縫份大小。

③ 本書整理了常用的縫紉相關詞彙解釋，可參照 p.352，光碟檔案目錄參照 p.353。

目錄 Contents

Part1 小巧口金包
一小塊皮革、零碼布，
隨意混搭

01 糖果格子零錢包 54

02 愛心水玉零錢包 54

03 紫色蘑菇零錢包 55

04 直紋花花零錢包 55

05 小樹印鑑袋 56

06 筆袋 56

07 筷子袋 57

08 條紋手機袋 58

09 藍色糖果零錢包 59

10 巴掌零錢包 59

11 水玉織花口金包 60

12 咖啡條紋口金包 60

13 水滴圓圓包 61

14 雕花口金包 61

15 帆布小方包 62

16 框角植鞣皮革包 62

17 小巧名片夾 63

18 藍色草履蟲腕包 64

19 奇幻兔子包 65

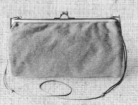
20 圓桶文具袋 66

21 長方盒口金包 66

22 文具包 67

23 雙色青鳥化妝包 67

24 方形彩虹糖皮革包 68

25 糖果皮革零錢包 68

26 鑰匙圈 69

27 項鍊口金 69

28 夢幻蝴蝶包 70

目錄 Contents

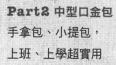

47 美國風斜背包 84

48 歡樂動物肩背包 85

49 掛鉤式印花口金包 85

50 玳瑁手提口金包 86

51 黑色水玉派對包 87

52 復古風金屬鍊宴會包 87

53 雕花皮革手拿包 88

54 雕花皮革文具袋 89

55 紅格紋塑膠口金包 90

56 格紋M形口金包 70

57 毛織布木框手拿包 91

58 蘇格蘭格子包 91

59 蝴蝶結肩背方包 92

60 花草印花提包 92

61 休閒風旅行包 93

62 紅色平口皮革腕包 94

63 鴕鳥皮紋木框包 95

64 水玉皺褶木架包 96

目錄 Contents

Part3 大型口金包
質感容量兼具，旅行、
休閒和工作時不可少

83 弧形口金後背包 112

84 方形口金後背包 113

85 水玉束口後背包 114

86 粉紅購物子母包 115

87 水玉大膠框肩背包 116

88 悠閒旅行後背包 117

89 藍色水玉ㄇ形兩用
背包 118

90 紅色直紋 M 形
口金包 118

91 桃色水玉兩用後背包 119

92 藍色直紋ㄇ形單
釦口金包 119

93 毛料手提木架包 120

94 水玉大框手拿包 120

95 蘑菇布花木框包 121

96 美式風格弧形
手提行李包 122

97 條紋兩用醫生包 123

98 皮革醫生手提包 124

99 帆布皮革醫生托特包 124

100 經典醫生書包 125

Part4 步驟圖解手作教學

口金包必學製作技法、訣竅

Before
實作基礎
不可不知，材料工具和基本技法

Basic Skills
Tools, Supplies, Skills You Must Know

認識縫紉基本工具
About Basic Sewing Tools And Supplies

「市面上的工具品項眾多,每一樣都得買嗎?」這是困擾許多手作者的大問題。以下介紹的是在本書中會用到的、常見的必備基本縫紉工具,在一般裁縫材料行就能買到。製作前,只要選好適當的工具並妥善運用,便能輕鬆完成這100個口金包!

❶縫紉機: 基本款的縫紉機,確定可以縫厚布即可。

❷車縫針: 針有粗細之分,厚布應選用編號大的針。本書中的作品,使用的車縫針都是針對厚布使用的粗針,編號為14、16號針。

❸手縫針: 和車縫針一樣有分粗細、長短,你必須依布料與需求選用粗細不同的針。如果沒有特定習慣或偏好,建議購買一般布料都通用的3號針。

❹車縫線: 縫紉機專用的線,一般多使用12、20號的線。

❺手縫線: 手縫線較車縫線粗,方便手縫時不易打結,並且更牢靠堅固。

❻布用剪刀: 選擇一把鋒利的剪刀,有利於剪裁布料。通常剪裁得是否平整,會直接影響到成品的外觀,最好分別準備裁剪布料和紙型的專用剪刀。

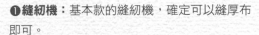

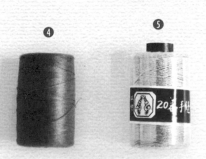

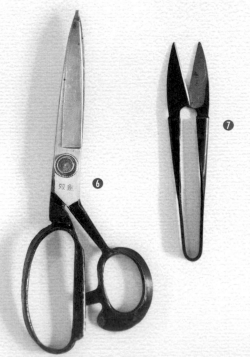

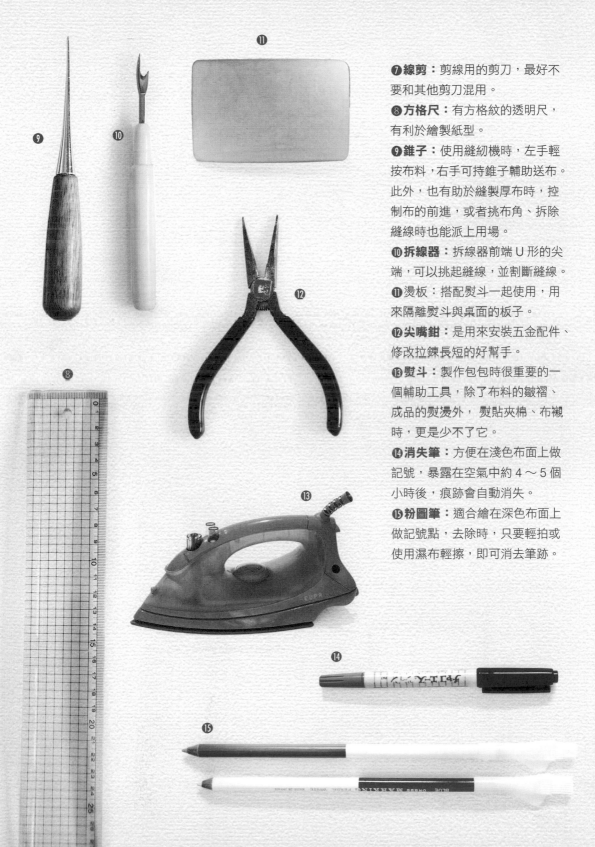

⑦線剪： 剪線用的剪刀，最好不要和其他剪刀混用。

⑧方格尺： 有方格紋的透明尺，有利於繪製紙型。

⑨錐子： 使用縫紉機時，左手輕按布料，右手可持錐子輔助送布。此外，也有助於縫製厚布時，控制布的前進，或者挑布角、拆除縫線時也能派上用場。

⑩拆線器： 拆線器前端 U 形的尖端，可以挑起縫線，並割斷縫線。

⑪燙板： 搭配熨斗一起使用，用來隔離熨斗與桌面的板子。

⑫尖嘴鉗： 是用來安裝五金配件、修改拉鍊長短的好幫手。

⑬熨斗： 製作包包時很重要的一個輔助工具，除了布料的皺褶、成品的熨燙外，熨貼夾棉、布襯時，更是少不了它。

⑭消失筆： 方便在淺色布面上做記號，暴露在空氣中約 4～5 個小時後，痕跡會自動消失。

⑮粉圖筆： 適合繪在深色布面上做記號點，去除時，只要輕拍或使用濕布輕擦，即可消去筆跡。

認識各種口金
About Handbag Frame

市售口金框種類繁多，從金屬製、塑膠製到木製框架都有，造型也五花八門。此外，為了因應消費者的各種需求，尺寸從小到大都有。先不管是哪種材質、造型、尺寸，我們可以將這些口金分成以下幾類：

❶依開口，常見的口金分成ㄇ形和弧形

ㄇ型口金
泛指所有開口屬方形的口金框。

弧形口金
泛指所有開口屬圓形的口金框。

ㄇ形口金　　弧形口金

腳長

寬度　　　　寬度

❷依照組合安裝的形式，分成塞入式、手縫式兩類

手縫式口金
即按著框架上的孔位，一針一線的縫合袋身與口金框。

塞入式口金
即袋身完成後要與口金框組合時，是以填塞方式安裝的。

手縫式口金

塞入式口金
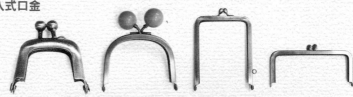

❸特殊造型的口金框，多得讓你目不暇給，每種都想擁有

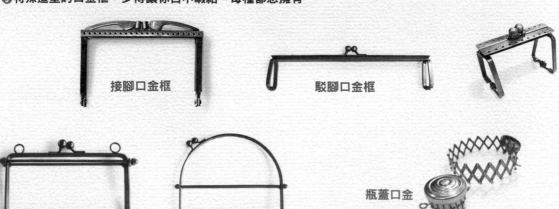

接腳口金框　　　　　駁腳口金框

平口手腕口金框　　平口手腕口金框　　瓶蓋口金

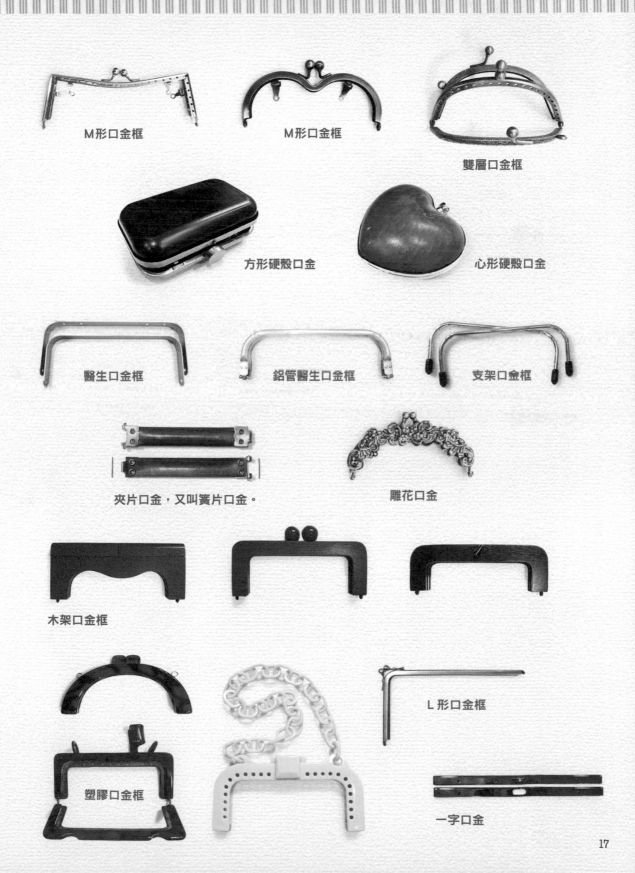

M形口金框

M形口金框

雙層口金框

方形硬殼口金

心形硬殼口金

醫生口金框

鋁管醫生口金框

支架口金框

夾片口金，又叫簧片口金。

雕花口金

木架口金框

L形口金框

塑膠口金框

一字口金

關於口金尺寸
About Handbag Frame Size

製作口金包時，在口金與袋身的組合上，需要相當精準的尺寸，多一點、少一點都容易使成品的外觀產生瑕疵，嚴重的話，口金和袋身幾乎完全無法密合、組合，所以在口金的選擇上，一定要很清楚眼前口金框的尺寸。以下列出購買口金時得留意的重點，建議帶把尺到店家直接丈量，確認無誤之後再購買；若是網路商店，可詳細詢問商家下列的尺寸，但因為每家工廠出品的框架尺寸會有些許落差，在本書的紙型設計上，口金框的寬度誤差在 0.5～1 公分範圍內都還適用。

造型誇張的塑膠口金框

寬度

選擇口金時，除了挑選造型之外，最重要的是留意尺寸，口金的尺寸多以「寬」當作依據，即從口金平放時，由左至右的總尺寸。

腳長

而弧形、方形類的口金因為有明確的角度，則多了「腳長」來做更精準的尺寸判別。

外徑與內徑

有些造型口金，因為設計上的差異，在框的結構上多了一些裝飾與特徵，就更需要加精準的尺寸標示。以右圖為例，這是一款塑膠材質造型框，外觀是波浪的粗框造型，但打開口金查看內部，實際可以安裝口金的空間，只有邊框約二分之一的空間，因此，本書為求精準，使用這類型框架的作品都會標明框的外徑與內徑尺寸，如此一來，當購買的框雖然不是同樣的材質、造型，但只要內徑尺寸相同，那袋身和框就可以組合。

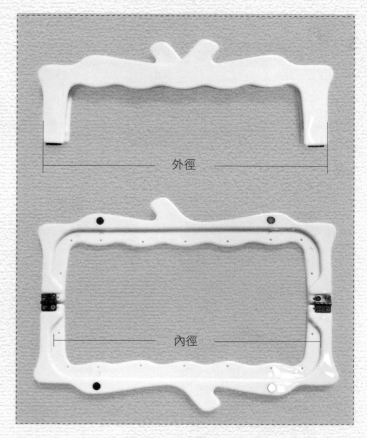

外徑

內徑

這個框與袋身組合，需要使用螺絲固定，所以購買這類口金時，記得檢查店家有沒有附上專用螺絲釘！

口金的名稱
About Handbag Frame

口金的結構，每個部位都有它的名稱，坊間對於這些稱呼沒有一致的說法，也沒有哪種說法一定正確，只要敘述上讓聽的人明白即可。為了讓讀者閱讀清楚、流暢，在此列出各部位的名稱，希望有助於讀者製作過程中可減少誤解。

不管哪一式口金、金屬花框、塑膠框，兩端一定都有固定軸，差別在於固定的零件不同，我們通稱固定軸。肩鍊耳的部分，有些口金框只有單個，有的是隱藏、活動式的，平常藏在袋口內，需要的時候可以露出來使用。珠釦的部分，現在有許多造型，書本裡也出現鳥型、酒杯型，都是每個口金廠的設計，本書統一稱為珠釦。

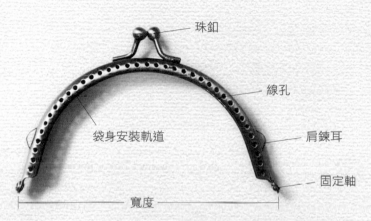

珠釦

線孔

肩鍊耳

固定軸

袋身安裝軌道

寬度

紙型與口金尺寸的對應
Pattern and Frame Size

琳瑯滿目的口金框，每家工廠出品的口金有時乍看一樣，但尺寸多少有些差異，建議使用本書紙型前，先核對每個口金包作品的材料敘述，看看手邊的口金和書中所標示的材料口金尺寸是否對應，若差距在 0.5 ～ 1 公分之內，即可直接使用。或者印出原寸紙型，使用布尺丈量袋口總寬度，再對應實際口金的開口總寬，這個方法最確實。

使用布尺從 A 點貼齊框邊，到 B 點為口金總寬，然後看看紙型中，將和口金接合的袋口總寬是不是也一樣。

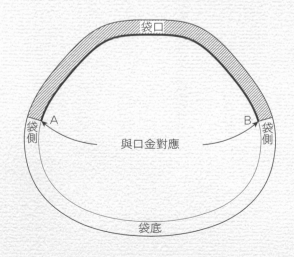

袋口

袋側 A

與口金對應

B 袋側

袋底

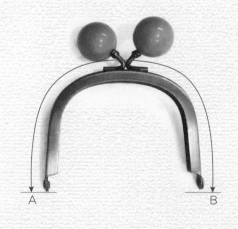

A

B

安裝口金的工具
Tools of Handbag Frame

工欲善其事，想要輕鬆完成口金，事前工具與材料的準備真不可少。有些工具生活中隨手可得，不一定要花大錢去買所謂「專業」工具，以下列出本書安裝口金的基本工具、材料！

塞入式口金所需的輔助工具與、材料

❶**錐子**：用來輔助塞填袋身、紙繩入口金的袋身安裝軌道中。

❷**一字螺**：比起錐子，我更推薦使用一字螺來填塞口金，平頭的特性，更方便把布料和紙繩推入軌道中。

❸**尖嘴鉗**：將袋身與口金都安裝定位後，可利用尖嘴鉗將口金兩端接近固定軸的部位夾緊，防止布料鬆脫，但使用時要留意，記得包著布隔開口金再夾，以免刮傷口金表面。

❹**平口鉗**：功能和尖嘴鉗一樣，但平口鉗更便於夾口金，如果剛好家中有現成的平口鉗，可以試試看。

❺**自製口金鉗**：這是以五金行販售的平口鉗改造的器具，尖嘴鉗也可以改成這樣，將其中一邊摺成 90 度，有助於塞布料及紙繩施力。看看家裡附近哪裡有鐵工廠，拿一支尖嘴鉗或平口鉗拜託他們幫幫忙吧！或者到就近的皮革工藝行，找找進口日本品牌的口金鉗。

❻**紙繩**：這是填塞口金不可少的材料，將袋身推入口金軌道中，要防止鬆脫就得靠它了，必須留意的是，紙繩的功用在於填充縫隙，所以太細的紙繩就不適合，太粗的紙繩又塞不進去。若無法確定哪種粗細剛剛好，可先購買 0.3 ～ 05 公分的粗細，需要細一點時再攤開紙繩，撕掉一些後捲成繩使用，或者收集紙購物袋的紙繩提把，粗細是最剛好的尺寸。

❼**白膠**：將袋身推入口金軌道前，必須先在軌道內壁均勻塗一層白膠，趁白膠乾掉前將袋身、紙繩安裝完畢，可以防止口金包在使用過程鬆脫，讓包口更牢固。

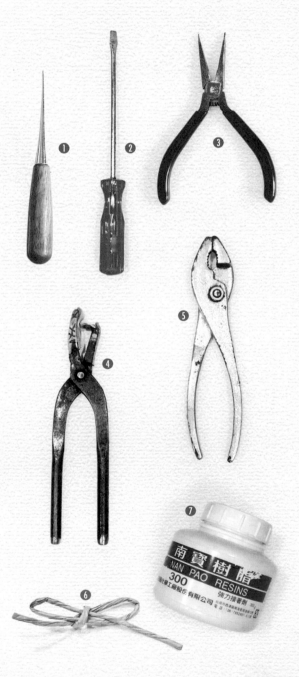

認識布料
About Fabrics

哪種布料適合製作口金包呢？其實沒有正解。凡是正常厚薄的布料都可以製作口金包，只要口金的塞布軌道塞得下，幾乎所有布料都適合，至於布料太薄的話，可以找布襯、夾棉來解決這個問題。以下大略挑幾種常見布款，介紹它們的特性。

❶**棉麻布料：**包含天然纖維，像是胚布、先染布、印花棉布、丹寧布等等，特色是布紋質感天然、極富手感，也是最普遍、通用的布料。

❷**萊卡布：**手感好，富彈性，比較適合做貼身的上衣或長褲，如果要使用萊卡布料做口金包，難度會提高許多。

❸**ＴＣ布：**是特多龍（totoron）和純棉（cotton）混紡的布料，不像天然纖維般易皺，又具有特多龍的耐用，但耐熱度沒有天然纖維佳。這種平織纖維且彈性極小的布款，和棉麻布料一樣，很適合初學者製作口金包。

❹**Ｔ恤布：**透氣性較佳，具彈性，較不會有毛邊，較少用來製作包包。但近年來有一些設計新穎的包款，就是利用Ｔ恤布做的包，所以，如果你真的想嘗試這類軟、又有彈性的布料，建議在布的反面可以熨貼布襯或夾棉，增加布的厚度與挺度再使用。

❺**毛巾布：**通常都標榜 100% 純棉，但這種有彈性的纖維，多半混有些許化學材質，和Ｔ恤布一樣，若想用來製作口金包，則需要在布的反面熨貼布襯或夾棉，增加布的厚度與挺度再使用。

❻**不織布：**人造纖維的一種。由於不是經由平織或針織等傳統編織方式製成，所以稱作「不織布」。不織布有厚度，製作包包時就不需在反面貼布襯或夾棉。通常我會使用不織布來試做包包，測試紙型。

❼**合成皮：**具有和真皮相同的質感、柔軟性和透氣性，也省去真皮保養的麻煩，但缺點是容易耗損。有些合成皮放久表面膠皮會脫落、龜裂，因此在製作包包時，要考慮到材料的耗損與持久性。

❽**動物皮革：**書中作品用的皮革，多以牛革、羊革為主。材料店中販售的牛革，會因製程不同，而產生軟皮和厚、硬皮，羊皮則較常見到軟皮。如果想做較挺的包包袋身，可以選擇較厚的皮，至於用來點綴，或者要和布料一起經過縫紉機縫合的，建議使用軟羊皮。

認識輔料

About Other Sewing Tools And Supplies

這裡介紹製作口金包時的重要配角，有了它們的輔助、搭配，可以讓包包製作過程更順利、外觀更漂亮。只要瞭解功能和特色，並妥善搭配使用，必能加速完成。

❶拉鍊：拉鍊有很多樣式，尺寸和顏色的選擇也不少，而材質的不同，也會影響作品呈現的感覺。市面上常見的拉鍊粗分兩類，最常見的「一般拉鍊」，指塑膠質的織入型拉鍊，通常用在包包裡布袋的內口袋，色彩多樣。而在本書大量使用的「銅拉鍊」是比較耐用的金屬拉鍊，因為早前是拼布族常用的拉鍊款，有些材料行會稱為「拼布拉鍊」。

❷織帶：有各種花色、尺寸可供選擇。本書作品常用到的織帶，寬度多為 1.5、2.5、3 公分，材質有尼龍和純棉，但我偏好使用棉質織帶。

❸蕾絲織片：點綴的配件之一，包包只要配上它，就能呈現日本風雜貨的感覺。

❹布標：雜貨風的印花布標這幾年款式越來越多，也常用來點綴作品，讓成品多點變化。

❺夾棉：夾棉是增加布料挺度，以及包包蓬鬆、柔軟度的重要材料。材質粗分有塑膠夾棉和純棉、動物毛類夾棉，塑膠夾棉比較便宜且用途較廣，後兩者價格上偏高。本書多使用背後皆有背膠的「厚夾棉」、「薄夾棉」。

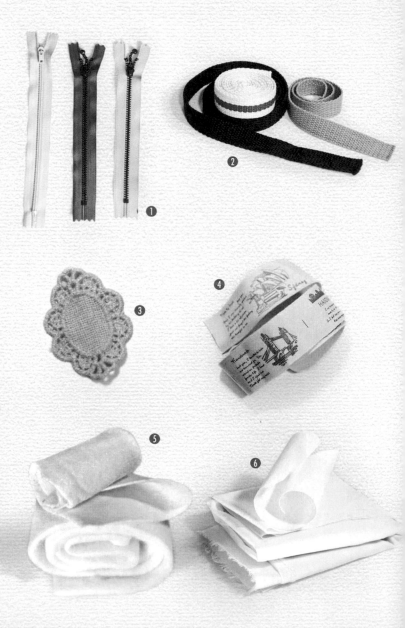

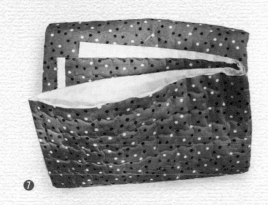

⑥ 裡襯： 如果布料不夠挺、不夠厚，可以在布的反面貼「襯」，它和夾棉的差別在於蓬鬆軟度和厚薄。本書常用到的布襯是「硬布襯」，可以讓布料更挺，且不易變形。布襯材質常見的有「布襯」「不織布（或稱紙襯）」、「彈性布襯」、「牛津襯（或稱牛筋襯）」等。製作包包比較適合的是不織布襯、布襯、牛津襯，其中牛津襯是近年我最為推薦的包袋用襯，使用它的包袋，即使擠壓也不易變形，相較於夾棉、貼硬襯的包袋，重量變更輕、包型更加硬挺且具彈性，但因為它的纖維是塑膠、平織纖維，製作時稍不留意容易刺傷手。

⑦ 鋪棉布： 鋪棉布是布料反面已經預先壓上一層夾棉的布料，分有兩面都有一層布、中間有棉的雙面鋪棉布，以及只有一層布一層棉的單面鋪棉布。鋪棉布看起來像夏天涼被或者冬季傳統棉襖，上面多半有菱格狀壓線用來固定棉與布，有人用來製作被單、外套內襯，我有時會用來取代夾棉。

⑧ 裁縫用 pp 板： 可選用厚度約 0.12 ～ 0.18 公分的，具半透明狀的塑膠板，材質是 pp，所以叫作 pp 板，用來取代紙張做成紙型有助描繪、裁剪布料，也可用在包袋袋底的補強片。

⑨ 牛奶板： 略帶米色的紙卡，可選用約 300 ～ 500 磅規格的厚度。pp 板、牛奶板都可用來當作包包袋底的補強，讓包包底部承重時不易變形，或者製作錢夾類包款的時候，有助錢夾的挺度、不容易變形。

⑩ 現成皮把手： 縫紉材料店常會販售許多仿皮或真皮製的把手。製作布包時，適當的選用皮製把手來點綴，可提升包包的質感。

牛津襯

牛津襯纖維容易誤傷手指，製作時要留意，也因為織紋的走向，建議裁剪使用時留意布向。

常見的五金配件
D.I.Y. Hardware Parts

用五金配件來點綴包包，可以讓作品更具變化、增加包包的質感、提高完整度。以下介紹書中作品常用的五金配件種類，讀者可依需求選用！此外，除了五金環釦配件，還有釘釦類，更是讓包包作品愈加完整的要角！

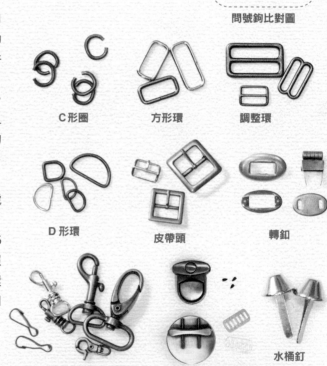

❶釦環類：包含包包肩帶的金屬環、包袋口的金屬釦組等具有轉接、固定、扭、轉等功能的金屬配件。本書常用到的環狀金屬物件有方形環、調整環（又稱日環、日形環）、D形環、C形圈，多用在肩帶、腕帶的轉接。從耐用度來說，合金材質會比鐵材質耐用且不易變形。另外，還有依據包包功能設計的搭配用金屬材料，像問號鉤、轉釦、書包釦、水桶釘、皮帶頭等等。

而C形圈、方形環、調整環、D形環、問號鉤、皮帶頭，這些在同一個包包款式上，使用的尺寸都會有所對應，比如使用2.5公分寬的包用織帶製作可調肩背帶（參照p.36），其中會搭配用到的方形環、調整環和問號鉤等的寬度要相同。本頁右上角是問號鉤尺寸的比對圖，可供參考使用。

問號鉤比對圖

C形圈　　方形環　　調整環

D形環　　皮帶頭　　轉釦

問號鉤　　書包釦　　水桶釘

同場加映

環釦的選擇，首要依據「內徑」尺寸內徑影響尺寸合用與否。確認內徑後依照設計、搭配需求選擇造型，造型的最大範圍是「外徑」尺寸。本書作品材料的清單中，所有環釦尺寸若無特別標明，都以「內徑」尺寸標示，跟坊間大部分的材料店一樣，比如2公分寬的問號鉤，指的就是右圖中標示「內徑」區段的尺寸。

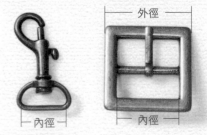

外徑

內徑　　內徑

❷**手縫式磁釦**：常用在袋口、袋蓋，不需用任何工具安裝，手縫即可固定。

❸**一般磁釦**：這種磁釦公片、母片的反面都有爪釘，安裝時，依照爪釘的距離，割出尺寸對應的孔位即可安裝，不需要安裝工具。不過，安裝磁釦的位置反面會看見磁釦的擋片，必須事後修飾，例如包袋多一層裡布遮擋，皮件則貼一塊圓形皮革遮擋。

❹**撞釘磁釦**：功能和前面兩種磁釦一樣，但需要安裝工具，表面有裝飾，所以安裝效果比較精緻。

❺**手縫式壓釦**：這是最常見的壓釦，也就是我們常說的暗釦，包包的小口袋或服飾的衣領、裙頭都常用到。

❻**壓釦**：也是常用在包包口袋、袋蓋，安裝時需要有尺寸對應的工具。

❼**雞眼**：據說看起來像雞的眼睛，所以叫作雞眼。雞眼在包包上通常裝飾效果較多，大一點尺寸的雞眼常被用在有束口功能的包包，安裝需要尺寸對應的工具。

❽**固定釦**：是用來固定布片的釦子，安裝需要尺寸對應的工具。

❾**各式五金釘釦的安裝工具：**

手縫式磁釦（方）

母釦　　　　公釦

手縫式磁釦（圓）

母釦　　　　公釦

一般磁釦

母釦　　　　公釦

撞釘磁釦

母釦　　　　公釦

母釦擋片　　公釦表片

手縫式壓釦

母釦　　　　公釦

壓釦

母釦　　　　公釦

母釦表片　　公釦底片

雞眼

表片　　　　底片

固定釦

表片　　　　底片

❾
左起／丸斬、母釦衝鈕器
公釦衝鈕器、凹面底座

左起／丸斬、衝鈕器、雞眼底座

左起／丸斬、公釦表片衝、鈕器、公釦底座

左起／丸斬、衝鈕器、凹面底座

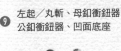

壓釦工具　　　　　雞眼工具　　　　　撞釘磁釦工具　　　　固定釦工具

同場加映

膠板和木槌

膠板和木槌絕對是重要的配角，沒有它們就無法安裝這些五金配件。膠板厚約 1 公分，可以保護桌子，也可以作為緩衝。木槌則是敲打安裝用的打具，比起鐵鎚，木槌在敲打過程中能減少對器具的損害，施力上也優於膠槌。購買時注意：選槌頭要重且穩，握把要好握的。

縫合皮革的工具
Tools of Sew Leather

皮革不同於布料，具有厚度，無法直接以縫針縫合，必須先以菱斬打好線孔再縫合。此外，操作時必須在底部墊工具，以免傷害桌面。以下介紹幾種縫合皮革的基本工具。

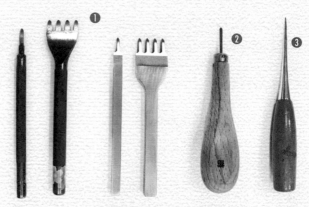

日製／單孔、四孔　　陸製／單孔、四孔

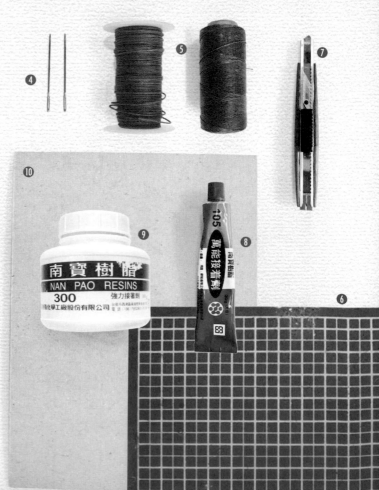

❶**菱斬**：皮革極具厚度及韌性，手工縫製時，需用工具先打線孔，便於讓針線穿過，菱斬就是皮革手縫的好幫手，先在縫製區段以菱斬打洞再縫製，簡單易上手。市售菱斬分有日製、台製、陸製、法製。

❷**菱錐**：分有粗、中、細，我慣用細菱錐，通常用在皮革上打孔或穿孔。

❸**錐子**：縫製、穿孔過程中的輔助工具。

❹**皮革手縫針**：皮革針跟一般縫針不同之處，在於針尖是鈍的，因為縫製皮革不是靠縫針穿孔，而是使用菱斬預先打好線孔，手縫針的功用在於穿針引線，縫合皮革時需要雙針一起使用。

❺**蠟線**：縫合皮革需要使用強韌的線，如使用天然麻線，需要自行在線段上手縫蠟，讓縫製過程順滑，並確保麻線不易斷裂，但這樣的工序繁複，建議直接選擇已經上好蠟的手縫線，這種蠟線多半為尼龍纖維，既堅固又美觀，精緻度不輸天然麻線。

❻**切割墊**：工作時墊在桌上，方便切割、保護桌面。

❼**美工刀**：專業的皮革工匠、職人切割皮革多半使用專業的裁皮刀，但好用順手的裁皮刀價格不菲，建議初學者只要去找把好握、順手的美工刀，換上鋒利的可換式刀片，就相當好用了。

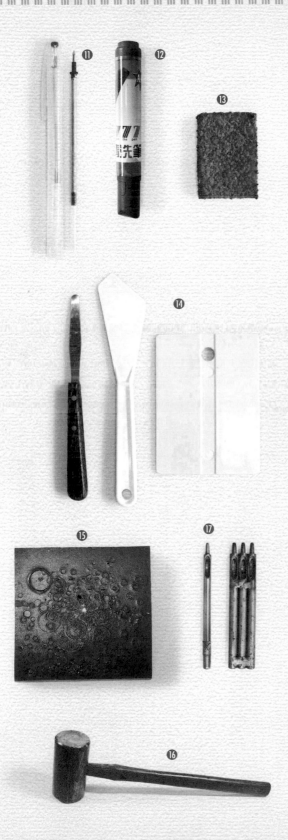

⑧ 強力膠：是貼合皮革時的強力助手，準備貼合的兩塊皮革表面均勻塗一層強力膠，在即將乾燥時貼合並加壓，貼合處會相當牢固。

⑨ 白膠：白膠也可以用來貼合皮革與皮革，但是乾的沒有強力膠快，且乾燥後比強力膠硬且沒有彈性，所以需要彎曲、活動的皮革部位，就不適合使用白膠。

⑩ 厚紙板：皮革的紙型與布料的紙型不同，布料用薄紙或海報紙就能製作紙型，但皮革紙型因為使用方式是先沿紙型將輪廓描在皮革上，才做裁剪，需要更加精準且堅固，所以用 180～300 磅厚度的厚紙板製作紙型，便於使用和保存。

⑪ 水銀筆：描繪紙型輪廓或記號點所使用的銀色記號筆，搭配專用的清潔筆或橡皮擦即可擦去筆跡，但並不是每種皮革都能使用水銀筆繪製記號線，會吃色的皮面就不建議，所以要使用時，可先在皮革角落試畫。

⑫ 清潔筆：可以去除在皮革表面的水銀筆筆跡，是相當經濟方便的輔助工具。

⑬ 豬皮膠（去膠片）：豬皮可以沾黏乾掉的強力膠痕，有時在貼合皮革時會出現溢膠情形，不要急著擦掉，可以等膠乾掉後使用豬皮輕輕沾黏，去除多餘的膠痕。

⑭ 刮刀：可以用來塗抹強力膠、白膠，善用這些工具，可以在操作過程中更順手。

⑮ 膠板：使用菱斬打線孔、丸斬軋洞過程中，除了桌面墊上切割墊以外，再疊上膠板，可以保護桌面與這些器具。

⑯ 木槌：敲打衝鈕器、丸斬、菱斬都須使用木槌，比起沉重的膠槌，較輕的木槌比較好握，也比較不會傷到器具，切勿使用鐵鎚。

⑰ 丸斬：小孔徑丸斬（直徑 0.18 公分），也可用來打手縫線孔，但要挑選較粗的縫線，比例會比較美觀。

不可不知的技法與小撇步
Skills and Tips You Must Know

手縫皮革和縫布不同，皮革較硬，因此需要事先使用菱斬打線孔，再以雙針進行縫合。也因為使用雙針縫合，如果針線沒固定好，縫合過程一直掉線、穿線是件掃興的事，下面教你使用上過蠟的縫皮麻線，與針牢牢銜接的方法！

穿針引線

訣竅在於線要固定在針孔，才不會在縫線過程鬆脫！

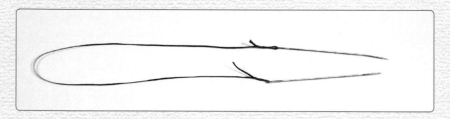

做法

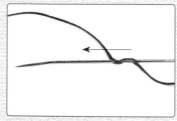

❶針刺入縫線二～三次。

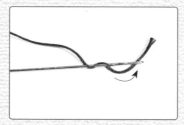

❷短線頭穿入針孔。

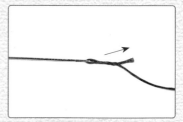

❸長線往針孔後面拉直。

同場加映

認識菱斬的尺寸

縫線的針距大小影響皮件作品的質感，挑選適當的菱斬尺寸相當重要，較薄的皮件可以用小孔徑；較厚的皮件可以使用大孔徑，本書作品使用 2.5mm 尺寸菱斬即可。此外，台灣坊間常見的菱斬有四種尺寸：

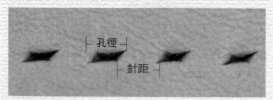

常用菱斬尺寸對應表		
菱斬規格	孔徑	針距
1.5	1.5	3
2.0	2.0	4
2.5	2.5	5
3.0	3.0	6

尺寸單位為「mm」（公釐）

縫合皮革

選對工具，一切就順手，先使用菱斬打出線孔再縫合吧！

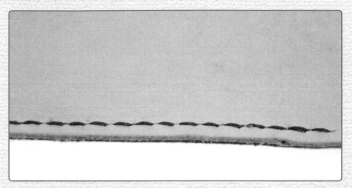

使用工具：四孔、單孔菱斬

做法

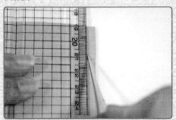

❶在要縫線的皮面上，使用錐子輕繪出縫線記號。

❷使用四孔菱斬沿著縫線記號，搭配木槌打出一排線孔。

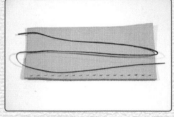

❸丈量整排線孔長度，依據這個長度乘以三倍，等於縫線的長度。

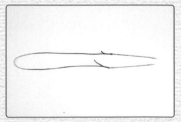

❹使用兩支針，分別裝在縫線的頭、尾。

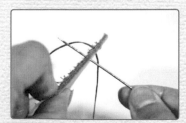

❺右手線先穿入，拉直。

❻左手線自另一端同一個線孔穿入，如此反覆直到結束。

❼結尾不用打結，只要回針二、三次，將線縫進皮革中間，抽出針即可剪斷。

不可不知的技法與小撇步
Skills and Tips You Must Know

鏤刻花形

首先要有 2～3 種造型花斬或丸斬，按照對稱的排列組合，來斬出特別的組合圖形。

使用工具：丸斬，如果選擇的是其他花樣斬，做法相同。

做法

❶ 將圖形畫在紙張上。

❷ 將紙張放在布的正面，並且確定紙張不會輕易移動，下面墊膠板保護桌面。

❸ 使用丸斬從最中心的圖形往外敲打。

同場加映

丸斬的尺寸規格

打孔工具有很多花樣，最常見的是圓形工具或稱丸斬（本書稱丸斬），除了可以打裝飾用的圖案，要安裝五金釦前，也必須使用丸斬打洞。依照不同需求，丸斬分有下列尺寸，本書常用尺寸是 6、10 號丸斬，下表中數字為直徑尺寸。

丸斬號碼與內徑大小對照															
號碼	3	4	5	6	7	8	10	12	14	15	18	20	25	30	40	50
內徑	0.9	1.2	1.5	1.8	2.1	2.4	3	3.6	4	4.5	5	6	7.5	9	12	15
內徑尺寸單位為「cm」（公分）															

安裝壓釦

壓釦也有很多尺寸，可按照個人設計需求挑選大小尺寸，但得
留意不同直徑的壓釦，必須各自對應適合的安裝工具。

使用的工具：丸斬，如果選擇的是其
他花樣斬，做法相同。

圖左起；丸斬、母釦衝鈕器、公釦衝鈕器、
凹面底座

做法

❶先打好孔位，反面套上公釦底
片，正面套上公釦表片。

❷使用公釦衝鈕器，搭配木鎚敲
打安裝。

❸將母釦表片放置在凹面底座
上，套上布片（此時布片反面
朝上）。

❹套上母釦底片，以母釦衝鈕器
搭配木槌敲打。

❺此時候要留意，衝鈕器與釦子
方向要一致。

❻安裝完成。

不可不知的技法與小撇步
Skills and Tips You Must Know

安裝撞釘磁釦

超強的磁力可用來固定包包袋蓋，自動釦合的功能非常方便。跟壓釦一樣，也有多種尺寸可選擇，而且也要對應尺寸相同的安裝工具。

使用工具

圖左起：丸斬、公釦表片衝鈕器、凹面底座

做法

❶ 先打好孔位，在布片反面套上公釦底片。

❷ 正面套上公釦表片。

❸ 放置在公釦底座上。

❹ 使用表片衝鈕器，搭配木鎚敲打安裝。

❺ 母釦摺在布正面上，依據母釦爪，剪開兩個孔位。

❻ 從正面套上母釦表片，反面套上母釦擋片，以鉗子彎摺母釦爪。

安裝雞眼

可用於裝飾、也有實質功能的雞眼，是包袋製作上可善用的五金配件，
作品質感、風格會很特別了唷！

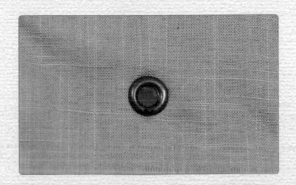

使用工具

圖左起：丸斬、衝鈕器、雞眼底座

做法

❶先打好孔位。

❷在孔位套上雞眼表片。

❸隔著布，套上雞眼下片。

❹放在尺寸對應的雞眼座上。

❺使用雞眼衝鈕器，搭配木槌敲打。

33

不可不知的技法與小撇步

Skills and Tips You Must Know

安裝固定釦

包包提把、肩背帶、釦耳的固定，除了縫線以外，可以試試搭配固定釦。常用的固定釦尺寸有直徑0.6、0.8 公分兩種，也有更大號的尺寸，可依需求選購，操作時需要對應的安裝工具。

使用工具

圖左起：丸斬、衝鈕器、凹面底座

做法

❶先打好孔位，從布的反面套上公釦，正面套上母片。

❷放在尺寸對應的凹面底座上。

❸使用凹面衝鈕器，搭配木鎚敲打安裝即可。

製作腕帶

腕帶是方便的配件之一，同樣的做法放長就可以掛脖子，短一點能做成手腕帶，再搭配前面用固定釦來固定布片接點，或者手縫固定，呈現不同的質感！

材料：
大小適當的問號鉤、固定釦

使用工具

圖左起：丸斬、衝鈕器、凹面底座

做法

❶布片縫成條狀（參照 p.37 的做法 1.）

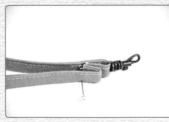

❷穿入問號鉤，兩端往內摺。

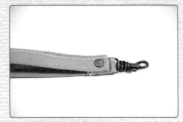

❸以固定釦或縫線固定即可。

同場加映

皮腕帶這樣做

皮革腕帶做法也相同，差別在於不用反摺皮革縫成條狀，就可以直接製作腕帶或者掛脖袋，反而比布腕帶容易製作，若想使用織帶製作，做法也相同。

❶
將皮腕帶穿入問號鉤，短邊反摺2公分，壓住長端，使用固定釦固定。

❷
大功告成囉！

不可不知的技法與小撇步
Skills and Tips You Must Know

製作可調肩背帶

大部分的包包都需要可調整長短的肩背帶,所以肩背帶是做包包一定要會的技巧。

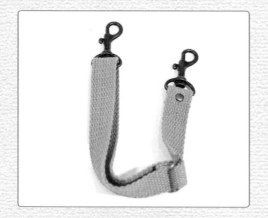

材料:

大小適當的問號鈎,或任何尺寸對應的調整環、固定釦

使用工具

圖左起:丸斬、衝鈕器、凹面底座

做法

❶將織帶其中一端穿入調整環,然後摺疊。

❷以固定釦或縫線固定摺疊處。

❸另一端套入問號鈎,或者固定在袋身上的方形環。

❹再穿入調整環。

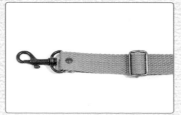

❺這一端也固定在問號鈎,或者袋身另一邊的方形環即可。

可調長短背繩綁法

可調長短背繩的構成原理與
可調肩背帶一樣，只要會做
肩背帶，背繩很容易上手。

材料：
大小適中的問號鉤、棉
繩或其他繩類。

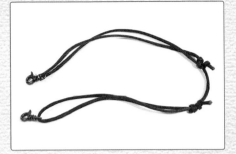

做法

❶ 穿過問號鉤或其他包包釦環，
左邊線端在右邊線身上打一個
結，要預留一小段線繩。

❷ 將預留的小段線繩再打一次
結。

❸ 右邊線端在左邊線身上也打一
個結，然後重複做法❶～❸即
可。

長形條狀物做法 1
──直接縫合法

學會這個簡單的技法，舉凡製
作袋子的把手、肩帶、束口繩、
腕帶、D環耳便能輕而易舉，快
點學會它吧！

做法

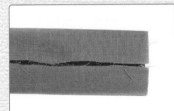

❶ 將布條從正面往反面摺兩次。

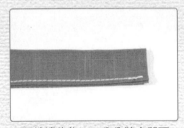

❷ 距離邊緣約 0.2 公分縫合即可。

同場加映

布邊直角縫法

這是一種收縫布邊的方法，除了使用在布條兩端的布邊縫份以外，只要遇到
必須將兩片布的布邊縫合，就可以利用這種摺疊布角的方法將布邊縫合。

❶ 長邊反摺兩次後，短邊反摺約
0.8 公分。

❷ 長邊對摺之後，夾入 0.8 公分
縫份中。

❸ 距離邊緣約 0.2 公分縫合即可。

不可不知的技法與小撇步
Skills and Tips You Must Know

長形條狀物做法 2—反面縫合

同樣是長布條，但與「直接縫合」不同的是，
從反面縫合可以隱藏縫線，成品比較精緻，
但難度相對稍微高。

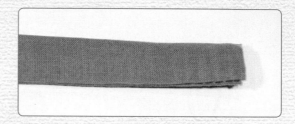

做法

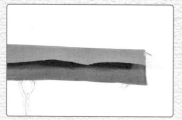

❶ 將布條正面相對。

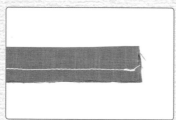

❷ 對摺以後從反面縫合。

❸ 使用反裡針，將布條翻到正面即可。

同場加映

認識反裡針

反裡針的針頭是勾狀，方便將布
勾住，然後卡緊拉出，是布翻面
的最佳利器。

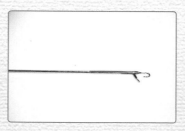

勾住布後，將布慢慢、小心拉出，
翻正。

如何包布邊

包布邊是指用一塊布條將布邊縫份包覆起來，
預防綻線、鬚邊，也用來修飾、提高質感。

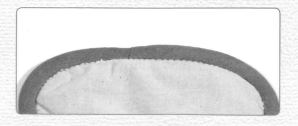

做法

❶將斜紋布條短布邊縫份反摺，正面朝主體布片正面對齊。

❷在布條四分之一處和袋身布片縫合，結尾將多餘的布條剪掉。

❸翻到反面，用熨斗將布條往內摺疊。

❹使用藏針縫縫合。

❺或是使用縫紉機，在正面布與布條接合處縫合。

❻使用縫紉機縫合後的反面，會看見縫線，手縫藏針縫則看不到縫線。

同場加映

處理布條頭、尾

使用布條包布邊，在兩端都是開放式的情況下，為了預防布邊綻線、虛邊，必須將兩端布邊反摺縫合，增添精緻度。

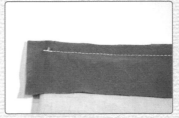

❶布條正面朝主體布的正面，在布條四分之一處縫一條直線，開頭留縫份。

❷翻到反面，將短邊縫份反摺。

❸再將長邊摺疊，塞入短邊縫份下面。

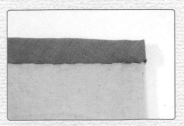

❹縫合固定即可。

不可不知的技法與小撇步
Skills and Tips You Must Know

布邊三摺縫

為防止布邊虛線，三摺縫是一種常用的技巧，袋口、手帕布邊都需要這種技法，簡單又實用！三摺縫不是因為摺三次，而是完成後變成三層布邊重疊的，如果用這種方式理解，就很容易牢記起來了。

做法

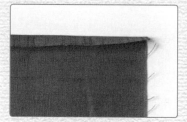

❶先將布邊反摺一次。

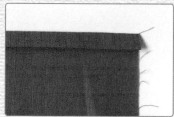

❷沿著摺過的布邊，再反摺一次。

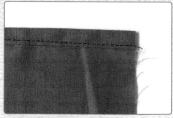

❸縫合摺起的布邊即可。

遮邊縫

製作沒有內裡的袋子，又不想拷克布邊，那就試試遮邊縫。這個做法等於是在同一布邊，分別在正面、反面各縫一次，將布邊藏在縫份中。

做法

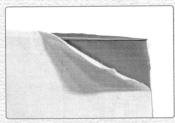

❶ 將布片反面對反面。

❷ 縫合時,縫份為原本預留縫份的三分之一為最佳。

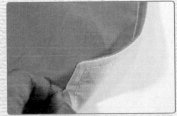

❸ 翻到反面,再沿原本預留縫份的三分之二寬度縫合,即可將縫份布邊藏起。

袋型抓底

本書中許多包款都用到這個技巧,它讓原本扁平的袋身變成立體,空間變大,一定要學會!!

做法

❶ 將預先縫好的袋底以縫份線為中心,攤平兩邊袋底布。

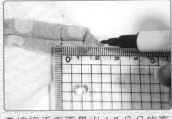

❷ 這裡垂直面量出 1.5 公分的高度,袋子厚度則是 3 公分。

❸ 沿著縫線記號縫合即可。

不可不知的技法與小撇步
Skills and Tips You Must Know

回針縫

最常用、最基本的縫法之一，通常用來固定布片，較平針縫來得牢固。

圖解

①起針
②入
③出

做法

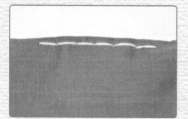

❶從布的反面起針，在正面入第二針，然後反面穿出第三針。

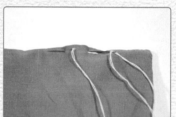

❷抽出針線之後，針刺回第二針孔，並跨過第三針孔，從反面穿出第四針孔，後續重複做法❶～❷動作直至結束。

平針縫和粗針縫

平針縫用來固定布片，常搭配回針縫使用。粗針縫又稱「疏縫」，是用來暫時固定布片，是平針縫將針距拉大的變化動作。

圖解

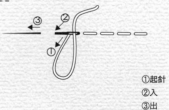

①起針
②入
③出

做法

❶從布的反面起針，可以穿2～3針再抽出針線。

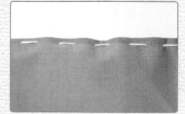

❷一直重複做法❶直至結束。

藏針縫

是隱藏縫線的針法，因為縫合時是對齊前面出針的方式，所以又稱對針縫，是本書最常用到的手縫方式。

圖解

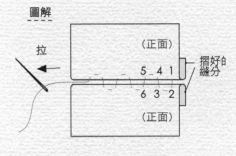

做法

❶ 首先從反面起針。

❷ 抽出針線後，往對面對齊的布面入針。

❸ 隨即在旁邊約0.3公分處出針，重複做法❶～❸直到結束。

❹ 在最後線繞針三次。

❺ 拇指壓住線，將針拉出即可打結。

❻ 最後將針插入縫隙，再從另一端拉出，將結拉近布的反面即可完全看不見縫線。

不可不知的技法與小撇步
Skills and Tips You Must Know

貼夾棉（鋪棉）

夾棉或稱鋪棉，是一層平整的棉花，其中一面上有遇熱可以貼黏的膠，用來增加布料的厚度、蓬鬆度，讓包袋更挺。

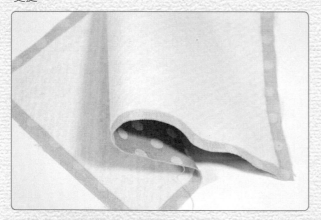

做法

❶ 裁剪夾棉時，通常要比布身小，如果布身的縫份是 0.8 公分，夾棉即為布身扣除縫份的大小，這是為了減少縫份的厚度。

❷ 夾棉有膠的那面朝布的反面，居中擺放。

❸ 夾棉上鋪一片棉質布。

❹ 熨斗高溫熨燙約 1 分鐘半，但不要重壓，以免蓬鬆的夾棉被高溫的熨斗熨扁。

❺ 翻到正面，熨斗保持輕熨勿重壓，確定布與夾棉貼合為止。

貼布襯

和夾棉一樣可增加布的厚度、強韌度，但布襯厚度、材質種類較多，書中常用的薄布襯、厚布襯都是屬於不織布材質，另外像牛津襯則是尼龍、塑膠材質，可以使包包更挺且堅固。

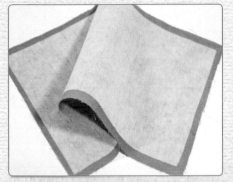

做法

❶裁剪布襯時，通常要比布身小，如果布身縫份是 0.8 公分，布襯即為布身扣除縫份的大小，這是為了減少縫份的厚度（如果使用的布襯是最薄的，不用縮縫份）。

❷布襯有膠的那面朝布的反面，居中擺放。

❸熨斗高溫熨燙約半分鐘，但得留意是否會燒焦布料。

❹翻到正面，輕輕熨燙，確定布與襯貼合了為止。

弧形邊緣的縫份芽口

縫製布料、皮革時，遇到弧度邊緣的處理，通常在翻到正面前，須在彎曲的縫份上剪芽口，以利翻面後邊緣更加平順與美觀。

做法

❶縫合有弧邊的縫份後，在翻到正面之前，可以剪出等距離的芽口。

❷翻面後弧形邊緣較平順。

不可不知的技法與小撇步
Skills and Tips You Must Know

車縫拉鏈——邊緣袋口式

最常見的拉鍊包都屬於這種，拉鍊在邊緣開口處。為了拉鍊開闔方便，兩端的拉鍊織帶在縫合時，必須反摺到裡布袋。

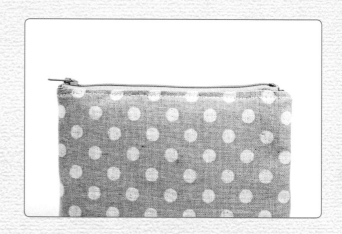

做法

❶將外布正面朝拉鍊正面，下層放正面朝上的裡布

❷縫合之前，將拉鍊織帶往裡布方向反摺，縫到尾端之後，尾端拉鍊織帶也以相同的方式反摺。

❸另一邊也是將外布正面朝拉鍊正面，下層放正面朝上的裡布。

❹拉鍊頭、尾端一樣在縫合時向裡布反摺。

❺翻到正面，可以在正面拉鍊與布邊縫一條線，固定反面的縫份，在拉鍊開闔過程中比較不會咬到裡布。

車縫拉鍊──暗袋拉鍊式

這種安裝拉鍊的方式，通常用在大包包的附屬小袋上，比如暗袋或者袋身外的扁平小拉鍊口袋。

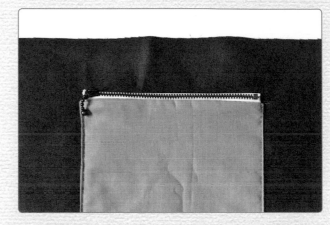

做法

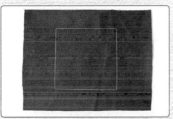

❶先在大布片上，用粉圖筆畫上口袋位置記號線。

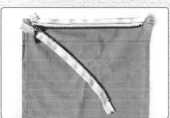

❷在口袋布片的正面袋口，放上正面朝上的拉鍊，縫合。縫合時要將拉鍊頭、尾織帶反摺。

❸將口袋布片正面相對，對摺後，剛剛縫合拉鍊的那端，蓋上另一端袋口，再縫一遍固定。

❹將兩側縫合，其中一側預留返口約 4 公分，留意不要縫到拉鍊頭、尾織帶。

❺縫合兩側後從返口翻到正面，調整返口的縫份。

❻將另一端拉鍊織帶正面朝大布片正面，靠齊記號線，頭、尾織帶反摺後縫合固定。

❼縫好拉鍊口袋片，蓋在大布片上，攤平，將兩側與底部三邊縫合固定，縫份約 0.3 公分。

> **小叮嚀**
>
> 這兩種拉鍊縫法都是針對有裡布袋的拉鍊包為例，如果不想多加裡布，只須直接省略裡布動作即可。

技法活用示範，手縫式口金
Skills Example, How to Sew?

no.01
糖果格子零錢包

布料／回針星點縫

材料

手縫式弧形口金框＊寬 8.5 公分（1 組）
外布＊寬 13× 長 21 公分（1 片）
裡布＊寬 13× 長 21 公分（1 片）
薄夾棉＊寬 11.5× 長 20 公分（1 片）

縫合袋身

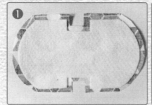

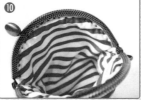

縫合袋身

❶ 使用熨斗，將薄夾棉貼合在袋身片外布反面。

❷ 將布片裁剪好，在兩端按紙型「縫止點」的相對位置剪芽口記號。外布袋口與裡布袋口正面相對，反面朝外，對應紙型縫止點記號，從弧形袋口一端開始縫合到另一端「縫止點」停止。

❸ 將裡、外袋身拉開、對摺後，縫合兩邊袋側，在裡布

其中一側邊預留返口。

❹ 以抓底方式縫合袋底缺口，袋型抓底參照 p.41。

❺ 縫份一定要向兩邊攤平，均分厚度。

❻ 翻到正面後整理袋身，在袋口沿著邊緣約 0.2 ～ 0.4 公分縫份，再縫一圈固定內部縫份。

安裝口金

❼ 取出袋口的中心點對應口金框線孔的中心孔位，從中間往側邊縫合。

❽ 使用回針縫，從框正面入針後，從布袋口出針，但停留在布袋口的針距線段盡可能保持 0.1 公分以內的小點，並留意線的整齊度。回針縫可參照 p.42。

❾ 正面的縫線走向也要力求整齊。

❿ 從正面看是回針縫，反面看是細如星點的小針距。

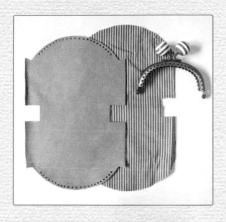

皮革／雙針縫

材料

手縫式糖果弧形口金框＊寬 8.5 公分（1 組）

皮革＊寬 13× 長 21 公分（1 片）

裡布＊寬 13× 長 21 公分（1 片）

手縫蠟線＊縫邊總長 3 倍

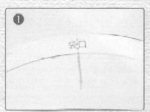

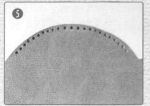

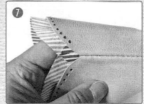

袋口打線孔

❶描繪皮革袋身片專用紙型，將袋口處的縫份去掉。

❷依據口金框線孔位置，在皮革袋身去掉袋口縫份的紙型上繪出對應孔位。

❸將紙型對摺，用 0.18 公分的丸斬，沿線孔記號打孔。

❹將孔位描在皮革裁片正面。

❺使用 0.18 公分的丸斬在皮革袋口上沿著記號點打孔。

縫合袋身

❻將皮革袋身正面朝內對摺後，先縫合兩側，抓底縫合袋底，做法可參照 p.41，並使用強力膠貼合平攤的縫份，貼合縫份做法參照 p.51 的做法❷～❸。

❼裡布袋身片縫法和外袋身片一樣，最後裡袋反面朝外，放入正面朝外的外袋裡。

❽摺好裡袋的袋口縫份，在外袋口沿著邊緣約 0.2 ～ 0.4 公分縫份，縫一圈固定。

安裝口金

❾因為已經預先打好線孔，有了對位的依據，就不怕縫合過程中袋身和口金錯位，可以直接從固定軸牙的第一個孔位開始縫合，安裝口金。

❿縫合方式參照 p.28 ～ 29 的做法❹～❻，在結束時，以平結收尾即可。

技法活用示範，手縫式口金
Skills Example, How to Sew?

材料

塞入式弧形口金框＊寬 8.5 公分（1 組）

紙繩＊粗 0.3× 長 12 公分（2 條）

外布＊寬 14.5× 長 24 公分（1 片）

裡布＊寬 14.5× 長 24 公分（1 片）

布料

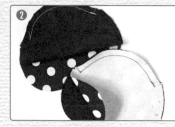

縫合袋身

❶將布片裁剪好，並在兩端按紙型「縫止點」的相對位置剪芽口記號。

❷取一片外片、一片裡片，正面相對為一組，從袋口左端開始縫合到右端「縫止點」停止。

❸縫合剩下的袋身，裡布對應裡布，外布對應外布，並在裡布預留返口。

❹翻到正面後整理袋身，在袋口沿著邊緣約 0.2 ～ 0.4 公分縫份，再縫一圈固定內部縫份。

安裝口金

❺先在口金軌道內壁塗上一層白膠。

❻將袋口放入軌道中，頂到最底。

❼塞入紙繩過程中，可以使用一字螺輔助。

❽此外，也可以使用口金鉗夾入紙繩。

❾兩邊袋口都塞好且固定後，使用尖嘴鉗或平口鉗夾緊接近口金固軸的兩旁軌道開口。

皮革

材料

塞入式弧形口金框＊寬 8.5 公分（1 組）　　皮革＊寬 14.5× 長 24× 厚 0.09 ～ 0.14 公分（1 片）

紙繩＊粗 0.3× 長 12 公分（2 條）　　　　裡布＊寬 14.5× 長 24 公分（1 片）

縫合袋身

❶與布料版本不同的是，要分別將裡、外袋縫成袋型。

❷皮革袋身縫合後的縫份部位上強力膠。

❸讓強力膠半乾狀態，將縫份像兩邊攤開，貼合固定。

❹翻到正面後，將裡袋反面朝外，縫份也盡量攤平放

入皮革外袋。

❺因為皮革較厚且硬，因此事先剪去皮革袋身片的袋口縫份，只保留裡布袋身片的袋口縫份，反摺後和皮革袋口縫合。

安裝口金

❻安裝口金的方式和布料版本相同。

Part 1
小巧口金包
一小塊皮革、零碼布，隨意混搭

Small Frame Bag
Use the small Leather and Piece-end Fabrics, Mix and Match

做法
p.128 ～
p.129

no.01
Sugar Check Frame Purse
糖果格子零錢包

小巧易攜帶，最實用的口金包款，
可以裝零錢、迷你飾品，CP 值超高。

no.02
Heart Dots Frame Purse
愛心水玉零錢包

做法
p.130 ～
p.131

可愛的蘑菇、基本款條紋圖案......
換上喜愛的布料、圖樣,輕鬆變化出不同的風格!

做法
p.132 ～
p.133

no.03
**Purple Mushroom
Frame Purse**
紫色蘑菇零錢包

做法
p.134 ～
p.135

no.04
**Stripes and Flower
Frame Purse**
直紋花花零錢包

no.05
Little Tree Name-Seal Case

小樹印鑑袋

做法
p.136 ～
p.137

純棉帆布獨具的自然觸感與舒適的顏色，
是只有手作才能呈現的完美搭配，
喜愛 DIY 的你不能錯過。

做法
p.138 ～
p.139

no.06
Frame Pan Case

筆袋

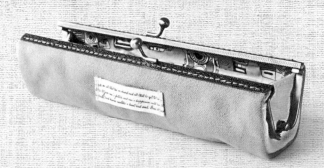

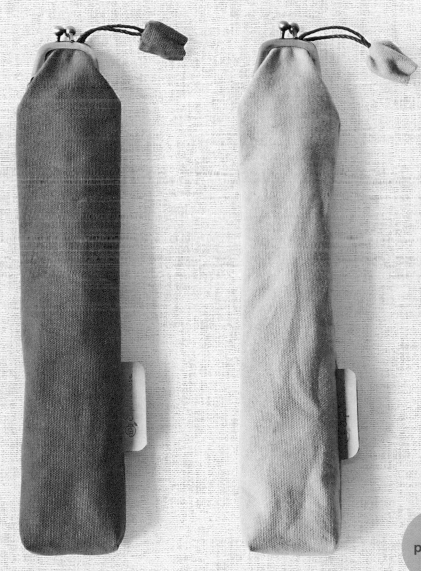

做法
p.140 ～
p.141

為環保盡一份心力，就從隨身攜帶筷子開始吧！
選擇自己喜愛的帆布，量身定做獨一無二的用品。

no.08
Stripes Cell Phone Frame Purse
條紋手機袋

做法
p.142 ～
p.143

在基本款的包形設計上，搭配雕花
圖案的復古口金框，
頓時讓這個手機袋更加搶眼。
更換不同顏色的主布料和皮革，可
浪漫、可率性！

做法
p.144 ～
p.145

no.09
Blue Candy
Frame Coin Purse

藍色糖果零錢包

各種尺寸的零錢包，都是女孩們必
備的收納小法寶。
這些以手縫方式安裝的口金框，
是初學者的入門款，零失敗率。

做法
p.146 ～
p.147

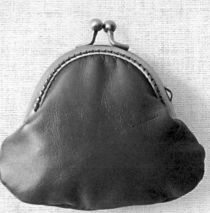

no.10
Mini Frame Coin Purse

巴掌零錢包

即使是相同的弧形口金框，
只要換上些許差異的紙型，搭配不同的
布料、花紋，
或者加上織片、五金配件，
就是匠心獨具的作品了。

no.11
Dots and Crochet
Motif Frame Purse

水玉織花口金包

做法
p.146 ～
p.147

no.12
Brown and Beige
Stripes Frame Purse

咖啡條紋口金包

做法
p.148

no.13
Drops and Dots
Frame Purse

水滴圓圓包

做法
p.149

在植鞣革上雕花、選用圖案有趣的印花布製作……
不管你是喜愛皮革或布料的手作族,
都能輕易完成女性優雅,或者活力滿載的作品。

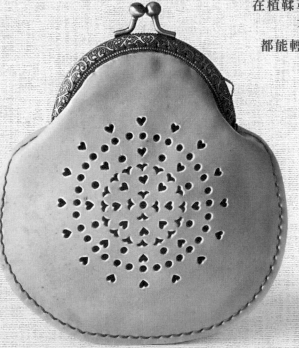

no.14
Leather Flower
Hollow Out Purse

雕花口金包

做法
p.150 ～
p.151

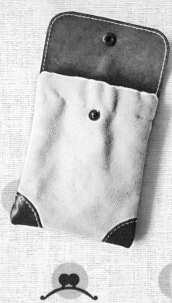

做法
p.152 ～
p.153

no.15
Canvas and Leather Purse

帆布小方包

利用夾片口金，扁包也能變得很立體、增加容量。
在布料或皮革小包的邊角處加上框，
讓作品更有質感且提升耐用度！

no.16
Vegetable-tanned
Leather Flat Bag

框角植鞣皮革包

做法
p.154 ～
p.155

SHIN

身為粉領族，名片夾是最能代表自己個性的小物，
這個特殊造型的名片夾絕對能滿足你的要求。
將皮革換個顏色或改成布料製作，創造不同質感與風格。

no.17
**Leather Business
Card Case**

小巧名片夾

做法
p.156

特殊設計的雙層口金框在收納上更便利，
放入手機、貼身小雜物隨手挽著出門，輕便又美觀。
搭配湖水藍 × 紫羅蘭色的變化草履蟲布料，
更是喜愛民俗風的手作族不能錯過的經典。

做法
p.157～
p.159

最受歡迎的兔子五金飾品，
配上紫色、綠色等皮革，充滿童趣。
發揮你的美感與創作力，
換上其他喜愛的飾品試試看吧！

no.19
Fantasy Rabbit Frame Bag

奇幻兔子包

做法
p.160

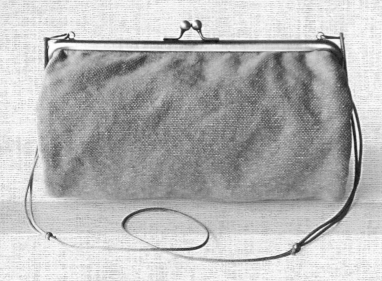

no.20
Cylinder
Stationery Pouch

圓桶文具袋

做法
p.161

這兩款是變化款的口金包，
不管是變身為長條圓桶，或是長方盒形狀，
都很俏皮有趣，絕對是大家注目的焦點。

no.21
Box Frame Pouch

長方盒口金包

做法
p.162 ～
p.165

no.22
Stationery Case
文具包

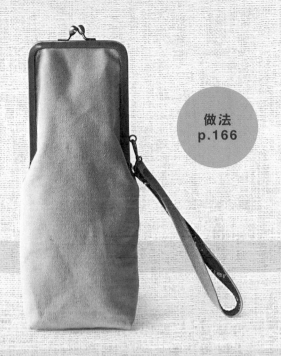

做法
p.166

大地色系的搭配，有一種溫和沉靜的舒適感，
灰藍色帆布搭配米白，更具特別的氣質，
配上特殊造型的口金框，創作出自我的風格。

做法
p.167

no.23
Two-tone Bird Make Up Bag
雙色青鳥化妝包

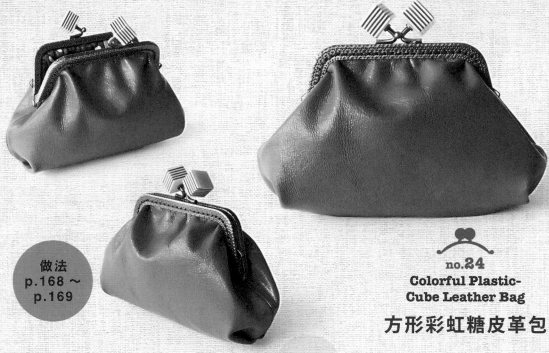

做法
p.168 〜
p.169

no.24
Colorful Plastic-
Cube Leather Bag

方形彩虹糖皮革包

除了利用各式口金框製作不同風格的包包，
更別忽略了口金框上的珠鈕，
像小鳥、骰子、透明珠或塑膠珠等，
都可以讓作品更有特色。

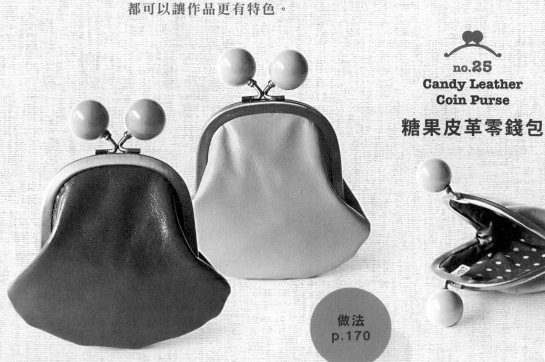

no.25
Candy Leather
Coin Purse

糖果皮革零錢包

做法
p.170

做法
p.171

no.26
Key Chain

鑰匙圈

5 公分以內的迷你口金框做成吊飾，
兼具裝飾與實用的功能。
做成可愛小巧的項鍊，更是搭配服裝的吸睛飾品。

做法
p.172 ～
p.173

no.27
Necklace Frame Purse

項鍊口金

no.28
Butterfly Dream
Frame Bag

夢幻蝴蝶包

做法
p.174～
p.175

誰說皮革總是充滿粗獷或穩重的配色？
粉嫩的馬卡龍配色也很棒！
搭配一個大大的蝴蝶結或寬版直紋的俐落設計，
是每個女孩裝扮必備的單品，
挽在手上參加 party、外出約會，
一定吸引眾人目光！

做法
p.176～
p.177

no.29
Sweet Stripes
Frame Bag

粉嫩直紋包

no.30
L Design Cell
Phone Case

L 形手機包

做法
p.178 ～
p.179

少見的 L 形口金框適合放手機。不管是令人賞心
悅目的女性剪影圖案，或是淡湖水藍、玫瑰粉等
甜美色，都是 OL 的最佳配備。馬上為自己的手
機、隨身小物做個專用收納包吧！

no.31
Pale Blue Cell
Phone Case

藍色馬卡龍手機包

做法
p.180 ～
p.181

如藤蔓造型的口金框，宛如歐洲皇室公主頭頂的皇冠，古典的銅色散發濃濃的懷舊氛圍，是優雅女性的最愛！

no.**32**

**Vine Printed frame
Leather Purse**

藤蔓皮革包

做法
p.182〜
p.183

no.33
Purple Shell Frame
Coin Purse

紫貝殼包

做法
p.184

有著古典歐洲風格的古銅色獨特花紋口金框，
是紫貝殼包和小花苞口金包的最大亮點。
圓弧的外型更添小巧可愛，
皺褶設計讓包包更立體。
不妨選用喜愛的皮革製作，包身更堅固，
成品更呈現不同風格。

no.34
Flower Bud Head
Frame Purse

小花苞零錢包

做法
p.185

no.35
**Heart Solid Frame
Leather Bag**

愛心硬殼包

做法
p.186

你一定沒想到，立體硬殼的口金包也可以自己做！
討喜的愛心形狀、高貴典雅的方盒，
搭配浪漫粉紅圓點皮革和高雅藍色皮革，放零錢、
耳環、小首飾等，隨身攜帶，更添個人的品味。

做法
p.187

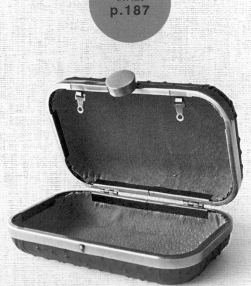

no.36
**Rectangular Solid Frame
Leather Bag**

方形硬殼包

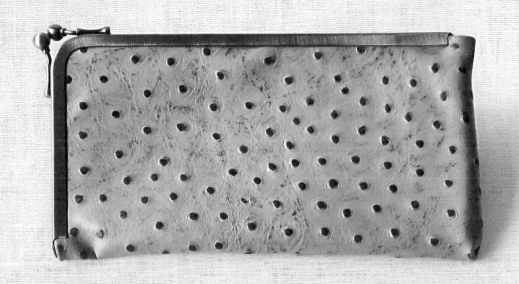

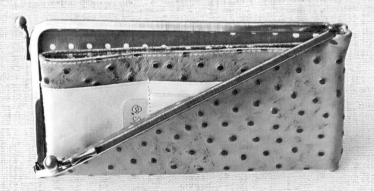

no.37
**Ostrich Leather
Long Wallet**

鴕鳥皮錢夾

做法
p.188 ～
p.190

特別的 L 形口金框，具有與眾不同的氣質，
是這幾年日本最夯的變形口金款式，
適合製作成手機包，
動點巧思還可製作成長錢夾，
搭配適合的皮革或布料，兼具美觀與實用。

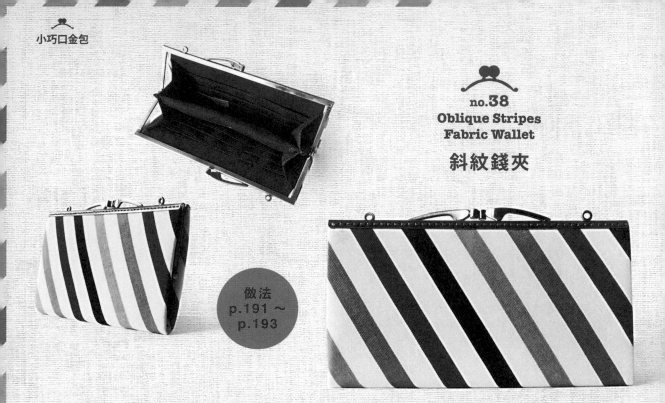

做法
p.191 ～
p.193

no.38
Oblique Stripes
Fabric Wallet

斜紋錢夾

想利用自製手作禮物表達心意嗎？
那這個基本款布製長錢夾，以及伸縮自如的瓶蓋口金
束口錢袋是不錯的選擇。不僅獨出心裁且有趣特別，
而且容量一極棒，非常實用。

做法
p.194 ～
p.195

no.39
Stripes Drawstring
Bag

直紋束口錢袋

no.40
Mini Doctor Bag

小小醫生包

如果你是初學者，那麼就從這款入門吧！
跟著這款迷你版的醫生口金包教學做法學習，
雖然步驟稍微繁複，但只要耐心製作，
上手之後就可以進階製作更大的經典醫生包囉！

做法
p.196 ～
p.199

Part2
中型口金包
手拿包、小提包，上班、
上學超實用。

Medium Frame Bag
Clutch, Small Handbag, for Office and School

做法
p.200 〜
p.201

no.41
Camel Shoulder Hobo
Leather Bag

駝黃皮革肩背包

輕巧的包型，可利用皮革或布料製作，
變化不同風格。
依個人用途加上長短肩背帶，隨心所欲，
實用度超高！

做法
p.202 〜
p.203

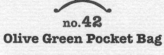

no.42
Olive Green Pocket Bag

草綠水玉口袋包

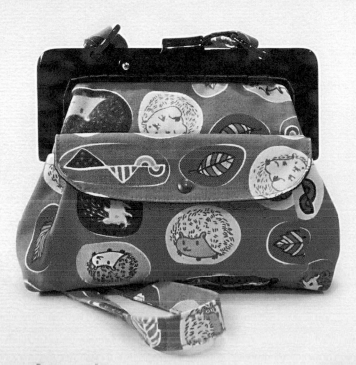

做法
p.204 ～
p.205

no.**43**
**Happy Zoo Shoulder
Hobo Bag**

繽紛動物園小肩包

這款小肩包繽紛的印花布，
是專為元氣十足、
喜愛可愛森林系風格的女孩設計的。
包包外層加上口袋，可以收納卡夾、
零錢包等隨身小物品，方便拿取。

no.44
**Twist Lock Print
Handbag**

金屬轉釦印花小提包

做法
p.206 ～
p.209

以駝色皮革搭配繽紛印花布料，更能凸顯布料上的各種圖案。
選用小巧可愛的金屬轉釦，不管開關包包都很方便。

no.45
Two-way Butterfly
Clutch Bag
兩用蝴蝶手拿包

做法
p.210 ～
p.212

在內斂的橘色皮革上，縫好大朵的咖啡點點蝴蝶圈套，
更添俏皮氛圍。
只要多縫製一個簡單的小巾折，與袋子組合，
就可以變成兩種用途的包包喔！

no.46
Sweet Dots Shoulder Frame Bag
甜美水玉肩背包

做法
p.213 ～
p.215

只要在袋身本體外來點變化，
例如加縫皮革蓋片點綴，
或者一個口金外袋，增加包包的
容量，讓你可以放更多的東西。

no.47
American Style Cross Body Bag
美國風斜背包

做法
p.216 ～
p.219

no.48
**Animals Pattern
Shoulder Bag**

歡樂動物肩背包

做法
p.220 ～
p.221

選一塊自己喜歡的印花布料製作，
為口金包增添個人特色。

除了肩背、手提等款式，在包口加一
個問號鉤，就能掛在其他包包上。

no.49
**Hanging Frame
Print Bag**

掛鉤式印花口金包

做法
p.222 ～
p.223

no.50
Tortoise Shell Frame Handbag

玳瑁手提口金包

這款玳瑁圖案、塑膠材質的口金，
有別於常見的金屬框，
散發出經典優雅的氣息，
令人眼神為之一亮！
隨意搭配斜紋布、皮革，
更能展現不同的魅力。

做法
p.224 ～
p.225

no.51
**Black with White Dots
Party Bag**

黑色水玉派對包

做法
p.226 〜
p.227

雕著美麗花樣的口金框，
是這兩款作品最特別之處。
參加聚會或派對時，帶著自己製作的
優雅風、復古風宴會包出席，
馬上成為眾人注目的焦點。

no.52
Vintage Chain Party Purse

復古風金屬鍊宴會包

做法
p.228 〜
p.229

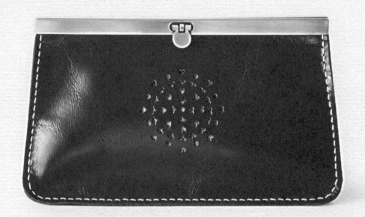

no.53
Leather Flower Hollow Clutch Bag
雕花皮革手拿包

做法
p.230 ～
p.231

皮革具有百變樣貌，
可以中性俐落，
也能展現細緻優雅的風情。
在皮革上雕花，
能讓皮革更具女性化，
熟女們不妨試試。

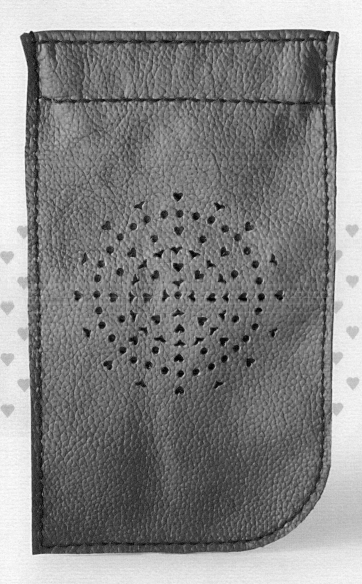

做法
p.232

no.54
**Leather Flower Hollow
Stationery Pouch**
雕花皮革文具袋

是不是覺得文具、筆散落在包包內四處，
總是找不到，
或者老是買不到喜歡的文具收納袋？
這款基本款的大人風文具袋，
絕對是你的最佳選擇。

no.55
Red Checks Plastic Frame Purse

紅格紋塑膠口金包

做法
p.233

格紋的大小與顏色深淺，
能營造出不同的視覺感受。
紅白大格紋搭配塑膠口金框活力四射，
粉紅與咖啡小格紋則盡顯優雅沉穩，
你喜歡哪個？

no.56
Checks M Design Frame Bag

格紋M形口金包

做法
p.234〜
p.235

no.57
Hand-woven Cloth Clutch Bag

毛織布木框手拿包

做法
p.236 ～
p.237

造型特殊的木架口金框與毛織布，
讓這款手拿包更具特色；
經典的蘇格蘭格子布百看不膩，
做成包包、服飾都適合。

no.58
Tartan Checks Frame Bag

蘇格蘭格子包

做法
p.238 ～
p.239

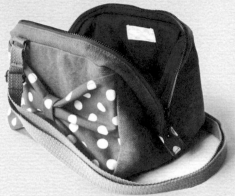

no.59
Butterfly Shoulder Square Bag
做法 p.240 ～ p.242

蝴蝶結肩背方包

蝴蝶結和花草都很受歡迎，不
管是布料上的圖案、五金配件，
或者像肩背包中的蝴蝶結大配飾，
提包上的花草圖案，
都能替作品大大加分！

no.60
Flower and Plant Handbag

花草印花提包

做法 p.243 ～ p.245

no.61
Casual -style Travel Bag
休閒風旅行包

做法
p.246 ～
p.247

喜愛度假、小旅行的人,千萬別錯過這個實用與美觀兼具的包包。
主袋外面加上書包釦的外口袋,方便收納小東西。

no.62
Red Leather
Wristlet Bag
紅色平口皮革腕包

小巧可愛的設計與顏色，
適合甜美個性的女孩們。
袋口以仿皮繩平針縫裝飾，
細節上的巧思讓手腕包更顯獨特。

做法
p.248 ～
p.250

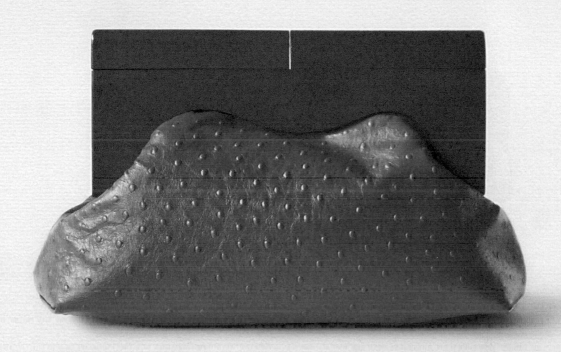

這個木架口金框讓人一見難忘,極具特色。
包身採用氣質典雅的紅色鴕鳥皮,
也可以換成神祕的黑色、活潑亮眼的粉色系,
營造各種風情。

no.63
Ostrich Leather
Wood Frame Bag
鴕鳥皮紋木框包

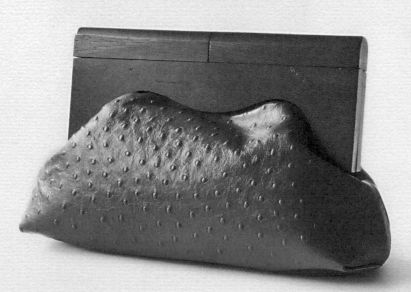

做法
p.251

no.64
**Polka Dot Pleated
Wood Frame Bag**

水玉皺褶木架包

做法
p.252 ～
p.253

不同於金屬製口金框，木架口金框散發
的沉穩舒適感令人迷戀。
基本款的木紋色與任何布料、
皮革都很搭，毫不搶色。

做法
p.254 ～
p.255

no.65
**Checks Wood Frame
Cosmetic Bag**

格紋木架化妝包

做法
p.256 ～
p.257

no.66

**Woolens Plastic
Shoulder Bag**

毛料塑膠框肩背包

將毛料布、色彩炫麗的幾何色塊布料，
搭配塑膠框與塑膠背鍊，
替這兩款包營造年輕的氣息，
活力四射。

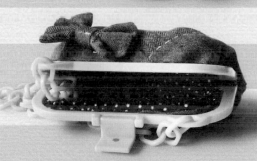

做法
p.258 ～
p.259

67

**Geometry Plastic
Clutch Bag**

幾何塑膠框手拿包

no.68
Shell Frame Clutch Bag
貝殼手拿包

做法
p.260 ～
p.261

花紋金屬框特有的典雅，
在此處展露無疑。
不管是做成手拿包或肩背包，
都能襯托出包包本身的質感。

做法
p.262 ～
p.263

no.69
Flower Metal Frame
Shoulder Bag
甜美花框肩背包

no.70
Flower Metal
Frame Square Bag

花框流蘇方包

做法
p.264 ～
p.265

皮革製的流蘇，優雅大方，
不僅和這款方包十分契合，
還可以當作飾品，用來裝飾其他包包。

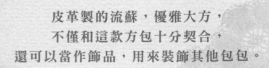

no.71
Black Leather
Shoulder Bag

黑革側肩背包

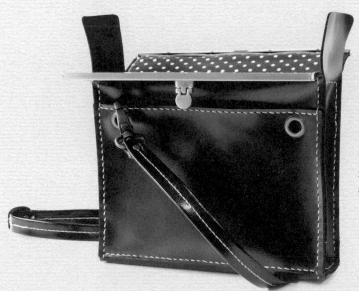

做法
p.266 ～
p.268

黑色與皮革,是永不退流行的
經典顏色與材質,
將這兩者結合創作出的肩背包,無論
搭配任何服飾風格、場合,這個肩背
包都是最完美的選擇。

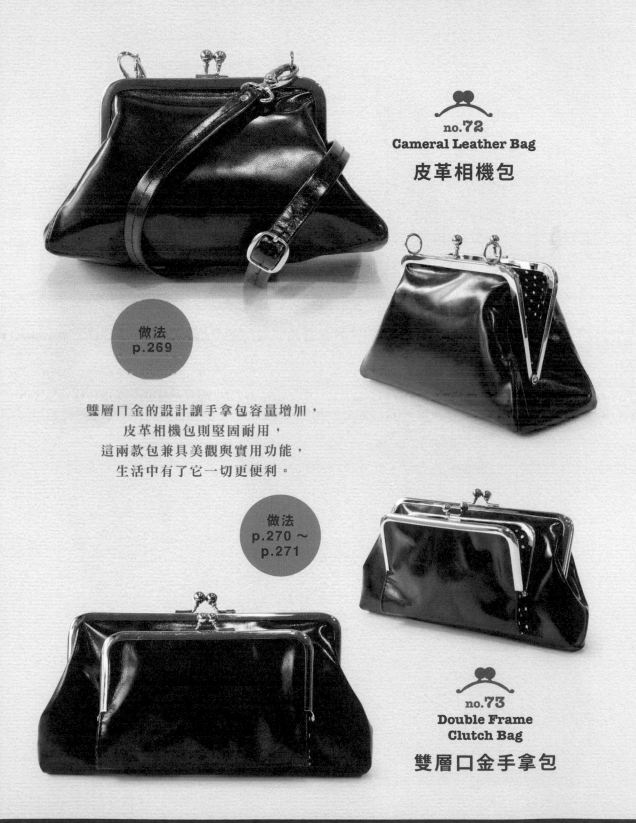

no.72
Cameral Leather Bag
皮革相機包

做法
p.269

雙層口金的設計讓手拿包容量增加，
皮革相機包則堅固耐用，
這兩款包兼具美觀與實用功能，
生活中有了它一切更便利。

做法
p.270 ～
p.271

no.73
Double Frame
Clutch Bag
雙層口金手拿包

no.74
**Leather Doctor
Shoulder Frame Bag**

皮製醫生肩背包

做法
p.272～
p.276

對開包口的設計，一目了然，
皮革袋身讓包包質感與耐用度提高，
逛街、看電影、郊遊，
背著它輕盈又便利！

肩背包是女性必備的包款，
若能在基本款設計上運用一點巧思，像這款包包
開口的下摺設計，
絕對令人眼睛為之一亮。

做法
p.278 ～
p.279

no.**75**
Camel Fold-over
Shoulder Bag
駝黃摺蓋肩背包

Part3
大型口金包
質感容量兼具，旅行、
休閒和工作時不可少。

Big Frame Bag
Both Quality and Volume, for Travel , Leisure Time and Work.

no.**76**
**Flower Print Croissant
Handbag**

花花可頌手提包

做法
p.280 ～
p.282

細緻的口金框架，更能襯托優雅的氣質；
高雅清新的黑色印花圖案，最適合端莊典雅的女性。

做法
p.283

no.77
Flower Print Shell
Handbag

花花貝殼手提包

大朵紅花圖案洋溢著青春與活力，
袋身上加入些許皺褶的設計，
多了點巧思與變化，
適合各年齡層的女性！

no.78
Light Aqua Blue
Vintage Bag

湖水藍復古提包

雙層口金框將內空間一分為二，
一邊收納簡易化妝用品與雜物，
一邊放手機、錢包、零錢包，
利於分類收納，好便利。

做法
p.284 ～
p.287

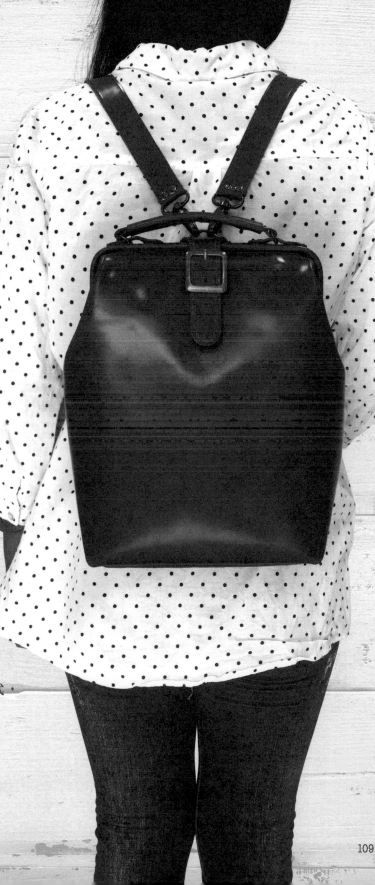

no.79
Doctor Leather Backpack
皮革醫生後背包

做法
p.288 ~
p.291

一般醫生口金包大多為手提樣式，
這個後背式的改良款，
搭配亮麗的紅色，
讓一向端莊的醫生口金包
頓時年輕不少。

no.80
Semicircle Frame Handbag

半圓手提包

做法
p.292 ～
p.294

特殊的半圓型設計，吸引人的目光，
盡顯使用者的個人品味；
而專為個人設計的作品袋，
可收納塗鴉本或平板電腦，超有型。

做法
p.295 ～
p.297

no.81
Designer's Stripe Bag

設計師的作品袋

洗舊色的布料，
成功塑造出包包隨性且不失優雅的質感。
可手提、可肩背，是一款機能型的外出便利包。

no.82
Casual Two-way Bag

率性風兩用包

做法
p.298～
p.299

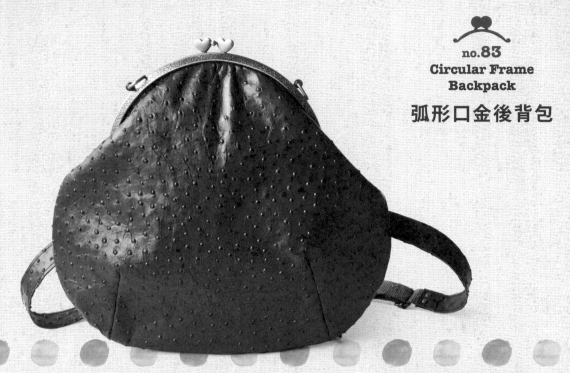

no.83
Circular Frame
Backpack

弧形口金後背包

在傳統的圓型口金手拿包上，
加上雙肩背帶如何？
隨性使用鴕鳥皮、牛皮或復古風
皮革製作，營造不同風格。

做法
p.300 ～
p.302

no.84
Square Frame
Backpack

方形口金後背包

如果看膩了弧形口金包，
這款方形包特別推薦給你。
皮革混搭織布的肩背帶，
多了點設計，實用與特色兼具。

做法
p.303 ～
p.304

no.85
**Polka dots Purse-string
Backpack**

水玉束口後背包

最夯的 8 號帆布製成的束口後背包，
搭配萬年不敗的水玉圖案，
再加上口金外口袋，最適合小旅行，
粉紅色給懷抱少女心的你，
一起迎接繽紛的燦爛季節吧！

做法
p.305 ～
p.307

no.86
**Pink Pocket
Shopping Bag**

粉紅購物子母包

做法
p.308 ～
p.311

子母包的設計，方便你更輕鬆區分
收納私人物品。
粉紅斜條紋的包體具有足夠的容量，
是你外出、購物的最佳包包！

no.87
Polka Dots plastic Shoulder Bag

水玉大膠框肩背包

塑膠口金框散發濃濃的復古氛圍，
搭配經典不敗的圓點圖案，以及紅格紋內袋，
彷彿回到美好的純真年代。

做法
p.312 ～
p.313

no.88
**Casual Travel
Backpack**

悠閒旅行後背包

兩天一夜小旅行所需的東西，
全部都可以放入這個旅行袋中。
便於攜帶的尺寸，讓旅程中更輕鬆愜意。

做法
p.314 ～
p.315

no.89
Blue Polka Dots ∏ Design Two-way Bag

藍色水玉∏形兩用背包

做法
p.306 ～
p.307

永不退流行的各色點點與條紋布料，
是製作各種包款的不二選擇。
只要挑選自己喜歡的顏色，
可浪漫、可典雅，創造屬於自己的風格。

no.90
Red Stripe M Design Frame Bag

紅色直紋 M 形口金包

做法
p.318 ～
p.319

做法
p.320 ～
p.322

no.91
Pink Polka Dots Two-way Backpack

桃色水玉兩用後背包

這個兒童用的小背包，
尺寸小巧可愛，顏色亮麗，
最適合天真浪漫的小女孩野外郊遊時使用。
親手製作一個，
讓你的小寶貝受到朋友們的羨慕吧！

no.92
Blue Stripe ⊓ Design Frame Bag

藍色直紋⊓形單釦口金包

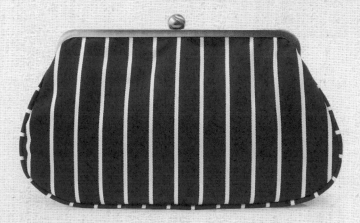

做法
p.313

no.93
Woolen Wood Frame Handbag

毛料手提木架包

做法
p.324 ～
p.325

木架框散發出的獨有樸質韻味，
是一般金屬製成的口金框難以望其項背的。
搭配毛料布或棉麻布等，加上手作，成品更具質感。

no.94
Black Polka Dots Clutch Bag

水玉大框手拿包

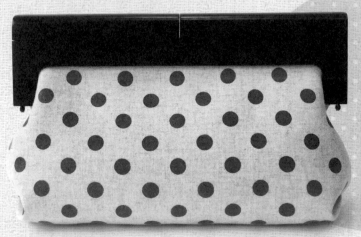

做法
p.326 ～
p.327

no.95
Mushroom Print
Wood Frame Bag

蘑菇布花木框包

做法
p.328 ～
p.329

蘑菇圖案與雙色木框，
展現濃濃的日式雜貨風。
換成自己喜歡的美式鄉村風布料，
或者英式格紋布，
創作屬於自己的作品吧！

no.96
American Style Shell-shape Tote Bag

美式風格弧形手提
行李包

做法
p.330 ～
p.331

這款弧形手提包內使用鋪棉布，
省去熨燙夾棉、貼襯的工序，
做工簡單易上手，
完成後保證成就感十足！

做法
p.332～
p.335

no.97
**Blue Stripe Two-way
Doctor Bag**

條紋兩用醫生包

有別於金屬片狀框架的皮革醫生包，
這款使用插梢式的鋁管醫生框搭配布料的設計，
稍以皮革點綴，讓醫生包不再是硬梆梆的工具包。

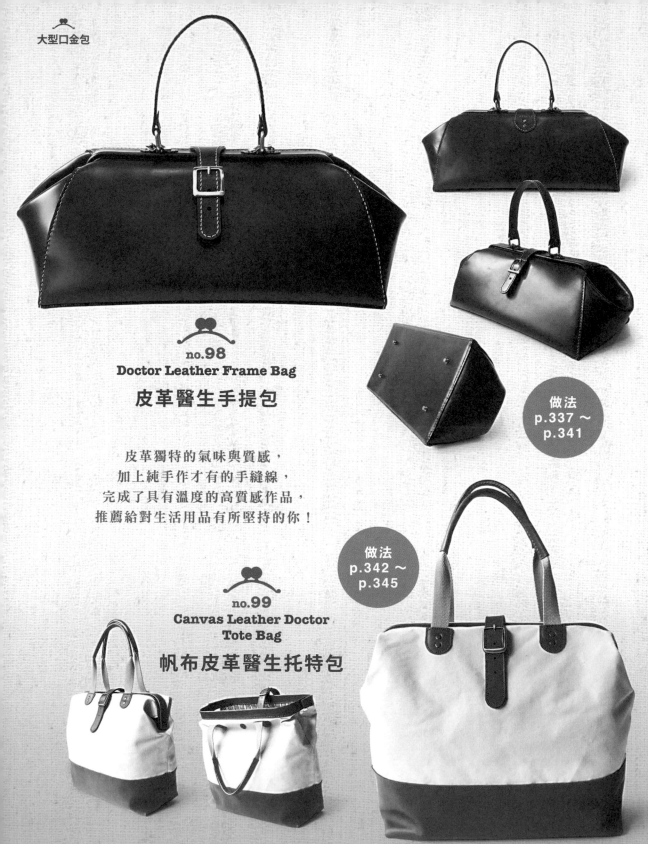

no.98
Doctor Leather Frame Bag

皮革醫生手提包

皮革獨特的氣味與質感，
加上純手作才有的手縫線，
完成了具有溫度的高質感作品，
推薦給對生活用品有所堅持的你！

做法
p.337 ~
p.341

做法
p.342 ~
p.345

no.99
**Canvas Leather Doctor
Tote Bag**

帆布皮革醫生托特包

可背、可手提的這款醫生包，
選用了最基本的咖啡色皮革製作，令人百看不膩。
兼具耐用與容量大的特色，是上課、
上班不可缺的實用包款。

no.100
Classic Doctor
Two-way Bag

經典醫生書包

做法
p.346 ～
p.351

步驟圖解目錄

Part4
步驟圖解手作教學
口金包必學製作技法、訣竅

Step by Step
How to Do Frame Bag, Methods and Tips You Must Read

Sugar Check Frame Purse
糖果格子零錢包

成品尺寸

寬 9.5× 高 11× 厚 4 公分

材　料

手縫式弧形口金框＊寬 8.5 公分（1 組）
外布＊寬 13× 長 21 公分（1 片）
裡布＊寬 13× 長 21 公分（1 片）
薄夾棉＊寬 11.5× 長 20 公分（1 片）

主要工具

縫紉機或者手縫針、線、熨斗、燙板

做　法

❶ **貼薄夾棉：** 參照 p.44 貼夾棉，在外布
　袋身片反面熨燙薄夾棉。

❷ **縫合袋身片：** 將貼好夾棉的外布和裡
　布，分別縫成袋型。

❸ **組合裡、外袋：** 將外袋反面朝外，裡袋
　正面朝外，兩袋正面相對齊套在一起，
　從袋口處沿著縫份 0.8 公分縫合，要留
　返口翻到正面。

❹ **安裝口金框：** 參照 p.48 手縫式口金（布
　料），將袋身和口金縫合就大功告成
　囉！

做法流程

排版方式

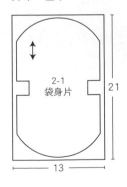

外布、裡布　　　　　薄夾棉

2-1
袋身片
21

2-2
袋身片
20

13

11.5

單位/公分

①貼薄夾棉

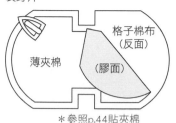

袋身片

格子棉布
（反面）

薄夾棉

（膠面）

＊參照p.44貼夾棉

＊參照p.44貼夾棉

小叮嚀

安裝手縫式口金框的重點在於，必須從口金中間的針孔（洞）往旁邊開始縫，這樣才能確保完成後袋身與口金框對齊，反覆這樣的動作將另一端口金框也固定即可。

②縫合袋身片

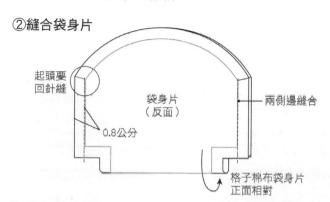

起頭要
回針縫

袋身片
（反面）

兩側邊縫合

0.8公分

格子棉布袋身片
正面相對

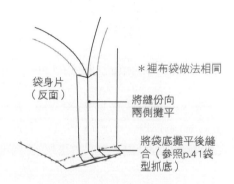

＊裡布袋做法相同

袋身片
（反面）

將縫份向
兩側攤平

將袋底攤平後縫合（參照p.41袋型抓底）

③組合裡、外袋

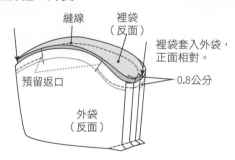

縫線

裡袋
（反面）

裡袋套入外袋，
正面相對。

預留返口

0.8公分

外袋
（反面）

翻到正面

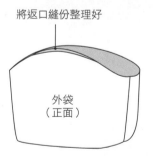

將返口縫份整理好

外袋
（正面）

④安裝口金框

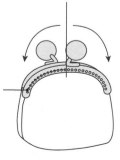

＊安裝口金框參照p.48手縫式口金（布料）

＊從口金中間的針孔往旁邊開始縫，框與袋口才不易錯位，使用回針星點縫，才能讓正面的縫線走向整齊，反面的縫線如星點。

Heart Dots Frame Purse
愛心水玉零錢包

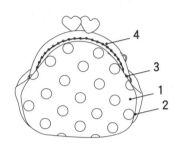

成 品 尺 寸

寬 11× 高 10.5× 厚 4.5 公分

材 料

手縫式弧形口金框＊寬 8.5 公分（1 組）
外布 A ＊寬 23× 長 12 公分（1 片）
外布 B ＊寬 7× 長 23 公分（1 片）
裡布＊寬 18× 長 23 公分（1 片）
薄夾棉＊寬 15× 長 21 公分（1 片）

主 要 工 具

縫紉機或者手縫針、線、熨斗、燙板

排 版 方 式

外布B

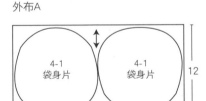

外布A

外布A部分：
4-1 袋身片　4-1 袋身片
23　12

外布B部分：
23　4-2 袋側片　7

做 法

❶ **貼薄夾棉**：參照 p.44 貼夾棉，在外布袋身
片、外布袋側片反面熨燙薄夾棉。

❷ **縫合袋身片**：將貼好夾棉的外布袋身片、袋
側片和內裡片，分別縫成袋型，並於內袋預
留返口翻到正面。

❸ **組合裡、外袋**：將外袋反面朝外，裡袋正面
朝外，兩袋正面相對齊套在一起，從袋口處
沿著縫份 0.8 公分縫合。

❹ **安裝口金框**：參照 p.48 手縫式口金（布料），
將袋身和口金框縫合就大功告成囉！

裡布

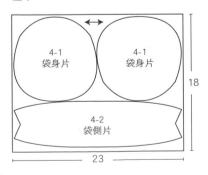

裡布部分：
4-1 袋身片　4-1 袋身片
18
4-2 袋側片
23

薄夾棉

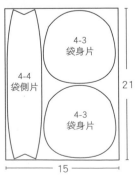

薄夾棉部分：
4-3 袋身片
4-4 袋側片
21
4-3 袋身片
15

單位/公分

①貼薄夾棉

袋身片/外布A

薄夾棉

（膠面）

外袋身片
（反面）

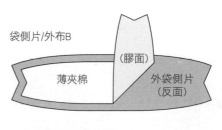

袋側片/外布B

（膠面）

薄夾棉

外袋側片
（反面）

＊參照p.44貼夾棉

②縫合袋身片

起頭要
回針縫

袋身片
（正面）

回針縫

袋側片
（反面）

0.8公分

＊裡、外袋做法相同

袋身片與袋側片先
縫合一邊後，再縫
合另一邊。

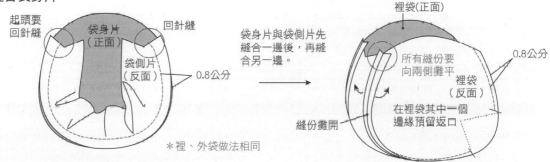

裡袋（正面）

所有縫份要
向兩側攤平

0.8公分

裡袋
（反面）

縫份攤開

在裡袋其中一個
邊緣預留返口

③組合裡、外袋身

裡袋（正面）

0.8公分

將兩袋正面相對齊套在一
起，沿著袋口縫份0.8公分
縫合一圈。

外袋
（反面）

縫份攤開

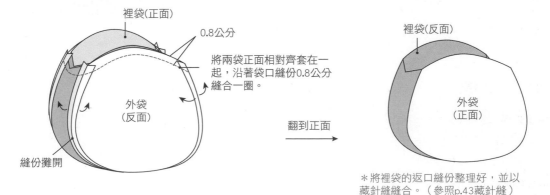

翻到正面

裡袋（反面）

外袋
（正面）

＊將裡袋的返口縫份整理好，並以
藏針縫縫合。（參照p.43藏針縫）

④安裝口金框

＊安裝口金框做法同p.128糖果格子零錢包
＊詳細圖解參照p.48手縫式口金（布料）

Purple Mushroom Frame Purse

紫色蘑菇零錢包

做 法 流 程

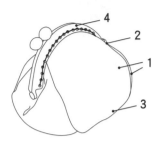

成 品 尺 寸

寬 11× 高 10.5× 厚 7.5 公分

排 版 方 式

材 料

手縫式弧形口金框＊寬 8.5 公分（1 組）

外布 A＊寬 20× 長 15 公分（1 片）

外布 B＊寬 19× 長 15 公分（1 片）

裡布＊寬 38× 長 15 公分（1 片）

薄夾棉＊寬 32× 長 13 公分（1 片）

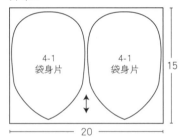

外布A

| 4-1 袋身片 | 4-1 袋身片 |

20 / 15

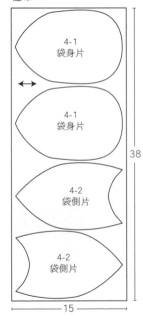

裡布

4-1 袋身片

4-1 袋身片

4-2 袋側片

4-2 袋側片

38 / 15

主 要 工 具

縫紉機或者手縫針、線、熨斗、燙板

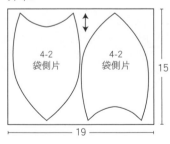

外布B

| 4-2 袋側片 | 4-2 袋側片 |

19 / 15

做 法

❶ **貼薄夾棉：** 參照 p.44 貼夾棉，在四片
　外布 A、B 袋身片、袋側片反面熨燙薄
　夾棉。

❷ **縫合袋身片：** 將外布 A、B 和裡布袋身
　片、袋側片，分別縫成袋型。

❸ **組合裡、外袋身：** 做法同 p.130「愛心
　水玉零錢包」的做法❸。

❹ **安裝口金框：** 做法同 p.131「愛心水玉
　零錢包」的做法❹，大功告成囉！

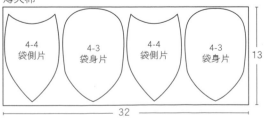

薄夾棉

| 4-4 袋側片 | 4-3 袋身片 | 4-4 袋側片 | 4-3 袋身片 |

32 / 13

單位/公分

①貼薄夾棉

袋身片/外布A

袋側片/外布B

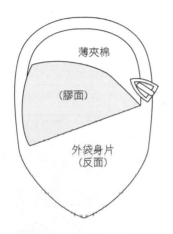

薄夾棉

（膠面）

外袋身片
（反面）

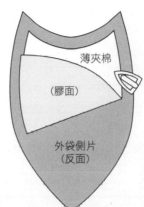

薄夾棉

（膠面）

外袋側片
（反面）

＊參照p.44貼夾棉，在四片
袋身片、袋側片（外布）反
面熨燙薄夾棉。

②縫合袋身片

回針縫

外袋身片
（正面）

外袋側片
（反面）

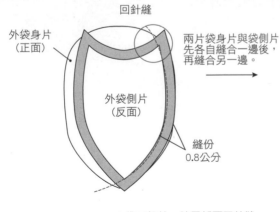

縫份
0.8公分

兩片袋身片與袋側片
先各自縫合一邊後，
再縫合另一邊。

＊袋口起針、結尾都要回針縫。

縫份往兩邊攤開

外袋身片
（正面）

外袋身片
（反面）

縫份
0.8公分

外袋側片
（反面）

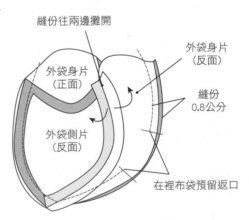

在裡布袋預留返口

＊外布、裡布做法相同。

Stripes and Flower Frame Purse

直紋花花零錢包

做 法 流 程

成 品 尺 寸

寬 12× 高 12.5× 厚 3.5 公分

材 料

手縫式弧形雙層口金框＊寬 8.5 公分（1 組）
外布 A＊寬 15× 長 16 公分（1 片）
外布 B＊寬 18× 長 17 公分（1 片）
裡布＊寬 64× 長 17 公分（1 片）
薄夾棉＊寬 34× 長 17 公分（1 片）
薄布襯＊寬 26 公分 長 13 公分 （1 片）
裝飾小鈕釦＊直徑 0.6 公分（4 顆）

主 要 工 具

縫紉機或者手縫針、線、熨斗、燙板

做 法

❶ **貼薄夾棉、薄布襯：**參照 p.44 貼夾棉，
  在外布 A、外布 B 的反面熨燙薄夾棉，在
  一片裡布內夾層反面熨燙薄布襯。

❷ **縫合袋身片：**分別縫合兩片內夾層，組合裡布袋口片和袋身片成
  為裡布片後，內夾層正面朝外，夾在兩片裡布片中間，正面相對，
  縫合成內袋，並將外袋身片、袋側片縫成袋型。

❸ **組合裡、外袋身：**將外袋反面朝外，裡袋正面朝外，兩袋正面相
  對套在一起，從袋口處沿著縫份 0.8 公分縫合。縫合時留意不要
  縫到內夾層，並留返口翻到正面。

❹ **安裝口金框：**參照 p.48 手縫式口金（布料），將袋身和口金縫
  合就大功告成囉！

外布A
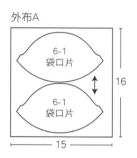

外布B
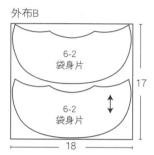

裡布
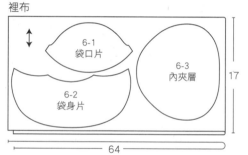

薄夾棉
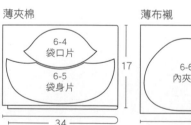

薄布襯
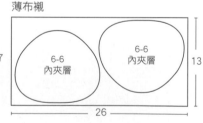

單位/公分

做 法 流 程

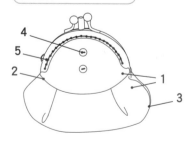

②縫合袋身片

內夾層先縫合袋口處

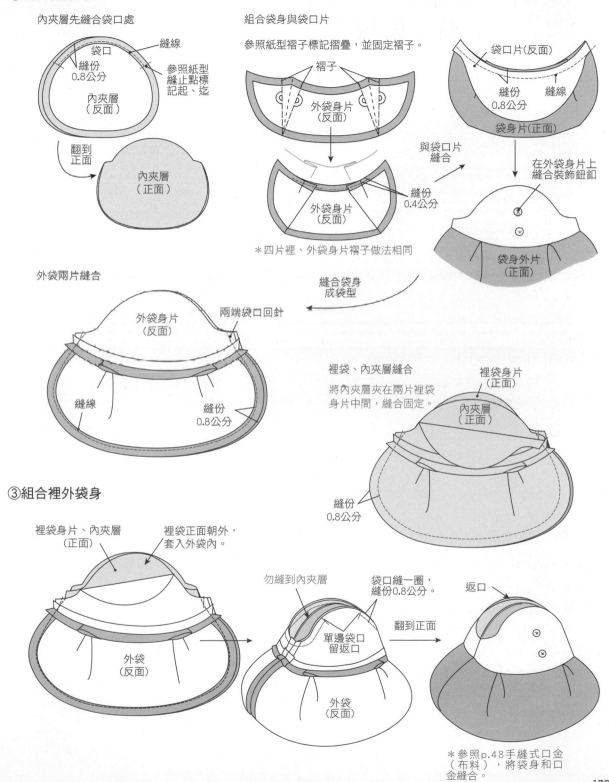

袋口
縫線
縫份
0.8公分
參照紙型
縫止點標
記起、迄
內夾層
（反面）

翻到
正面

內夾層
（正面）

組合袋身與袋口片

參照紙型褶子標記摺疊，並固定褶子。

褶子
外袋身片
（反面）

與袋口片
縫合

縫份
0.4公分

外袋身片
（反面）

＊四片裡、外袋身片褶子做法相同

袋口片（反面）
縫份
0.8公分
縫線
袋身片（正面）

在外袋身片上
縫合裝飾鈕釦

袋身外片
（正面）

外袋兩片縫合

外袋身片
（反面）
兩端袋口回針

縫線
縫份
0.8公分

縫合袋身
成袋型

裡袋、內夾層縫合

將內夾層夾在兩片裡袋
身片中間，縫合固定。

裡袋身片
（正面）

內夾層
（正面）

縫份
0.8公分

③組合裡外袋身

裡袋身片、內夾層
（正面）

裡袋正面朝外，
套入外袋內。

外袋
（反面）

勿縫到內夾層

袋口縫一圈，
縫份0.8公分。

單邊袋口
留返口

翻到正面

返口

外袋
（反面）

＊參照p.48手縫式口金
（布料），將袋身和口
金縫合。

Little Tree Name-seal Case

小樹印鑑袋

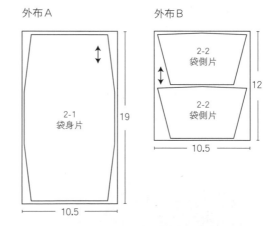

成品尺寸

寬 7× 高 5× 厚 5 公分

材　　料

手縫式駁腳口金框 * 寬 7× 腳長 4.5 公分（1 組）

外布 A * 寬 10.5× 長 19 公分（1 片）

外布 B * 寬 10.5× 長 12 公分（1 片）

裡布 * 寬 20× 長 19 公分（1 片）

五金飾片（小樹）* 直徑約 1.7 公分（1 組）

主要工具

縫紉機或者手縫針、線

做　　法

❶ **縫合袋側片**：先將裡、外袋側片的袋口
縫合。

❷ **縫合袋身片**：先將袋身片裡布與袋側片
縫合，然後將外片也一起縫合，並於袋
口處預留返口。

❸ **固定裝飾用五金飾片**：利用返口安裝五
金飾片，再將袋口縫合。

❹ **安裝口金框**：參照 p.48 手縫式口金（布
料），將袋身、口金縫合就大功告成囉！

做 法 流 程

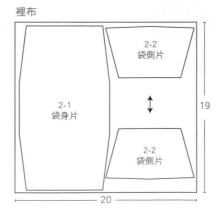

排 版 方 式

外布 A

2-1
袋身片

19

10.5

外布 B

2-2
袋側片

2-2
袋側片

12

10.5

裡布

2-1
袋身片

2-2
袋側片

2-2
袋側片

19

20

單位/公分

①縫合袋側片

袋側片/外布 B、裡布縫合袋口處

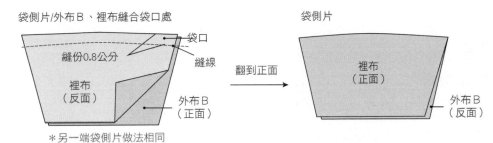

袋口
縫份0.8公分
縫線
裡布
（反面）
外布 B
（正面）

翻到正面

袋側片

裡布
（正面）
外布 B
（反面）

＊另一端袋側片做法相同

②縫合袋身片

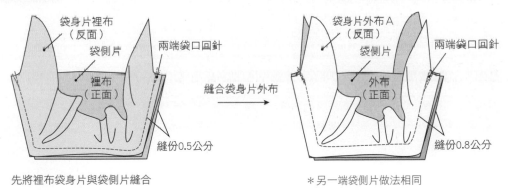

袋身片裡布
（反面）
袋側片
兩端袋口回針
裡布
（正面）
縫份0.5公分

先將裡布袋身片與袋側片縫合

縫合袋身片外布

袋身片外布 A
（反面）
袋側片
兩端袋口回針
外布
（正面）
縫份0.8公分

＊另一端袋側片做法相同

③固定裝飾用五金飾片後安裝口金框

將五金飾片透過袋口安裝
在袋身正面

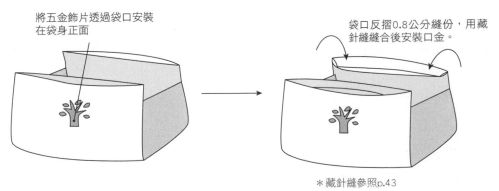

袋口反摺0.8公分縫份，用藏
針縫縫合後安裝口金。

＊藏針縫參照p.43

Frame Pan Case

筆袋

成品尺寸

寬 19× 高 5× 厚 4.5 公分

材　　料

手縫式駁腳口金框＊寬 19× 腳長 4 公分（1 組）

外布 A ＊寬 21× 長 16.5 公分（1 片）

外布 B ＊寬 8.5× 長 12 公分（1 片）

裡棉布＊寬 30× 長 16.5 公分（1 片）

印花織帶＊寬 1.5× 長 7 公分（1 片）

主要工具

縫紉機或者手縫針、線

做　　法

❶ 固定印花織帶：參照紙型位置標記，將
織帶先縫合固定在外布 A 袋身片上。

❷ 縫合袋側片：做法同 p.136「小樹印鑑
袋」的做法❶。

❸ 縫合袋身片：做法同 p.136「小樹印鑑
袋」的做法❷。

❹ 安裝口金框：做法同 p.136「小樹印鑑
袋」的做法❸。

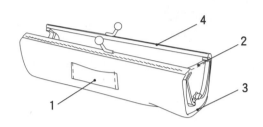

排版方式

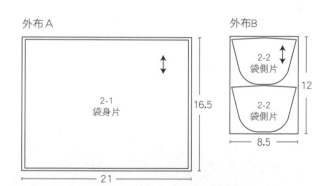

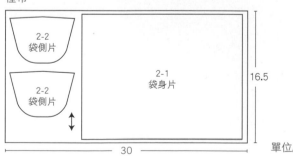

單位/公分

①固定印花織帶

按照紙型標記,先將織帶縫合在袋身外布A上。

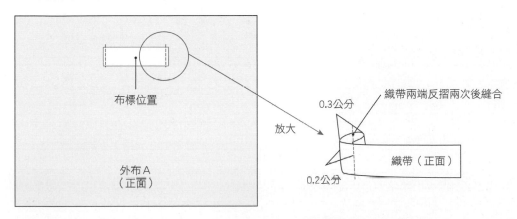

布標位置

外布A
(正面)

放大

0.3公分

織帶兩端反摺兩次後縫合

織帶(正面)

0.2公分

小叮嚀

固定織帶或者縫合口袋任何有布邊
的物件,在邊緣反摺兩次可防止布
邊虛邊、綻線,也更美觀、耐用唷!

駁腳口金

具有立體邊的駁腳口金框,很適合製作筆袋、眼鏡包、化妝包等類的包袋。
本書示範的是台灣坊間常見的兩種規格,建議對駁腳口金有興趣的手作族,
有空可以試試網購,在網路上尋寶,或許會有更多的新發現。

Chopsticks Cotton Case
筷子袋

紙型檔名 no.07

成 品 尺 寸

寬 4.5 × 高 26.5 × 厚 2 公分

材 料

塞入式ㄇ形口金框＊寬 4 × 腳長 3 公分（1 組）
外布＊寬 9.5 × 長 60 公分（1 片）
裡布＊寬 9.5 × 長 55 公分（1 片）
仿皮繩＊粗 0.2 × 長 12 公分（1 條）
紙繩＊粗 0.3 × 長 8.5 公分 （2 條）

主 要 工 具

縫紉機或者手縫針、線
白膠適量、一字螺或者口金鉗

做 法

❶ **縫合袋身片**：由袋口對齊裡、外袋身片後縫
合，再各自從袋側片縫合並抓底，在裡布袋
側預留返口翻到正面。

❷ **安裝口金框**：參照 p.50 塞入式口金（布料），
組合口金與袋身，並參照 p.43 將內裡返口
以藏針縫收尾。

❸ **製作花苞裝飾**：將花苞片正面對摺，以縫份
0.8 公分縫合長邊，在其中一端短邊縮縫後
翻到正面，並將仿皮繩穿入口金線孔打結，
放入束口端；另一端反摺 0.8 公分，以四點
縮縫，大功告成囉！

做 法 流 程

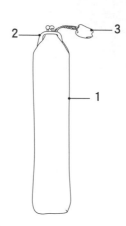

排 版 方 式

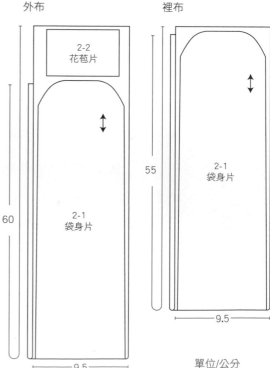

外布

2-2
花苞片

2-1
袋身片

60

9.5

裡布

2-1
袋身片

55

9.5

單位/公分

①縫合袋身片

先縫合裡、外袋口

縫合裡、外袋側，並且
在裡袋預留返口。

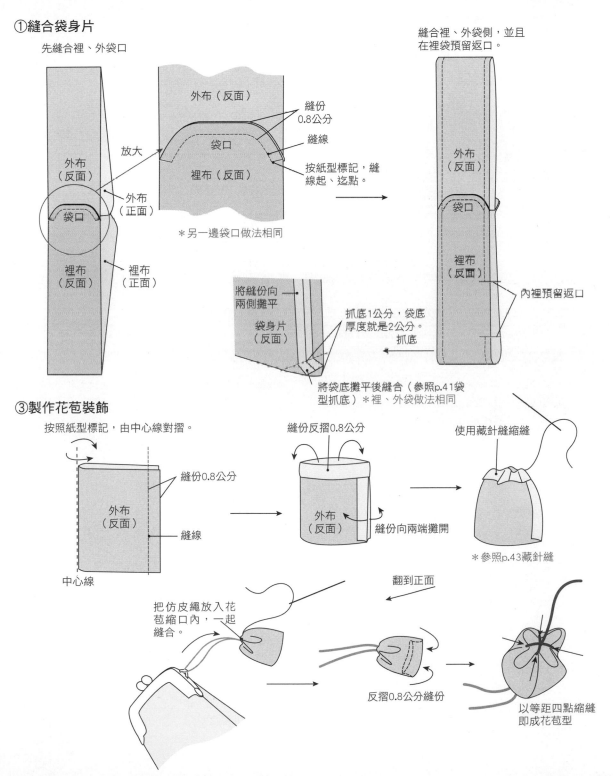

外布（反面）

放大

外布
（反面）

外布
（正面）

袋口

裡布
（反面）

裡布
（正面）

縫份
0.8公分

縫線

按紙型標記，縫
線起、迄點。

袋口

裡布（反面）

外布（反面）

＊另一邊袋口做法相同

將縫份向
兩側攤平

袋身片
（反面）

抓底1公分，袋底
厚度就是2公分。

抓底

外布
（反面）

袋口

裡布
（反面）

內裡預留返口

將袋底攤平後縫合（參照p.41袋
型抓底）＊裡、外袋做法相同

③製作花苞裝飾

按照紙型標記，由中心線對摺。

縫份反摺0.8公分

使用藏針縫縮縫

縫份0.8公分

外布
（反面）

縫線

中心線

外布
（反面）

縫份向兩端攤開

＊參照p.43藏針縫

把仿皮繩放入花
苞縮口內，一起
縫合。

翻到正面

反摺0.8公分縫份

以等距四點縮縫
即成花苞型

Stripes Cell Phone Frame Purse

條紋手機袋

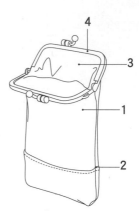

4

3

1

2

成 品 尺 寸

寬 8× 高 14× 厚 1.5 公分

材　　料

手縫式ㄇ形口金框＊寬 8× 腳長 3.5 公分
（1 組）

外布＊寬 23× 長 13 公分（1 片）

羊革＊寬 11× 長 10.5× 厚 0.08 ～ 0.14
　　　公分（1 片）

裡布＊寬 11.5× 長 31.5 公分（1 片）

薄布襯＊寬 19× 長 11 公分（1 片）

主 要 工 具

縫紉機或者手縫針、線、熨斗、燙板

做　　法

❶ **貼薄布襯：**參照 p.45 貼布襯，將薄
　布襯貼合在袋身外布反面。

❷ **組合上袋身與袋底片：**將羊革袋底
　片與上袋身片縫合固定。

❸ **縫合袋身片：**做法同 p.140「筷子袋」
　的做法❶。

❹ **安裝口金：**參照 p.48 手縫式口金
　（布料），組合口金與袋身，並參
　照 p.43，將內裡返口以藏針縫收尾
　就大功告成囉！

做 法 流 程

排 版 方 式

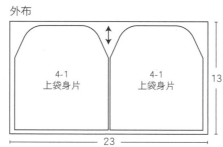

外布

4-1
上袋身片

4-1
上袋身片

13

23

裡布

4-4
袋身片

31.5

11.5

羊革

4-2
袋底片

10.5

11

薄布襯

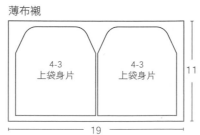

4-3
上袋身片

4-3
上袋身片

11

19

單位/公分

①貼薄布襯

將薄布襯貼合在外布上袋身片反面

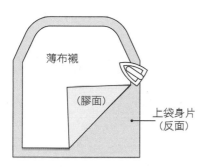

薄布襯

（膠面）

上袋身片
（反面）

＊參照p.45貼布襯，另一片做法相同。

②組合上袋身與袋底片

按紙型標記，接合上袋身片、袋底片。

羊革袋底片
（正面）

上袋身片
（反面）

縫線

縫份
0.8公分

＊另一片上袋身片
做法相同

上袋身片
（反面）

羊革袋底片
（反面）

上袋身片
（反面）

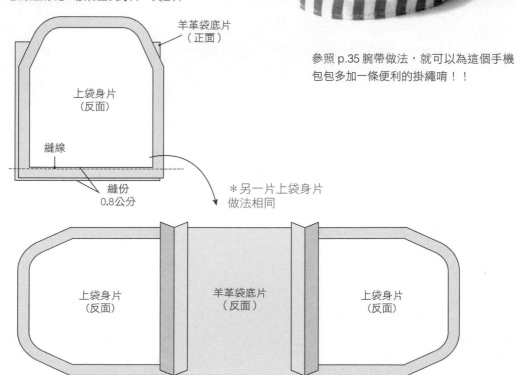

參照 p.35 腕帶做法，就可以為這個手機
包包多加一條便利的掛繩唷！！

Blue Candy Frame Coin Purse

藍色糖果零錢包

<table>
<tr><td>

成 品 尺 寸

寬 11 × 高 7.5 × 厚 3.5 公分

材　　料

手縫式弧形口金框＊寬 8.5 公分（1 組）
外布＊寬 17 × 長 21.5 公分（1 片）
裡布＊寬 17 × 長 21.5 公分 （1 片）
薄夾棉＊寬 15.5 × 長 20 公分（1 片）

主 要 工 具

縫紉機或者手縫針、線、熨斗、燙板

做　　法

❶ **貼薄夾棉**：參照 p.44 貼夾棉，將薄
夾棉貼合在袋身外布反面。

❷ **固定褶子**：將褶子摺好後，在袋口 0.4
公分縫份先固定褶子。

❸ **縫合袋身片**：做法同 p.128「糖果格
子零錢包」的做法❷。

❹ **組合裡外袋**：做法同 p.128「糖果格
子零錢包」的做法❸。

❺ **安裝口金框**：參照 p.48 手縫式口金
（布料），將袋身和口金縫合就大功
告成囉！

</td><td>

排 版 方 式

外布
2-1
袋身片
21.5
17

裡布
2-1
袋身片
21.5
17

</td><td>

做 法 流 程

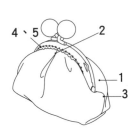

4、5
2
1
3

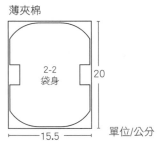

薄夾棉
2-2
袋身
20
15.5
單位/公分

</td></tr>
</table>

②固定褶子

按照紙型標記，摺疊裡、外布褶子。

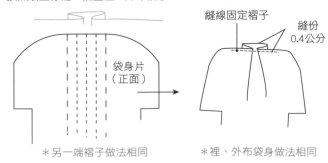

袋身片
（正面）

縫線固定褶子

縫份
0.4公分

＊另一端褶子做法相同　　　　＊裡、外布袋身做法相同

紙型檔名 no.10

Mini Frame Coin Purse
巴掌零錢包

成品尺寸

寬 12× 高 9 公分

材　　料

手縫式弧形口金框＊寬 8.5 公分（1 組）

羊革＊寬 14.5× 長 22× 厚 0.12 ～ 0.15

　　公分（1 片）

主 要 工 具

縫紉機或者手縫針、線

丸斬（直徑 0.18 公分）

木槌、膠板

做　　法

❶ **使用丸斬打袋口的線孔**：裁剪好皮片
之後，先將袋口的孔位預先打好，如
果沒有丸斬，亦可使用錐子穿洞。

❷ **縫合袋身片**：將兩片袋身片正面相對，
從反面縫合，可以使用縫紉機縫合，
亦可使用菱斬打線孔後縫合。

❸ **安裝口金框**：參照 p.49 手縫式口金（皮
革），組合口金與袋身就大功告成囉！

小叮嚀

這個包包可以使用縫紉機縫合，如
果沒有皮革手縫工具，亦可使用錐
子先穿出線孔後再縫合。

做 法 流 程

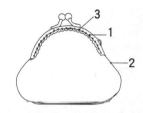

排 版 方 式

羊革

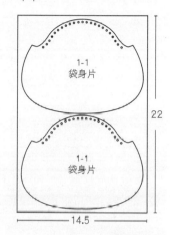

1-1
袋身片

1-1
袋身片

22

14.5

單位/公分

①使用丸斬打袋口線孔

袋身片

＊按照紙型標記，袋口
邊緣先用直徑0.18公分的
丸斬打線孔，如果沒有
直徑0.18公分的丸斬，也
可以先用錐子穿孔。參
照p.49。

②縫合袋身片

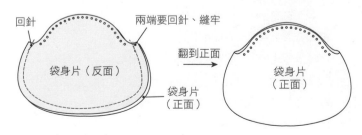

回針　　　　　　　兩端要回針、縫牢

袋身片（反面）

袋身片
（正面）

翻到正面

袋身片
（正面）

Dots and Crochet Motif Frame Purse

水玉織花口金包

成 品 尺 寸

寬 12× 高 10 公分

材 料

手縫式弧形口金框 ＊寬 8.5 公分（1 組）
外布 ＊寬 14.5× 長 24 公分（1 片）
裡布 ＊寬 14.5× 長 24 公分（1 片）
花型織片 ＊直徑 5.5 公分（1 片）
五金飾片 ＊直徑約 1.5 公分（1 組）
薄夾棉 ＊寬 13× 長 21 公分（1 片）

主 要 工 具

縫紉機或者手縫針、線、熨斗、燙板

做 法

❶ **貼薄夾棉：** 參照 p.44 貼夾棉，將薄夾棉貼合在袋身外布反面。

❷ **固定織片和五金飾片：** 在其中一片袋身外布正面，縫合固定織片和五金飾片。

❸ **縫合袋身片：** 由袋口對齊裡、外袋身片並縫合，並且在裡布袋側預留返口翻到正面。

❹ **安裝口金：** 參照 p.48 手縫式口金（布料），組合口金與袋身就大功告成囉！

做 法 流 程

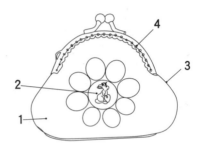

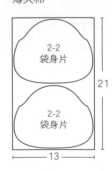

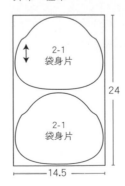

排 版 方 式

外布、裡布

2-1
袋身片

2-1
袋身片

24

14.5

薄夾棉

2-2
袋身片

2-2
袋身片

21

13

單位/公分

①貼薄夾棉

袋身片/外布

薄夾棉

（膠面）

外袋身片
（反面）

薄布襯貼合在袋身外布反面
＊參照p.44貼夾棉，兩片袋身外布做法相同。

②固定織片和五金飾片

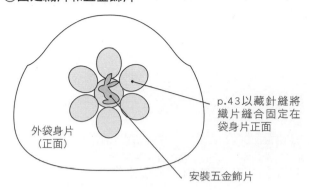

外袋身片
（正面）

p.43以藏針縫將
織片縫合固定在
袋身片正面

安裝五金飾片

③縫合袋身片

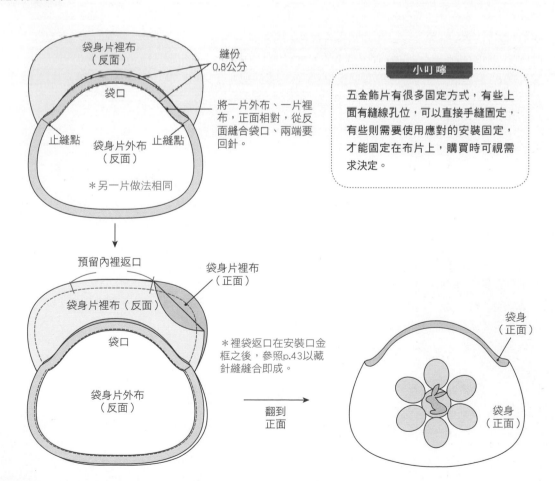

袋身片裡布
（反面）

縫份
0.8公分

袋口

止縫點　止縫點

袋身片外布
（反面）

將一片外布、一片裡
布，正面相對，從反
面縫合袋口、兩端要
回針。

＊另一片做法相同

┌─── 小叮嚀 ───┐
五金飾片有很多固定方式，有些上
面有縫線孔位，可以直接手縫固定，
有些則需要使用應對的安裝固定，
才能固定在布片上，購買時可視需
求決定。
└────────────┘

預留內裡返口

袋身片裡布
（正面）

袋身片裡布（反面）

袋口

袋身片外布
（反面）

＊裡袋返口在安裝口金
框之後，參照p.43以藏
針縫縫合即成。

翻到
正面

袋身
（正面）

袋身
（正面）

紙型檔名
no.12

Brown and Beige Stripes Frame Purse

咖啡條紋口金包

成 品 尺 寸

寬 13.5× 高 13 公分

材 料

手縫式弧形口金框＊寬 8.5 公分（1 組）
外布＊寬 32 × 長 16 公分（1 片）
裡布＊寬 32× 長 16 公分（1 片）
薄夾棉＊寬 29× 長 14 公分（1 片）

主 要 工 具

縫紉機或者手縫針、線、熨斗、燙板

做 法

❶ **貼薄夾棉**：做法同 p.146「水玉織花口金包」的
   做法❶。

❷ **縫合袋身片**：做法同 p.146「水玉織花口金包」
   的做法❸。

❸ **安裝口金框**：參照 p.48 手縫式口金（布料），
   組合口金與袋身就大功告成囉！

> **小叮嚀**
>
> 這個作品雖然包型、紙型不同，但
> 做法和 p.146「水玉織花口金包」一
> 樣，可參照 p.147 製作。

做 法 流 程

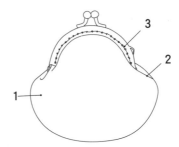

排 版 方 式

外布、裡布

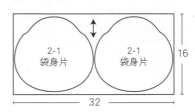

2-1
袋身片

2-1
袋身片

16

32

薄夾棉

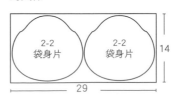

2-2
袋身片

2-2
袋身片

14

29

單位/公分

Drops and Dots Frame Purse
水滴圓圓包

成品尺寸

寬 13.5× 高 14 公分

材　　料

手縫式弧形口金框＊寬 8.5 公分（1 組）
外布＊寬 33× 長 17 公分（1 片）
裡布＊寬 33× 長 17 公分（1 片）
薄夾棉＊寬 30× 長 15 公分（1 片）

主要工具

縫紉機或者手縫針、線、熨斗、燙板

做　　法

❶ **貼薄夾棉**：做法同 p.146「水玉織花口金包」的
做法❶。

❷ **縫合袋身片**：做法同 p.146「水玉織花口金包」
的做法❸。

❸ **安裝口金框**：參照 p.48 手縫式口金（布料），
組合口金與袋身就大功告成囉！

> **小叮嚀**
>
> 這個作品雖然包型、紙型不同，但做法和 p.146「水玉織花口金包」一樣，可參照 p.147 製作。

做法流程

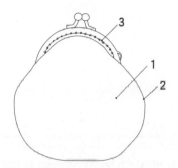

排版方式

外布、裡布

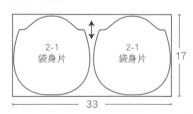

薄夾棉

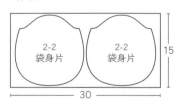

單位/公分

Leather Flower Hollow Out Purse

雕花口金包

成 品 尺 寸

寬 14× 高 14.5 公分

材　　料

手縫式弧形口金框＊寬 8.5 公分（1 組）

植鞣牛革＊寬 30× 長 15.5× 厚 0.08 ～

0.14 公分（1 片）

主 要 工 具

丸斬（直徑 0.3 公分）

心型斬（直徑約 0.4 公分）

花斬（直徑約 0.4 公分）

四孔菱斬、單孔菱斬、強力膠適量

手縫蠟線適量、木槌、膠板

做　　法

❶ 使用丸斬打袋口線孔：做法同 p.145「巴掌零錢
　包」的做法❶。

❷ 使用花斬、心型斬和丸斬打出鏤空花形：參照
　紙型標記，在其中一片袋身片上打出花紋。（皮
　革鏤刻花形可參照 p.30）

❸ 縫合袋身片：將兩片袋身片反面相對，先用強
　力膠將縫份貼合，菱斬從正面打線孔後，縫合
　袋型。（皮革縫製方法參照 p.28 ～ 29）

❹ 安裝口金框：參照 p.49 手縫式口金（皮革），
　組合口金與袋身就大功告成囉！

做 法 流 程

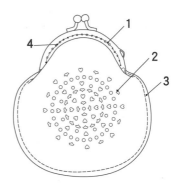

排 版 方 式

植鞣牛革

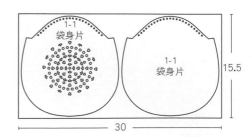

單位/公分

小叮嚀

這個包包可以使用縫紉機縫合，如
果沒有皮革手縫工具，亦可使用錐
子先穿出線孔後再縫合。

②使用花斬、心型斬和丸斬打出鏤空花型

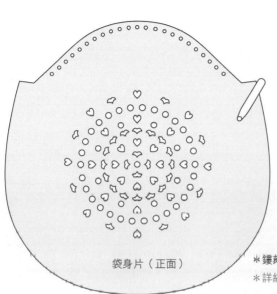

袋身片（正面）

＊鏤刻花形只需單片袋身片即可，另一片不用。

＊詳細圖解，參照p.30鏤刻花形的做法。

③縫合袋身片

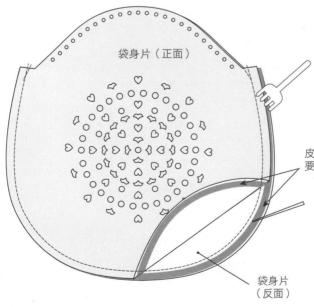

袋身片（正面）

皮革縫線前，先用強力膠貼
合後，再使用菱斬打線孔，
再參照p.28～29以雙針方式
縫合皮革。

皮革貼合時，兩處貼合面都
要均勻塗上強力膠。

袋身片
（反面）

紙型檔名 no.15

Canvas and Leather Purse
帆布小方包

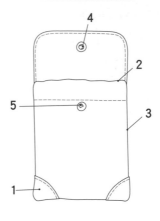

做 法 流 程

成 品 尺 寸

寬 9.5× 高 12 公分

材 料

夾片口金＊寬 8.5 公分（1 組）

外布（厚帆布）＊寬 12× 長 31 公分（1 片）

裡布（薄帆布）＊寬 12× 長 23 公分（1 片）

羊革＊寬 11× 長 12× 厚 0.08 ～ 0.14 公分（1 片）

壓釦＊直徑 1 公分（1 組）

主 要 工 具

縫紉機或者手縫針、線

丸斬（直徑 0.18 公分）

壓釦安裝工具（直徑 1 公分）1 組

白膠適量

尖嘴鉗或鑷子、木槌、膠板

排 版 方 式

外布

4-1
袋身片

12

31

裡布

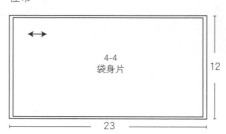

4-4
袋身片

12

23

羊革

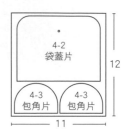

4-2
袋蓋片

12

4-3
包角片

4-3
包角片

11

單位/公分

做 法

❶ **固定包角片**：先在羊革包角片反面塗上少許白膠，參照紙型標記，固定在袋身片正面，縫合固定。

❷ **組合裡、外袋身片**：將裡、外袋身片從袋口處縫合固定。

❸ **縫合袋型**：從反面將袋口摺好，縫合兩處袋側，在裡片預留返口，翻到正面。

❹ **縫合袋蓋片並安裝壓釦**：將袋型整理好，參照紙型位置，安裝袋蓋上的壓釦母片，袋蓋片對齊在袋口的對齊線後縫合固定，縫線繞袋口縫一圈，並在袋身前面安裝壓釦公片。

❺ **安裝夾片口金**：藉著裡布的返口安裝在袋口的夾片口金，再參照 p.43 以藏針縫縫合裡袋的返口，大功告成囉！

①固定包角片

包角片/羊革

0.3公分

先在羊革包角正面，用菱斬打縫線所需的線孔。

*兩片做法相同
*如果是機縫，可免去打線孔的步驟一。

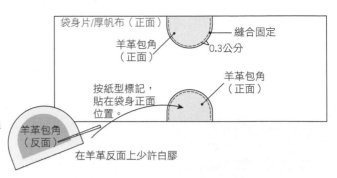

袋身片/厚帆布（正面）

縫合固定
0.3公分

羊革包角
（正面）

羊革包角
（正面）

按紙型標記，
貼在袋身正面
位置。

羊革包角
（反面）

在羊革反面上少許白膠

②組合裡、外袋身片

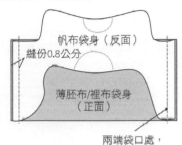

帆布袋身（反面）

縫份0.8公分

薄胚布/裡布袋身
（正面）

兩端袋口處，
縫合固定。

③縫合袋型

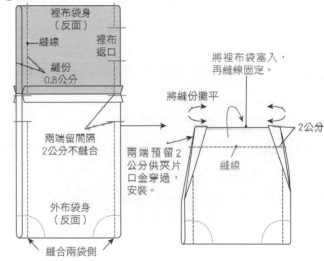

裡布袋身
（反面）

縫線

裡布
返口

縫份
0.8公分

將裡布袋塞入，
再縫線固定。

兩端留間隔
2公分不縫合

將縫份攤平

2公分

兩端預留2
公分供夾片
口金穿過、
安裝。

縫線

外布袋身
（反面）

縫合兩袋側

④縫合袋蓋片並安裝壓釦

先在袋蓋片正面，用菱
斬打縫線所需的線孔。

*如果是機縫，可免去
打線孔的步驟。

0.3公分
袋蓋片

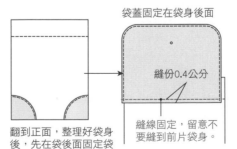

袋蓋固定在袋身後面

縫份0.4公分

翻到正面，整理好袋身
後，先在袋後面固定袋
蓋片。

縫線固定，留意不
要縫到前片袋身。

壓釦公片固定在袋身前面、
母釦安裝在袋蓋上。

壓釦母片

*參照p.30安裝壓釦

壓釦公片

⑤安裝夾片口金

從裡袋預留的2公分夾片位置，
安裝夾片口金。

*裡袋返口參照p.43，
以藏針縫縫合。

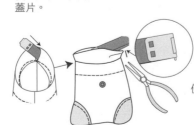

使用鑷子將凸出的金屬擋口固定

Vegetable-tanned Leather Flat Bag

框角植鞣皮革包

成 品 尺 寸

寬 10.5×高 12.5 公分

材　　料

夾片口金＊寬 9 公分（1 組）

植鞣牛革＊寬 22×長 19×厚 0.15～0.18 公分（1 片）

蘑菇釘＊直徑 0.6 公分（1 組）

金屬包角＊大小適中（2 組）

主 要 工 具

手縫針 2 支

丸斬（直徑 0.3 公分）

單孔菱斬

強力膠適量

木槌、膠板、尖嘴鉗

做　　法

❶ **縫合袋內固定片**：袋身後片反面朝上，袋身固定片正面朝下，參照紙型標記，將固定片縫合在袋身後片反面的袋口處，並在袋蓋上，參照紙型位置打出一個 0.3 公分的孔位。

❷ **安裝蘑菇釘與縫合袋身前片袋口**：將袋口反摺，使用菱斬打線孔後縫合，然後安裝蘑菇釘。

❸ **縫合袋側與袋底**：將前、後兩片正面朝外對齊，用強力膠從反面貼合縫份，使用菱斬打線孔後縫合。（皮革縫製方法參照 p.28～29）

❹ **安裝夾片口金**：做法同 p.152「帆布小方包」的做法❺。

❺ **安裝金屬包角**：用剪刀將袋底兩個直角稍微修圓，然後安裝金屬包角就大功告成囉！

做 法 流 程

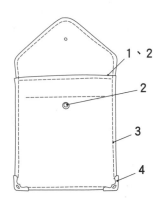

1、2

2

3

4

排 版 方 式

植鞣牛革

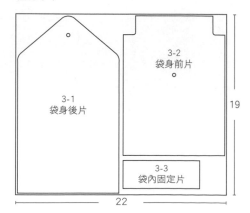

3-1
袋身後片

3-2
袋身前片

3-3
袋內固定片

19

22

單位/公分

①縫合袋內固定片

按紙型標記，先以強力膠貼合袋內
固定片在袋身後片反面。

使用0.3公分的丸斬打孔位

袋內固定片
（反面）

貼合後，先打
洞再縫合，皮
革縫法可參照
p.28～29。

縫份0.4公分

袋身後片
（反面）

往下摺

袋內固定片
（正面）

縫份0.4公分

袋身後片
（反面）

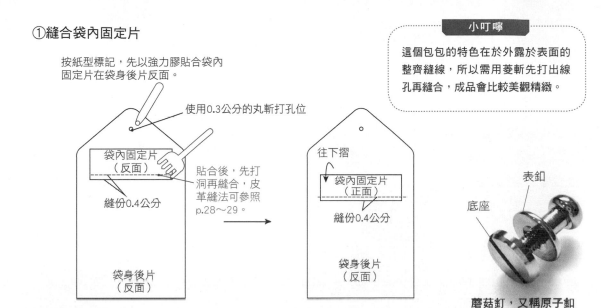

表釦

底座

蘑菇釘，又稱原子釦

②安裝蘑菇釘與縫合袋身前片袋口

丸斬
（直徑0.3
公分）

先打洞，然後安裝蘑
菇釘，上片在袋身前
片正面，底座從反面
鎖緊上片。

蘑菇釘上片

蘑菇釘底座

袋身前片
（正面）

縫份0.4公分

縫線

往反面摺

縫份
0.4公分

縫線

袋身前片
（反面）

③縫合袋側與袋底

縫線

袋身後片
（反面）

縫份
0.4公分

袋身前片
（正面）

袋身前、後片袋底對
齊，三邊雙面都先均
勻塗一層強力膠後貼
合，全部邊緣使用菱
斬打線孔，再縫合。

＊皮革縫製方法參照p.28～29

⑤安裝金屬包角

使用剪刀修剪直角，套上
金屬包角框後，使用尖嘴
鉗夾緊即可。

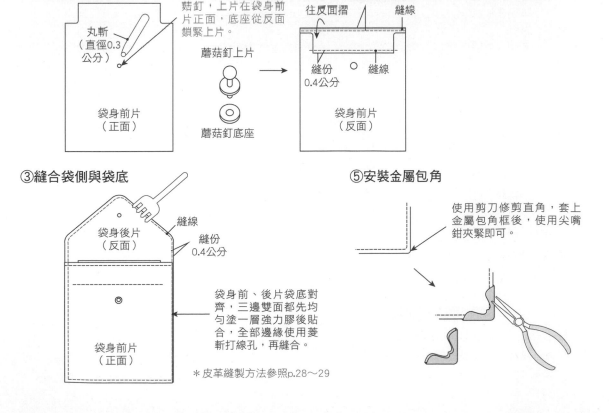

紙型檔名 no.17

Leather Business Card Case

小巧名片夾

成品尺寸

寬 11× 高 6.8 公分

材　　料

塞入式 L 形口金框＊寬 10× 高 6 公分（1 組）
羊革＊寬 13× 長 17× 厚 0.08～0.14 公分（1 片）
仿皮繩＊粗 0.3× 長 16 公分（2 條）

主要工具

縫紉機或者手縫針、線
白膠適量
一字螺或口金鉗
木槌、膠板

做　　法

❶ **縫合袋側**：參照紙型反摺袋口和另一邊短袋側縫
份，貼合固定，然後袋身片正面相對，將直邊袋
側縫合，再將縫份向兩邊導開。

❷ **安裝口金框**：參照 p.51 塞入式口金（皮革），將
袋身翻到正面，在口金內先塗上適量白膠，從弧
邊開始將袋口縫份塞入口金。

❸ **塞入仿皮繩**：將皮繩兩端反摺後塞入口金溝內，
在兩端以鑷子夾緊固定就大功告成囉！

小叮嚀

這個框的構造跟一般口金框比較不同，它的塞
布軌道朝外，所以我刻意挑選美觀的仿皮繩作
為固定袋身的紙繩，一方面也當作裝飾。

做法流程

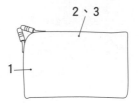

排版方式

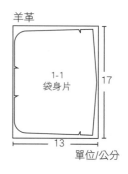

羊革

1-1
袋身片

17

13

單位/公分

①縫合袋側

袋身片

使用強力膠貼合

袋身片
（反面）

袋身片
（反面）

縫線

縫份0.4公分

正面朝內，對摺。

按照紙型標記反摺
袋側三處縫份

袋身片
（反面）

縫份向兩
邊導開

③塞入仿皮繩

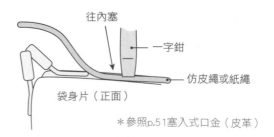

往內塞

一字鉗

仿皮繩或紙繩

袋身片（正面）

＊參照p.51塞入式口金（皮革）

Blue Paramecium Wristlet Bag

藍色草履蟲腕包

紙型檔名 no.18

成 品 尺 寸

寬 17.5× 高 11× 厚 2.5 公分

材 料

手縫式ㄇ形雙層口金框＊寬 15× 腳長
5.5 公分（1 組，附左右鍊耳為佳）
外布＊寬 27× 長 33 公分（1 片）
裡布＊寬 47× 長 33 公分（1 片）
薄夾棉＊寬 22× 長 27 公分（1 片）
厚布襯＊寬 45× 長 27 公分（1 片）
D 形環＊寬 1 公分（2 組）
小問號鉤＊寬 0.6× 高 2 公分（2 組）

主 要 工 具

縫紉機或者手縫針、線、熨斗、燙板

排 版 方 式

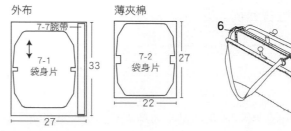

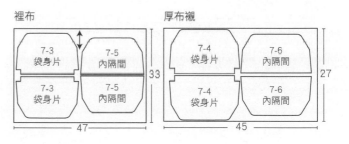

單位/公分

做 法 流 程

做 法

❶ **貼薄夾棉、薄布襯**：參照 p.44 貼夾棉、p.45 貼布襯，將薄夾棉貼合在袋身片外布反面，厚布襯則貼合在袋身裡布反面、內隔間反面。

❷ **縫合裡布袋身片、內隔間**：先將兩片袋身片裡布袋底兩端縫合，內隔間反面朝外，正面相對，先從反面縫合袋口處到兩端縫止點，夾入正面相對的袋身裡布後，從袋側縫合固定，完成裡袋。

❸ **縫合外袋身片**：將袋身片正面相對，袋口對齊，從袋底縫至縫止點停止，另一端做法相同。

❹ **組合裡、外袋**：將外袋反面朝內，裡袋正面朝內對齊，互套，從袋口縫合固定，並留返口翻到正面。

❺ **安裝口金框**：參照 p.43 將返口以藏針縫縫合後，再參照 p.48 手縫式口金（布料），組合口金與袋身。

❻ **製作腕帶**：將布片長邊摺四等份後縫合，兩端放入 D 形環後縫合固定，鉤上問號鉤，安裝在口金上就大功告成囉！（腕帶做法可參照 p.37 長形條狀物做法 1.、布邊直角縫法）

①貼薄布襯

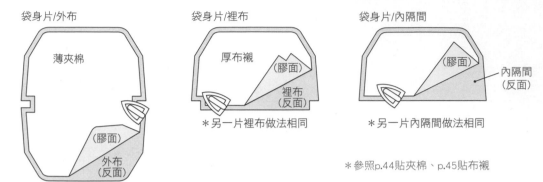

袋身片/外布

薄夾棉

（膠面）

外布
（反面）

袋身片/裡布

厚布襯

（膠面）

裡布
（反面）

＊另一片裡布做法相同

袋身片/內隔間

（膠面）

內隔間
（反面）

＊另一片內隔間做法相同

＊參照p.44貼夾棉、p.45貼布襯

②縫合裡布袋身片、內隔間

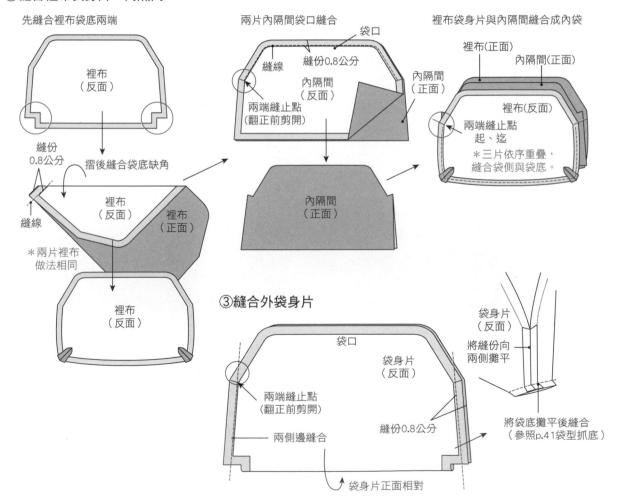

先縫合裡布袋底兩端

裡布
（反面）

縫份
0.8公分

摺後縫合袋底缺角

縫線

裡布
（反面）

裡布
（正面）

＊兩片裡布
做法相同

裡布
（反面）

兩片內隔間袋口縫合

袋口

縫份0.8公分

縫線

內隔間
（反面）

兩端縫止點
（翻正前剪開）

內隔間
（正面）

內隔間
（正面）

裡布袋身片與內隔間縫合成內袋

裡布（正面）

內隔間（正面）

裡布（反面）

兩端縫止點
起、迄

＊三片依序重疊，
縫合袋側與袋底。

③縫合外袋身片

袋口

兩端縫止點
（翻正前剪開）

袋身片
（反面）

兩側邊縫合

縫份0.8公分

袋身片正面相對

袋身片
（反面）

將縫份向
兩側攤平

將袋底攤平後縫合
（參照p.41袋型抓底）

④組合裡、外袋

外袋反面朝內

外袋（正面）

裡袋正面朝內

裡袋（反面）

兩代互套、袋口對齊 →

外袋（反面）　　　縫線

返口

縫份0.8公分

裡袋（反面）

＊外袋套入裡袋，並且留意裡袋內隔間要撥開，不要在縫合袋口時誤縫。

參照p.43，返口以藏針縫縫合。

裡袋（反面）

外袋（正面）

⑥製作腕帶

腕帶布片

（反面）

（反面）

兩長邊往中心摺

（正面）

長邊再對摺

（正面）

（正面）

縫線固定開口

小問號鉤鉤住D形環

小問號鉤　　D形環

穿過D形環後再反摺

縫合固定

＊另一端做法相同

＊腕帶做法可參照p.37長形條狀物做法1.、布邊直角縫法。

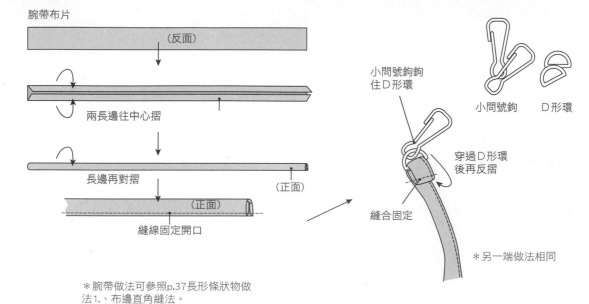

Leather Business Card Case

奇幻兔子包

成品尺寸

寬 11× 高 6.8 公分

材　　料

塞入式弧形口金框＊寬 8.5 公分（1 組）

牛革＊寬 15.5× 長 27× 厚 0.12 ～ 0.15 公分（1 片）

兔子五金飾片＊大小適中（1 片）

紙繩＊粗 0.3× 長 13.5 公分（2 條）

主要工具

手縫針 2 支

丸斬（直徑 0.18 公分）

四孔菱斬、單孔菱斬

木槌、膠板

手縫蠟線、強力膠、白膠適量

做　　法

❶ **固定兔子五金飾片：**使用丸斬在袋身片正面上打孔位，利用碎皮邊剪成的小皮繩，將五金飾片用強力膠在反面固定。

❷ **縫合袋身片：**將兩片袋身片正面相對，從反面縫合，可以使用縫紉機縫合，亦可使用菱斬打線孔後縫合。

❸ **安裝口金：**參照 p.51 塞入式口金（皮革），組合口金與袋身就大功告成囉！

做法流程

1　　3　　2

排版方式

牛革

1-1 袋身片

27

15.5

單位/公分

①固定兔子五金飾片

利用剩皮剪成細條，用強力膠將皮細條黏貼在反面，固定飾片。

袋身片（正面）

五金飾片有很多固定方式，有些上面有縫線孔位，可以直接手縫固定，有些則需使用對應的安裝固定才能固定在布片上，購買時可視需求決定。

②縫合袋身片

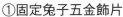

縫份 0.5公分　袋身片（反面）

兩端袋口回針

袋底抓底

袋身片（反面）

將縫份向兩側攤平

將袋底攤平後縫合（參照p.41 袋型抓底）

翻到正面

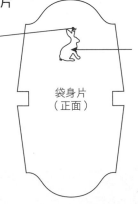

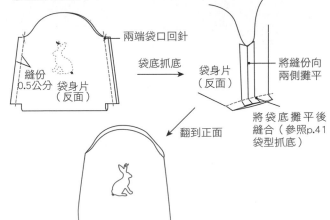

紙型檔名 no.20

Cylinder Stationery Pouch

圓桶文具袋

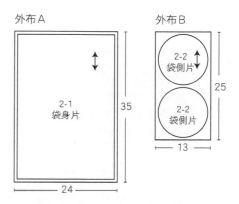

外布A

| 2-1 袋身片 | 35 |

24

外布B

| 2-2 袋側片 |
| 2-2 袋側片 |

25

13

裡布

| 2-1 袋身片 | 2-2 袋側片 / 2-2 袋側片 | 35 |

35

單位/公分

成品尺寸

寬 20× 高 11× 厚 10 公分

材　　料

塞入式ㄇ形口金框＊寬 20× 腳長 6 公分
（1 組，附左右肩鍊耳為佳）
外布A＊寬 24× 長 35 公分（1 片）
外布B＊寬 13× 長 25 公分（1 片）
裡布＊寬 35× 長 35 公分（1 片）
仿皮繩＊粗 0.3× 長 110 公分（1 條）
小問號鉤＊寬 0.6× 高 2 公分（2 組）
紙繩＊粗 0.3× 長 30 公分（2 條）

主要工具

縫紉機或者手縫針、線
白膠適量、一字螺或口金鉗

做　　法

❶ **縫合袋側片**：先將裡、外袋側片的袋口
　互相固定、縫合。

❷ **縫合袋身片**：做法同 p.136「小樹印鑑
　袋」的做法❷。

❸ **安裝口金框**：參照 p.50 塞入式口金，安裝袋身和口金（布料）。

❹ **製作可調長短背繩**：可調長短背繩綁法可參照 p.37，大功告成囉！

做法流程

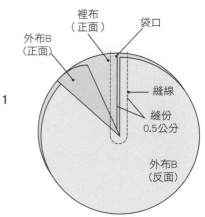

一、縫合袋側片

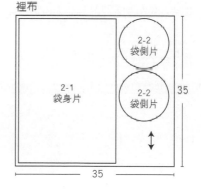

裡布（正面）
袋口
外布B（正面）
縫線
縫份 0.5公分
外布B（反面）

＊另一片袋側片做法相同

161

Box Frame Pouch
長方盒口金包

紙型檔名 no.21

成品尺寸

寬 20× 高 11× 厚 10 公分

材　　料

塞入式ㄇ形口金框＊寬 13.8× 腳長 6
公分（1 組）

外布 A＊寬 40× 長 39 公分（1 片）

外布 B＊寬 34× 長 16 公分（1 片）

裡布＊寬 42× 長 38 公分（1 片）

牛津襯＊寬 39× 長 36 公分（1 片）

棉織帶＊寬 0.9× 長 100 公分（1 條）

銅束環＊寬 1.1 公分（2 組）

問號鉤＊寬 1 公分（2 組）

D 形環＊寬 1 公分（2 組）

水桶釘＊直徑 1 公分（4 組）

紙繩＊粗 0.3× 長 24 公分（2 條）

主要工具

縫紉機或者手縫針、線

白膠適量

尖嘴鉗、一字螺或口金鉗

熨斗、燙板

做　　法

❶ **貼牛津襯、製作 D 環耳**：參照 p.45 貼布襯，將牛津襯貼合在袋身外布 A 反面，並製作 D 環耳，參考紙型標記，固定於袋身外布上。

❷ **固定水桶釘**：參照紙型標記，在袋底片正面安裝水桶釘。

❸ **縫合外袋**：將袋底片袋口處以三摺反摺縫合後（參照 p.40），參照紙型標記和袋身片重疊對齊，縫合固定後，將四邊袋側正面相對，從反面縫合。

❹ **縫合內袋**：將內口袋正面相對並對摺，從反面縫合後預留返口翻到正面，以熨斗整燙定型後，參照紙型標記，固定於裡布正面，將四邊袋側正面相對，從反面縫合，並且預留返口。

❺ **裡、外袋互套並安裝口金**：將裡袋正面朝內，外袋正面朝外，兩者互套並整理對齊後，參照 p.50 安裝塞入式口金（布料）。

❻ **製作背繩**：使用銅束環將織帶與問號鉤固定，另一端做法相同，扣在袋身 D 環耳上就大功告成囉！

做法流程

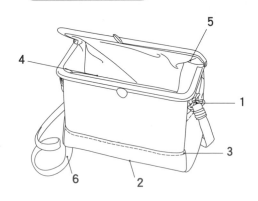

排版方式

外布 A

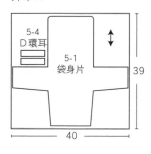

5-4
D環耳

5-1
袋身片

39

40

外布 B

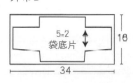

5-2
袋底片

18

34

牛津襯

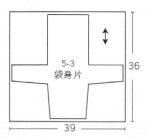

5-3
袋身片

36

39

裡布

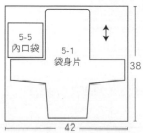

5-5
內口袋

5-1
袋身片

38

42

單位/公分

> **小叮嚀**
>
> 牛津襯的用法和布襯、夾棉一樣，多半用於使立體包包不易變型、保持挺直，但因為纖維是像釣魚線類的尼龍纖維，製作時常常會不小心刺傷皮膚，須特別注意。

①貼牛津襯、製作D環耳

袋身片/外布A貼牛津襯

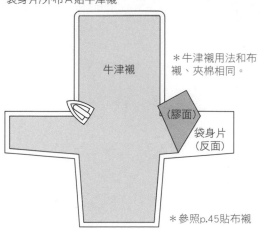

牛津襯

（膠面）

袋身片
（反面）

＊牛津襯用法和布襯、夾棉相同。

＊參照p.45貼布襯

製作D環耳、固定在袋身片兩側正面

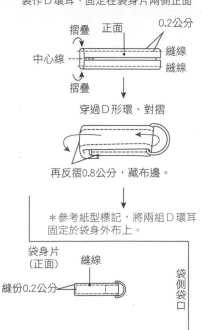

摺疊　　正面　　0.2公分

中心線

縫線
縫線

摺疊

穿過D形環、對摺

再反摺0.8公分，藏布邊。

＊參考紙型標記，將兩組D環耳固定於袋身外布上。

袋身片
（正面）　縫線

縫份0.2公分

袋側袋口

②固定水桶釘

在袋底片正面安裝水桶釘

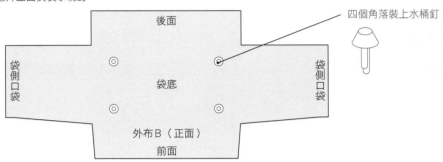

四個角落裝上水桶釘

後面

袋底

袋側口袋

袋側口袋

外布B（正面）

前面

③縫合外袋

袋底片兩側袋側口袋
布邊以三摺縫收邊

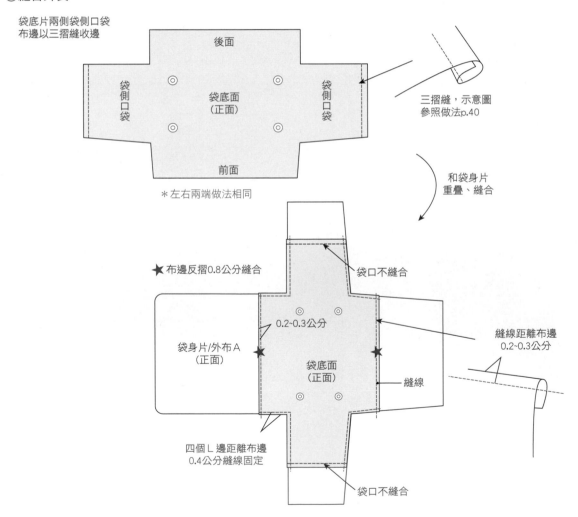

後面

袋側口袋

袋底面（正面）

袋側口袋

前面

三摺縫，示意圖
參照做法p.40

和袋身片
重疊、縫合

＊左右兩端做法相同

★布邊反摺0.8公分縫合

袋口不縫合

0.2~0.3公分

袋身片/外布A
（正面）

袋底面
（正面）

縫線距離布邊
0.2~0.3公分

縫線

四個L邊距離布邊
0.4公分縫線固定

袋口不縫合

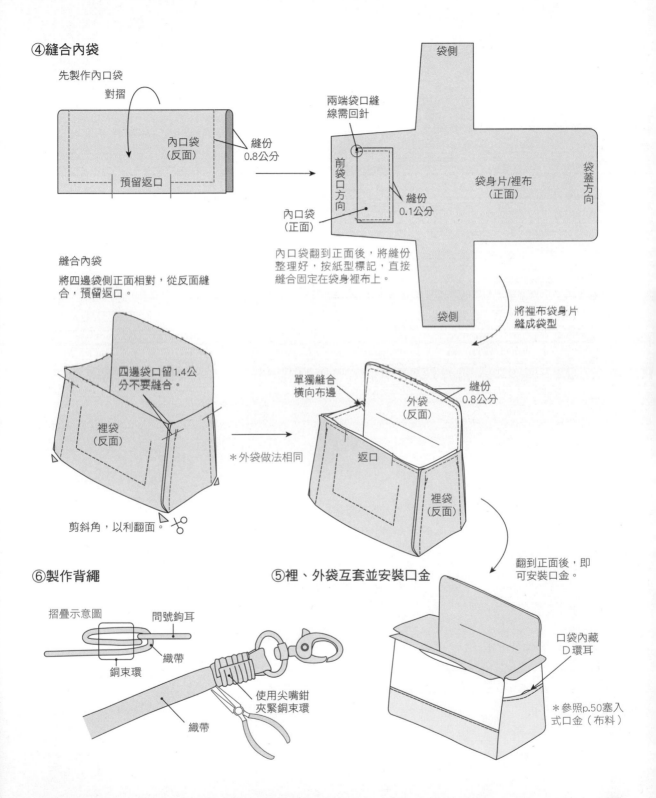

④縫合內袋

先製作內口袋

對摺

內口袋
（反面）

縫份
0.8公分

預留返口

兩端袋口縫
線需回針

前袋口方向

內口袋
（正面）

縫份
0.1公分

袋側

袋身片/裡布
（正面）

袋蓋方向

袋側

內口袋翻到正面後，將縫份
整理好，按紙型標記，直接
縫合固定在袋身裡布上。

縫合內袋

將四邊袋側正面相對，從反面縫
合，預留返口。

將裡布袋身片
縫成袋型

四邊袋口留1.4公
分不要縫合。

裡袋
（反面）

單獨縫合
橫向布邊

縫份
0.8公分

外袋
（反面）

返口

裡袋
（反面）

＊外袋做法相同

剪斜角，以利翻面。

翻到正面後，即
可安裝口金。

⑥製作背繩

摺疊示意圖

問號鉤耳

織帶

銅束環

使用尖嘴鉗
夾緊銅束環

織帶

⑤裡、外袋互套並安裝口金

口袋內藏
D環耳

＊參照p.50塞入
式口金（布料）

Stationery Case

文具包

做法流程

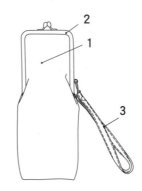

成品尺寸

寬 8×高 22×厚 4 公分

材　　料

塞入式冂形口金框＊寬 7.8×腳長 10 公分（1 組，附單肩鍊耳為佳）

外布＊寬 18×長 51 公分（1 片）

裡布＊寬 18×長 51 公分（1 片）

小間號鉤＊寬 0.6×高 2 公分（2 組）

D形環＊寬 1 公分（1 組）

固定釦＊直徑 0.6 公分（1 組）

紙繩＊粗 0.3×長 26 公分（2 條）

排版方式

外布、裡布

單位/公分

主要工具

縫紉機或者手縫針、線

白膠適量、一字螺或口金鉗、固定釦

安裝工具（直徑 0.6 公分）

做　　法

❶ **縫合袋身片**：做法同 p.140「筷子袋」的做法❶。

❷ **安裝口金**：做法同 p.140「筷子袋」的做法❷。

❸ **製作腕帶**：參照紙型標記，將兩色腕帶布片布邊反摺後重疊縫合，兩端放入 D 形環後使用固定釦固定，鉤上問號鉤，安裝在口金框上就大功告成囉！（腕帶做法參照 p.35）

紙型檔名
no.23

Two-tone Bird Make Up Bag
雙色青鳥化妝包

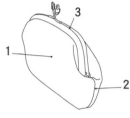

成品尺寸

寬 21× 高 10 公分

材　料

塞入式弧形口金框＊寬16.5公分（1組）
外布A＊寬24×長13公分（1片）
外布B＊寬24×長13公分（1片）
裡布＊寬42×長32公分（1片）
紙繩＊粗0.3×長23公分（2條）

主要工具

縫紉機或者手縫針、線
白膠適量、一字螺或口金鉗、熨斗、燙版

做　　法

❶ **製作內口袋**：將內口袋正面相對並對摺，
從反面縫合後，預留返口翻到正面，以熨
斗整燙定型，參照紙型標記，固定於裡布
正面，另一片口袋做法相同。

❷ **縫合袋身片**：做法同 p.146「水玉織花口
金包」的做法❸。

❸ **安裝口金**：參照 p.50 塞入式口金（布料），
組合口金與袋身，並參照 p.43，將內裡返
口以藏針縫收尾，大功告成囉！

做法流程

排版方式

裡布

| 2-1 內口袋 | 2-1 袋身片 |
| 2-1 內口袋 | 2-1 袋身片 |

32

42

外布A、外布B

2-1 袋身片

13

24

單位/公分

①製作內口袋

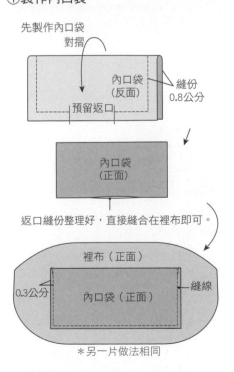

先製作內口袋
對摺

內口袋（反面）

縫份0.8公分

預留返口

內口袋（正面）

返口縫份整理好，直接縫合在裡布即可。

裡布（正面）

0.3公分

內口袋（正面）

縫線

＊另一片做法相同

Colorful Plastic-cube Leather Bag

方形彩虹糖皮革包

成 品 尺 寸

寬 16.5× 高 9 公分

材 料

手縫式ㄇ形口金＊寬 10.8× 腳長 4.5 公分（1 組）
羊革＊寬 21× 長 27× 厚 0.12 ～ 0.15 公分（1 片）
裡布＊寬 21× 長 28 公分（1 片）

主 要 工 具

縫紉機或者手縫針、線
丸斬（直徑 0.18 公分）
木槌、膠板

做 法

❶ **使用丸斬打袋口線孔**：裁剪皮片之後，先將
袋口的孔位預先打好，若無丸斬，亦可使用
錐子穿洞。參照 p.49 手縫式口金（皮革）。

❷ **縫合袋底褶子**：將袋身裡、外片底部的褶子
縫合固定。

❸ **縫合袋身片**：分別將裡、外袋身縫成袋型，
外袋正面朝外，裡袋正面朝內互套，將裡袋
袋口縫份反摺 0.8 公分後，與外袋袋口縫合固
定，縫份 0.3 公分。

❹ **安裝口金框**：參照 p.49 手縫式口金（皮革），
組合口金與袋身就大功告成囉！

做 法 流 程

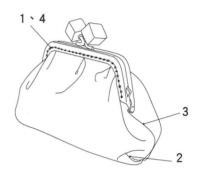

1、4

3

2

排 版 方 式

羊革

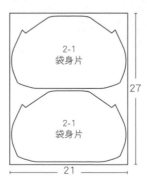

2-1
袋身片

2-1
袋身片

27

21

裡布

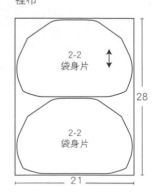

2-2
袋身片

2-2
袋身片

28

21

單位/公分

①使用丸斬打袋口線孔

袋身片(羊革)

＊按照紙型標記，袋口邊緣先用0.18公分的丸斬打線孔，如果沒有直徑0.18公分的丸斬，也可先以錐子穿孔。可參照p.19手縫式口金（皮革）。

②縫合袋底褶子

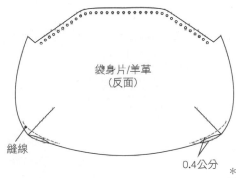

袋身片/羊革
（反面）

袋身片/裡布
（反面）

縫線

0.4公分

＊另一片外片也以相同方向固定褶子，裡片做法相同。

③縫合袋身片

外袋身片

袋口

兩端袋口縫止點回針縫

袋身片/羊革
（反面）

縫份0.8公分

分別正面相對，從反面縫合成袋型。

羊革外布的縫合，可以使用縫紉機縫合，亦可使用菱斬打線孔後縫合。

裡袋身片

袋口

裡袋身片
（反面）

兩端袋口縫止點回針縫

縫份0.8公分

縫份反摺0.8公分

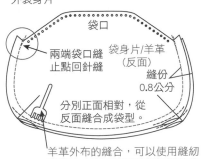

裡袋(反面)

縫線

外袋
（正面）

將裡袋與外袋縫合，縫份約0.3公分，以不縫到圓線孔，以及超出裝上口金後會露出框外的範圍即可。

Candy Leather Coin Purse
糖果皮革零錢包

紙型檔名
no.25

成品尺寸

寬 11× 高 10 公分

材　　料

塞入式∏形口金框＊寬 7.5× 腳長 5.5 公分（1 組）
羊革＊寬 15× 長 25× 厚 0.12 ～ 0.15 公分（1 片）
裡布＊寬 15× 長 25 公分（1 片）
紙繩＊粗 0.3× 長 16 公分（2 條）

主 要 工 具

縫紉機或者手縫針、線
白膠適量、一字螺或口金鉗

做　　法

❶ 縫合袋身片：做法同 p.146「水玉織
　花口金包」的做法❸。

❷ 安裝口金框：參照 p.51 塞入式口金
　（皮革），組合口金與袋身，並參
　照 p.43 將內裡返口以藏針縫收尾，
　大功告成囉！

做 法 流 程

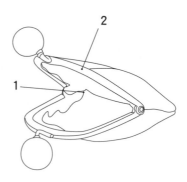

2

1

排 版 方 式

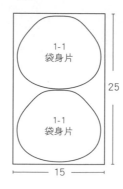

羊革

1-1
袋身片

1-1
袋身片

25

15

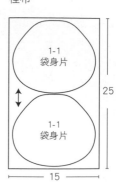

裡布

1-1
袋身片

1-1
袋身片

25

15

單位/公分

Key Chain
鑰匙圈

成 品 尺 寸

寬 6.5× 高 4.7 公分

材　　　料

手縫式弧形口金框＊寬 5 公分（1 組，附單肩鍊耳為佳）

羊革＊寬 9 × 長 12.5× 厚 0.08 ～ 0.14 公分（1 片）

附鍊條鑰匙圈＊鍊條長 2 公分、鐵圈直徑 2.4 公分（1 組）

主 要 工 具

縫紉機或者手縫針、線

白膠適量

丸斬（直徑 0.18 公分）

做　　　法

❶ **使用丸斬打袋口線孔**：做法同 .145「巴掌零錢包」的做法❶。

❷ **縫合袋身片**：做法同 .145「巴掌零錢包」的做法❷。

❸ **安裝口金框與鑰匙圈**：參照 p.49 手縫式口金（皮革），組合口金與袋身，並裝上鑰匙圈就大功告成囉！

小叮嚀

這個包包可以使用縫紉機縫合，如果沒有皮革手縫工具，亦可使用錐子先穿出線孔後再縫合。

做 法 流 程

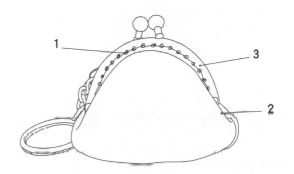

1

3

2

排 版 方 式

羊革

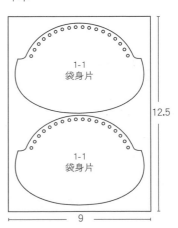

1-1
袋身片

1-1
袋身片

12.5

9

單位/公分

Necklace Frame Purse
項鍊口金

成品尺寸

寬 4× 高 4× 厚 2.5 公分

材　　料

塞入式弧形口金＊寬 3.5 公分（1 組，附左右肩鍊耳）
羊革＊寬 9× 長 10× 厚 0.08～0.14 公分（1 片）
鐵鍊＊粗 0.3× 長 80 公分（1 條）
紙繩＊粗 0.3× 長 6 公分（2 條）

主要工具

縫紉機或者手縫針、線
白膠適量
尖嘴鉗、一字螺或者口金鉗

做　　法

❶ **縫合袋身片**：將袋身片、袋側片正面相
對，參照紙型位置標記，沿著袋側反面
縫份縫合，縫成袋型。

❷ **安裝口金**：參照 p.49 塞入式口金（皮
革），組合口金與袋身。

❸ **安裝鐵鍊**：使用兩把鑷子輔助夾開鐵鍊
兩端的圈圈，勾住口金上的鍊條耳，然
後再夾緊鐵圈就大功告成囉！

做法流程

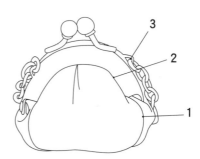

排版方式

羊革

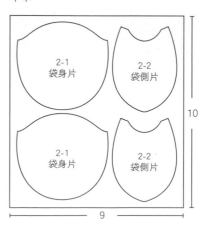

2-1
袋身片

2-2
袋側片

2-1
袋身片

2-2
袋側片

10

9

單位/公分

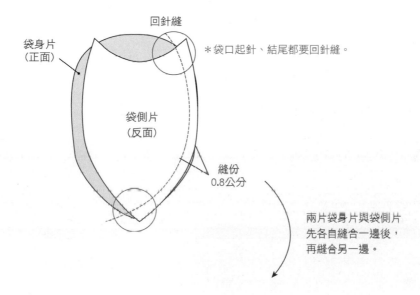

回針縫

袋身片
（正面）

＊袋口起針、結尾都要回針縫。

袋側片
（反面）

縫份
0.8公分

兩片袋身片與袋側片
先各自縫合一邊後，
再縫合另一邊。

縫份往兩邊導開，並以強力膠固定導開的縫份。

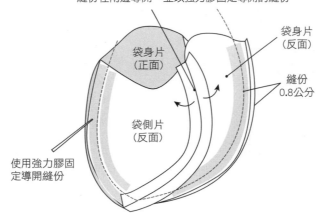

袋身片
（正面）

袋身片
（反面）

縫份
0.8公分

袋側片
（反面）

使用強力膠固
定導開縫份

Butterfly Dream Frame Bag
夢幻蝴蝶包

成品尺寸

寬 18× 高 10× 厚 3 公分

材　　料

手縫式 ⊓ 形雙層口金框 ＊ 寬 15× 腳長 5.5 公分（1 組，
附左右肩鍊耳為佳）

羊革 A ＊ 寬 26× 長 33× 厚 0.08 ～ 0.14 公分（1 片）

羊革 B ＊ 寬 25× 長 17× 厚 0.08 ～ 0.14 公分（1 片）

裡布 ＊ 寬 26× 長 46 公分（1 片）

厚布襯 ＊ 寬 23× 長 43 公分（1 片）

D 形環 ＊ 寬 1 公分（2 組）

小問號鉤 ＊ 寬 0.6× 高 2 公分（2 組）

固定釦 ＊ 直徑 0.6 公分（2 組）

主 要 工 具

縫紉機或者手縫針、線

強力膠適量、固定釦安裝工具（直徑 0.6 公分）

木槌、膠板、熨斗、燙板

排 版 方 式

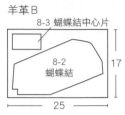

羊革 A

8-1
袋身片

33

8-8 腕帶

26

羊革 B

8-3 蝴蝶結中心片

8-2
蝴蝶結

17

25

裡布

8-6
內隔間

8-4
袋身片

8-6
內隔間

8-4
袋身片

46

26

厚布襯

8-7
內隔間

8-5
袋身片

8-7
內隔間

8-5
袋身片

43

23

單位/公分

做　　法

❶ **貼厚布襯**：參照 p.45 貼布襯，將厚布襯貼合在袋身片裡布與內隔間反面。

❷ **製作袋外蝴蝶結**：參照紙型標記，將蝴蝶結皮片需要反摺貼合的縫份，先貼合固定，再將蝴蝶結中心片長邊
縫份反摺貼合，正面相對，反面朝外，從短邊縫合後翻到正面，套在蝴蝶結皮片的中心，並且按照紙型標記，
將蝴蝶結固定在外袋身片正面。

❸ **縫合裡布袋身片、內隔間**：做法同 p.157「藍色草履蟲腕包」的做法❷。

❹ **縫合外袋身片**：做法同 p.157「藍色草履蟲腕包」的做法❸。

❺ **組合裡、外袋**：做法同 p.157「藍色草履蟲腕包」的做法❹。

❻ **安裝口金**：將返口皮革的部分先用強力膠貼合縫份，再參照 p.42 以平針縫縫合，接著再參照 p.49 手縫式口
金（皮革），組合口金與袋身。

❼ **製作腕帶**：將皮片長邊摺四等份後縫合，兩端放入 D 形環，然後參照 p.34 用固定釦固定，鉤上問號鉤，安
裝在口金框上就大功告成囉！（腕帶做法可參照 p.37 長形條狀物做法❶）

①貼厚布襯

袋身片/裡布

厚布襯　（膠面）

裡布
（反面）

＊另一片裡布做法相同

袋身片/內隔間

厚布襯　（膠面）

內隔間
（反面）

＊另一片內隔間做法相同　　＊參照p.45貼布襯

②製作袋外蝴蝶結

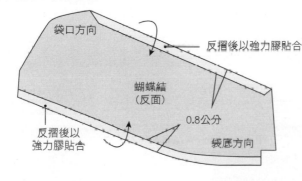

袋口方向

反摺後以強力膠貼合

蝴蝶結
（反面）

0.8公分

反摺後以
強力膠貼合

袋底方向

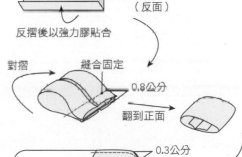

蝴蝶結中心片
（反面）

反摺後以強力膠貼合

對摺　　縫合固定

0.8公分

翻到正面

0.3公分

縫線

羊革A/袋身片
（正面）

蝴蝶結固定在
袋身片正面

做法流程

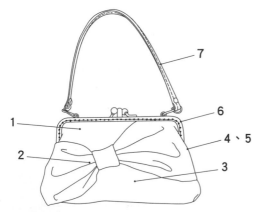

7

1

2

6

4、5

3

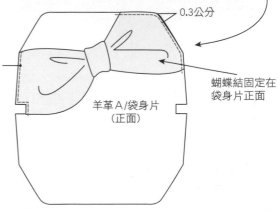

小叮嚀

因為裡面使用裡布，且這外袋羊革的厚
度比較薄，建議使用錐子，一邊縫合，
一邊沿著口金線孔輔助穿線孔。

Sweet Stripes Frame Bag
粉嫩直紋包

紙型檔名
no.29

成品尺寸

寬 18× 高 10× 厚 3 公分

材　　料

手縫式∩形雙層口金框 ＊寬 15× 腳長 5.5 公分（1 組，附
左右肩鍊耳為佳）

羊革 A ＊寬 24× 長 33× 厚 0.08 ～ 0.14 公分（1 片）

羊革 B ＊寬 25.5× 長 8× 厚 0.08 ～ 0.14 公分（1 片）

寬 46× 長 28 公分（1 片）

厚布襯 ＊寬 43× 長 25.5 公分（1 片）

D 形環 ＊寬 1 公分（2 組）

小問號鉤 ＊寬 0.6× 高 2 公分（2 組）

固定釦 ＊直徑 0.6 公分（2 組）

主要工具

縫紉機或者手縫針、線、強力膠適量、固定釦安裝工具
（直徑 0.6 公分）、木槌、膠板、熨斗、燙板

做　　法

❶ 貼厚布襯：做法同 p.174「夢幻蝴蝶包」的做法❶。

❷ 接縫外袋側片和中片：將二片側片、一片中片正面相對，反面
　朝外沿著縫份縫合。

❸ 縫合內裡袋身片、內隔間：做法同 p.157「藍色草履蟲腕包」
　的做法❷。

❹ 縫合外袋身片：做法同 p.157「藍色草履蟲腕包」的做法❸。

❺ 組合裡、外袋：做法同 p.157「藍色草履蟲腕包」的做法❹。

❻ 安裝口金框：做法同 p.157「藍色草履蟲腕包」的做法❺。

❼ 製作腕帶：做法同 p.157「藍色草履蟲腕包」的做法❻。

排版方式

羊革 A

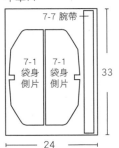

7-7 腕帶

7-1
袋身
側片

7-1
袋身
側片

33

24

羊革 B

7-2
袋身中片

8

25.5

裡布

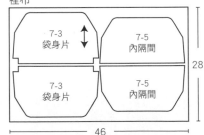

7-3
袋身片

7-5
內隔間

7-3
袋身片

7-5
內隔間

28

46

厚布襯

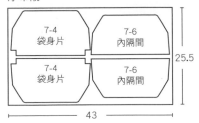

7-4
袋身片

7-6
內隔間

7-4
袋身片

7-6
內隔間

25.5

43

單位/公分

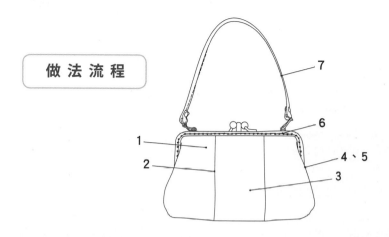

做 法 流 程

②接縫外袋側片和袋身中片

將左、右各一片袋身側片與一片袋身中片拼接縫合

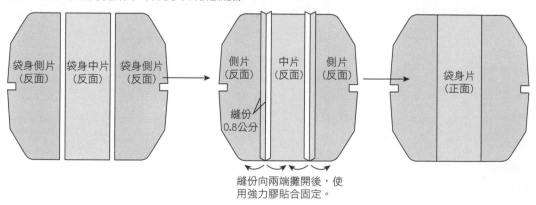

袋身側片（反面）　袋身中片（反面）　袋身側片（反面）

側片（反面）　中片（反面）　側片（反面）

縫份0.8公分

袋身片（正面）

縫份向兩端攤開後，使用強力膠貼合固定。

L Design Cell Phone Case
L 形手機包

紙型檔名 no.30

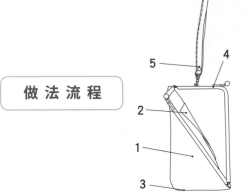

5 4 2 1 3

成 品 尺 寸

寬 16.5× 高 9 公分

做 法 流 程

材 料

塞入式 L 形口金框＊寬 18× 高 10 公分（1 組，
附單肩鍊耳為佳）
外布＊寬 29× 長 34 公分（1 片）
裡布＊寬 38× 長 24 公分（1 片）
薄夾棉＊寬 22× 長 23 公分（1 片）
紙繩＊粗 0.3× 長 28 公分（2 條）
問號鉤＊寬 1 公分（1 組）
固定釦＊直徑 0.6 公分（1 組）

排 版 方 式

外布

4-1 袋身片

34

4-4 腕帶

29

單位/公分

薄夾棉

4-2 袋身片

23

22

裡布

4-1 袋身片

4-3 內口袋

24

38

主 要 工 具

縫紉機或者手縫針、線
白膠適量、木槌、膠板、熨斗、燙板
固定釦安裝工具（直徑 0.6 公分）

做 法

❶ 貼薄夾棉：參照 p.44 貼夾棉，將薄夾棉貼合在袋身片外布反面。

❷ 製作內口袋：照紙型標記，將內口袋對摺後縫合，並留返口翻到正面，固定在裡布袋身片其中一邊正面。

❸ 縫合裡、外袋側：袋身片正面相對，將直邊袋側縫合後，縫份向兩邊攤開，裡布也相同做法，然後將裡袋正
面朝內，外袋正面朝外互套後，再參照紙型標記「與內裡縫合」位置，兩袋縫合固定後翻到正面。

❹ 安裝口金框：參照 p.50 塞入式口金（布料）的做法，將袋身翻到正面，在口金框內先塗上適量白膠，從弧
邊開始將袋口縫份塞入口金框。

❺ 製作腕帶：將布片長邊摺四等份後縫合，兩端放入問號鉤尾環後，用固定釦固定，釦在口金上就大功告成囉！
（腕帶做法可參照 p.37 長形條狀物做法 1.、布邊直角縫法）

HOW TO MAKE

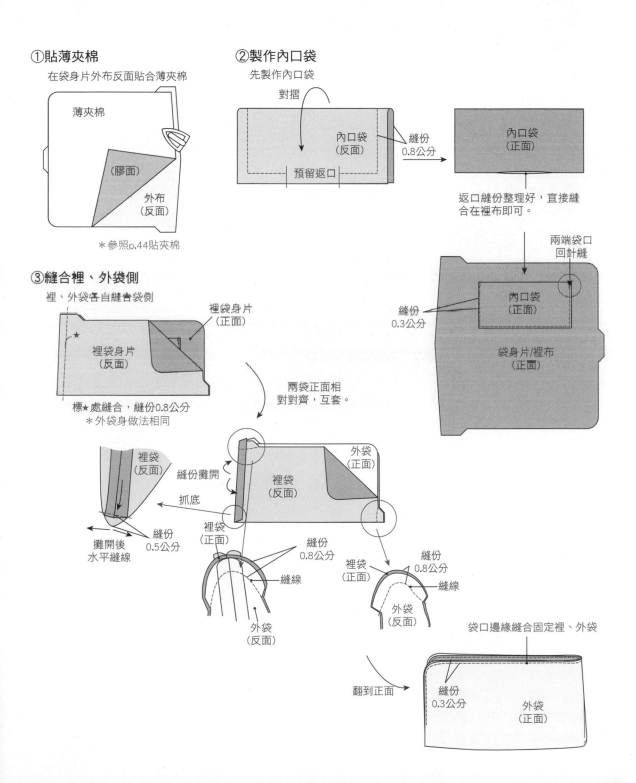

①貼薄夾棉

在袋身片外布反面貼合薄夾棉

薄夾棉

（膠面）

外布
（反面）

＊參照p.44貼夾棉

②製作內口袋

先製作內口袋

對摺

內口袋
（反面）

縫份
0.8公分

預留返口

內口袋
（正面）

返口縫份整理好，直接縫
合在裡布即可。

兩端袋口
回針縫

縫份
0.3公分

內口袋
（正面）

袋身片/裡布
（正面）

③縫合裡、外袋側

裡、外袋各自縫合袋側

裡袋身片
（正面）

裡袋身片
（反面）

標★處縫合，縫份0.8公分
＊外袋身做法相同

兩袋正面相
對對齊，互套。

裡袋
（反面）

縫份攤開

抓底

攤開後
水平縫線

縫份
0.5公分

裡袋
（正面）

外袋
（正面）

裡袋
（反面）

縫份
0.8公分

縫線

外袋
（反面）

裡袋
（正面）

縫份
0.8公分

縫線

外袋
（反面）

翻到正面

袋口邊緣縫合固定裡、外袋

縫份
0.3公分

外袋
（正面）

Pale Blue Cell Phone Case
藍色馬卡龍手機包

紙型檔名
no.31

成品尺寸

寬 15× 高 8.5 公分

材　　料

手縫式 L 形口金框＊寬 14.5× 高 8.5 公分（1 組，
附單肩鍊耳為佳）

牛革＊寬 33× 長 21× 厚 0.12 ～ 0.15 公分（1 片）

小問號鉤＊寬 0.6× 高 2 公分（1 組）

D 形環＊寬 1 公分（1 組）

固定釦＊直徑 0.6 公分（1 組）

主 要 工 具

手縫針 2 支、丸斬（直徑 0.18 公分）

固定釦安裝工具（直徑 0.6 公分）

強力膠適量、四孔菱斬

單孔菱斬、木槌、膠板

做 法 流 程

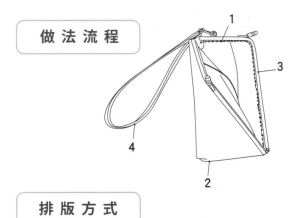

排 版 方 式

牛革

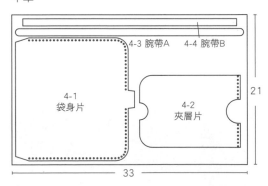

單位/公分

做　　法

❶ **使用丸斬打袋口與夾層片線孔**：裁剪皮片之後，先將袋口的孔位預先打好，如果沒有丸斬，亦可使用錐子穿洞，這時夾層片已經和袋身片對齊固定。

❷ **縫合袋側**：正面相對，直邊袋側縫合後，將縫份向兩邊攤開，並參照紙型反摺另一邊短袋側縫份，貼合固定。

❸ **安裝口金框**：參照 p.51 手縫式口金（皮革），組合口金與袋身。

❹ **製作腕帶**：將腕帶 A、B 使用強力膠貼合，縫合邊緣，再參照 p.35 製作皮腕帶，最後用固定釦固定皮帶就大功告成囉！

①使用丸斬打袋口與夾層片線孔

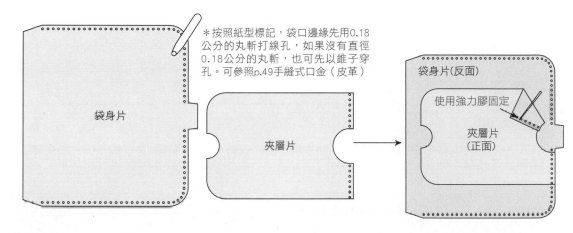

＊按照紙型標記，袋口邊緣先用0.18公分的丸斬打線孔，如果沒有直徑0.18公分的丸斬，也可先以錐子穿孔。可參照p.49手縫式口金（皮革）

袋身片

夾層片

袋身片（反面）

使用強力膠固定

夾層片（正面）

②縫合袋側

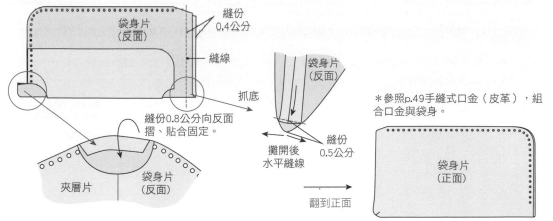

縫份0.4公分

袋身片（反面）

縫線

抓底

縫份0.8公分向反面摺、貼合固定。

夾層片

袋身片（反面）

攤開後水平縫線

袋身片（反面）

縫份0.5公分

翻到正面

＊參照p.49手縫式口金（皮革），組合口金與袋身。

袋身片（正面）

④製作腕帶

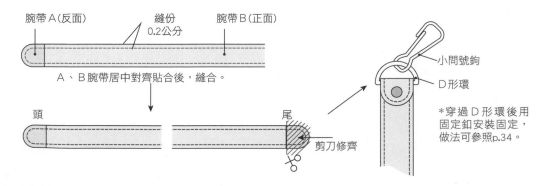

腕帶A（反面）

縫份0.2公分

腕帶B（正面）

A、B腕帶居中對齊貼合後，縫合。

頭

尾

剪刀修齊

小間號鉤

D形環

＊穿過D形環後用固定釦安裝固定，做法可參照p.34。

Vine Printed Frame Leather Purse

藤蔓皮革包

成品尺寸

寬 14× 高 10.5 公分

材　　料

手縫式 ⊓ 形雕花口金框＊內徑寬 10.4×
內徑腳長 3 公分（1 個）
合成皮＊寬 23× 長 27 公分（1 片）
裡布＊寬 23× 長 27 公分（1 片）

主 要 工 具

縫紉機或者手縫針、線

做　　法

❶ **縫合袋身片**：先固定袋底褶子，再由袋
口對齊裡、外袋身片後縫合，然後各自
從袋側片縫合，在裡布袋側預留返口翻
到正面。

❷ **安裝口金框**：參照 p.43，以藏針縫將
袋身對齊花框外側，從中心往兩側縫合
固定口金框，大功告成囉！

做 法 流 程

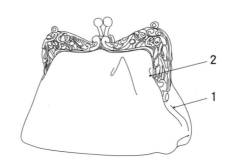

排 版 方 式

合成皮、裡布

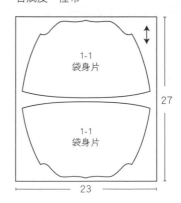

單位/公分

①縫合袋身片

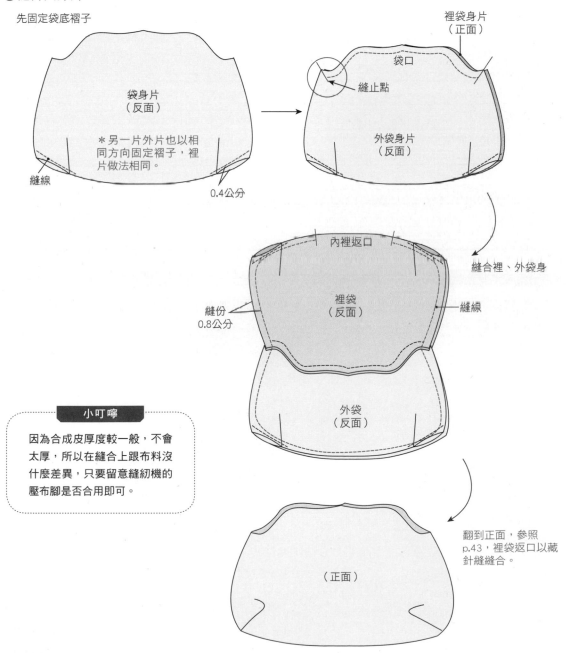

先固定袋底褶子

袋身片
（反面）

＊另一片外片也以相
同方向固定褶子，裡
片做法相同。

縫線

0.4公分

裡袋身片
（正面）

袋口

縫止點

外袋身片
（反面）

縫合裡、外袋身

內裡返口

裡袋
（反面）

縫份
0.8公分

縫線

外袋
（反面）

小叮嚀

因為合成皮厚度較一般，不會
太厚，所以在縫合上跟布料沒
什麼差異，只要留意縫紉機的
壓布腳是否合用即可。

（正面）

翻到正面，參照
p.43，裡袋返口以藏
針縫縫合。

Purple Shell Frame Coin Purse

紫貝殼包

成 品 尺 寸

寬 9× 高 8.5 公分

材 料

手縫式弧形雕花口金框＊內徑寬 6 公分（1 組）

羊革＊寬 24× 長 12× 厚 0.08～0.14 公分（1 片）

內裡棉布＊寬 24× 長 12 公分（1 片）

主 要 工 具

縫紉機或者手縫針、線

白膠適量

做 法

❶ 縫合袋身片：做法同 p.146「水玉織花口金包」的做法❸。

❷ 安裝口金框：參照 p.43 將返口以藏針縫縫合，在框口均勻塗抹白膠，再參照 p.49 手縫式口金（皮革），組合口金與袋身就大功告成囉！

排 版 方 式

羊革、裡布

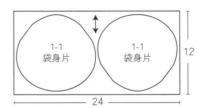

單位/公分

小叮嚀

這個框安裝在袋身的位置面積大，而且是開放的，所以最好塗抹白膠後再以縫線固定，這樣比較堅固。

紙型檔名
no.34

Flower Bud Head Frame Purse

小花苞零錢包

成品尺寸

寬 12× 高 11 公分

材　　料

手縫式弧形雕花口金框＊
內徑寬 8.5 公分（1 組）
合成皮＊寬 19.5× 長 30 公分（1 片）
裡布＊寬 19.5× 長 30 公分（1 片）

主 要 工 具

縫紉機或者手縫針、線、白膠適量

做　　法

❶ **縫合袋身片**：將袋身片、袋側片（外片）以及內裡片，分別縫成袋型。

❷ **組合裡、外袋身**：將外袋反面朝外，裡袋正面朝外，兩袋正面相對齊套在一起，然後從袋口處沿著縫份 0.8 公分縫合，從返口將袋身翻到正面。

❸ **安裝口金**：參照 p.43 將返口以藏針縫縫合，再參照 p.49 手縫式口金（皮革），組合口金與袋身就大功告成囉！

小叮嚀

這個框安裝在袋身的位置面積大，而且是開放的，所以最好塗抹白膠後再以縫線固定，比較堅固，可參照 p.184 的實照。

做 法 流 程

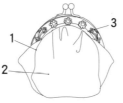

1
2
3

排 版 方 式

合成皮、裡布

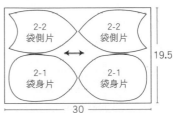

2-2 袋側片	2-2 袋側片
2-1 袋身片	2-1 袋身片

19.5

30

單位/公分

①縫合袋身片

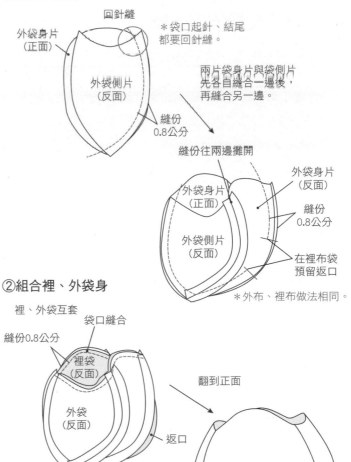

回針縫

外袋身片（正面）

外袋側片（反面）

＊袋口起針、結尾都要回針縫。

縫份 0.8公分

兩片袋身片與袋側片先各自縫合一邊後，再縫合另一邊。

縫份往兩邊攤開

外袋身片（正面）

外袋側片（反面）

外袋身片（反面）

縫份 0.8公分

在裡布袋預留返口

＊外布、裡布做法相同。

②組合裡、外袋身

裡、外袋互套

袋口縫合

縫份0.8公分

裡袋（反面）

外袋（反面）

翻到正面

返口

Heart Solid Frame Leather Bag
愛心硬殼包

紙型檔名
no.35

成 品 尺 寸

寬 13× 高 12× 厚 7 公分

材 料

塞入式心形硬殼口金框 ＊寬 13× 高
12× 厚 7 公分（1 組）
牛革或羊革＊寬 18× 長 16× 厚 0.12 ～
0.15 公分（1 片）
裡布＊寬 18× 長 16 公分（1 片）

主 要 工 具

縫紉機或者手縫針、線
強力膠適量
鋒利的剪刀

做 法

❶ **貼合袋身片**：把硬殼從金屬框架卸下，將外布皮革反面均勻
塗一層強力膠，口金框的硬殼也一樣塗上強力膠，等強力膠
半乾後將兩者貼合。

❷ **處理弧邊**：可藉著皮革的伸縮韌度調整到皺褶整齊，然後用
剪刀修剪掉多餘的皮革，內裡（裡布）豬革的做法也相同。

❸ **安裝口金**：將裱好皮革的硬殼安裝回金屬框，大功告成囉！

做 法 流 程

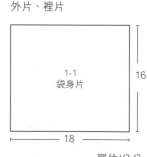

排 版 方 式

外片、裡片

1-1
袋身片

16

18

單位/公分

①貼合袋身片

皮革從中心向外撥平

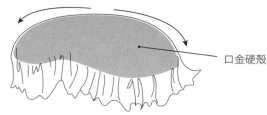

口金硬殼

皮革從中心向外撥平

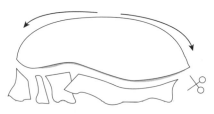

用剪刀修剪多餘的皮革即可

＊在皮革反面、口金硬殼表面均勻塗上
一層強力膠，將皮革裱貼在口金硬殼
上，由中心位置向外拉、撥平皮革。

Rectangular Solid Frame Leather Bag
方形硬殼包

成 品 尺 寸

寬 16× 高 10× 厚 5 公分

材　　料

塞入式方形硬殼口金框＊寬 16× 高 10× 厚 5 公分（1 組）
牛革或羊革＊寬 20× 長 14× 厚 0.12 ～ 0.15 公分（1 片）
裡布＊寬 20× 長 14 公分（1 片）

主 要 工 具

縫紉機或者手縫針、線
強力膠適量
尖嘴鉗

做　　法

❶ 貼合袋身片：做法同 p.186「愛心硬殼包」的做法❶。
❷ 處理弧邊：做法同 p.186「愛心硬殼包」的做法❷。
❸ 安裝口金框：將裱好皮革的硬殼安裝回金屬框，使用鉗子從裡面將框夾緊就大功告成囉！

做 法 流 程

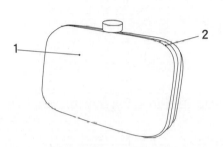

排 版 方 式

外片、裡片

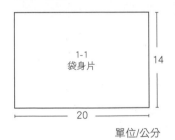

1-1
袋身片

14

20

單位/公分

小叮嚀

因為每個硬殼框工廠出品時都會略有不同，有些框安裝完成後就已經很牢固，像 p.186 中使用的心形硬殼口金，就不需要再用鉗子夾緊框架，但這個方型硬殼包安裝後，就需鉗子輔助，使其更牢固。

Ostrich Leather Long Wallet
鴕鳥皮錢夾

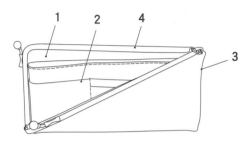

做 法 流 程

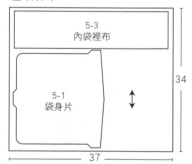

成 品 尺 寸

寬 18.5× 高 10× 厚 1.2 公分

材 料

塞入式 L 形口金框＊寬 18× 高 10 公
分（1 個）

外布鉻鞣牛革＊寬 31× 長 39× 厚
0.12 ～ 0.15 公分（1 片）

卡片夾層植鞣牛革＊寬 39× 長 11×
厚 0.08 ～ 0.14 公分（1 片）

內裡棉布＊寬 37× 長 34 公分（1 片）

紙繩＊粗 0.3× 長 28 公分（2 條）

主 要 工 具

縫紉機或者手縫針、線
強力膠適量、白膠適量、刮刀
四孔菱斬、單孔菱斬、木槌
膠板、一字螺或者口金鉗

排 版 方 式

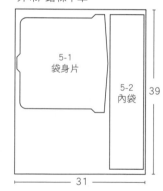

外布/ 鉻鞣牛革

5-1
袋身片

5-2
內袋

39

31

裡布/植鞣牛革

5-4
卡片夾層

5-5
夾層

5-5 夾層 | 5-5 夾層 | 5-5 夾層

11

39

裡布/棉布

5-3
內袋裡布

5-1
袋身片

34

37

單位/公分

做 法

❶ **裱貼內裡布**：在皮革袋身片的反面均勻平塗強力膠，在強力膠乾之前，將內裡棉布貼合在塗膠面，內袋也是
相同做法，差別在於內袋袋口處的裡布需要反摺縫份 0.8 公分後，先以縫紉機將皮、布料縫合。

❷ **製作卡片夾層**：參照紙型位置標記，將四片夾層分別於邊緣塗膠，貼合固定在卡片夾層上，再依照紙型位置
標記，將卡片夾層縫合在內袋上。

❸ **縫合袋側**：將內袋對齊袋身片袋側，在縫份 0.4 公分處縫合，翻到正面之前，先修剪內袋縫份，並將袋身片
縫份攤開，貼合固定。

❹ **安裝口金框**：參照 p.49 手縫式口金（皮革），組合口金與袋身就大功告成囉！

①裱貼內裡布

在袋身片反面裱貼內裡布

內裡也可以使用豬革來裱,但是要留意裝裱之後的厚度,是否會妨礙安裝口金,以致於無法裝入,所以這裡選用棉布來裱貼作為內裡。

皮革袋身片
(反面)

刮刀

強力膠

使用刮刀將強力膠均勻塗在袋身片反面,切勿塗抹太厚。

裡布
(正面)

皮革袋身片
(反面)

將裡布對齊貼合在塗膠面

在內袋反面裱貼內袋內裡布

內袋
(反面)

刮刀

強力膠

內袋內裡布(正面)

內袋(反面)

袋口布邊反摺,以防使用過程布脫線、鬚掉。

縫份0.3公分

袋口縫線固定

內袋/皮革
(正面)

＊若想以手縫內袋袋口,可先使用菱斬在皮革袋口上打線孔,再裱貼棉布縫合,切記布料不可與皮革一起使用菱斬軋洞。

②製作卡片夾層

四片夾層,於反面邊緣塗一層強力膠,按紙型標記,固定在卡片夾層上,一邊兩片。

先固定一片,縫合後,再疊一片夾層。
＊卡片夾層另一邊做法相同

縫線
0.2公分

夾層(正面)

卡片夾層
(正面)

夾層(反面)

塗膠面積不超過0.4公分

＊四片做法相同

第二層夾層片

夾層(正面)

0.2公分

垂直縫合固定單邊

將卡片夾層居中對齊內袋正面

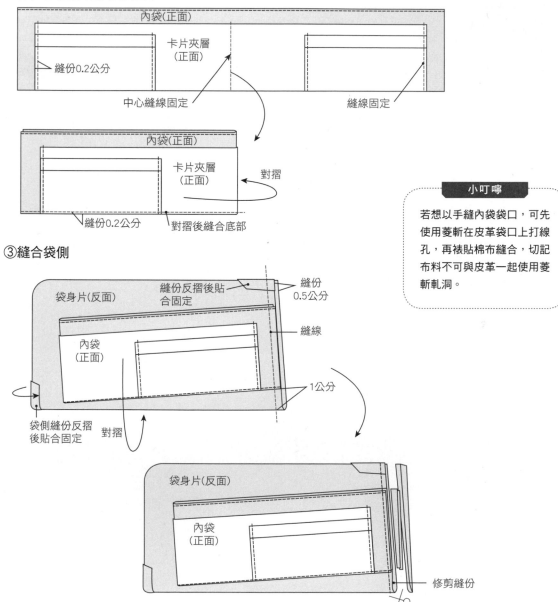

內袋(正面)

卡片夾層
(正面)

縫份0.2公分

中心縫線固定

縫線固定

內袋(正面)

卡片夾層
(正面)

對摺

縫份0.2公分

對摺後縫合底部

③縫合袋側

袋身片(反面)

縫份反摺後貼合固定

縫份
0.5公分

內袋
(正面)

縫線

袋側縫份反摺
後貼合固定

對摺

1公分

袋身片(反面)

內袋
(正面)

修剪縫份

＊修剪袋側縫份，即可翻到正面安裝口金。

小叮嚀

若想以手縫內袋袋口，可先
使用菱斬在皮革袋口上打線
孔，再裱貼棉布縫合，切記
布料不可與皮革一起使用菱
斬軋洞。

Oblique Stripes Fabric Wallet
斜紋錢夾

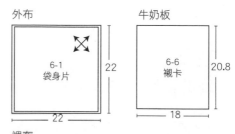

排 版 方 式

外布

6-1
袋身片
22
22

牛奶板

6-6
襯卡
20.8
18

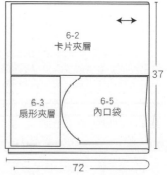

裡布

6-2
卡片夾層

6-3
扇形夾層

6-5
內口袋

37

72

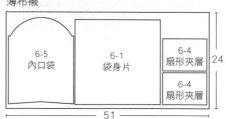

薄布襯

6-5
內口袋

6-1
袋身片

6-4
扇形夾層

6-4
扇形夾層

24

51

單位/公分

成 品 尺 寸

寬 18× 高 11 公分

材 料

接腳口金＊寬 18 公分（1 組）

外布＊寬 22× 長 22 公分（1 片）

裡布＊寬 72 公分、長 37 公分（1 片）

250 ～ 300 磅牛奶板＊**寬** 18× **長** 20.8×
厚約 0.05 公分（1 片）

薄布襯＊寬 51× 長 24 公分（1 片）

壓釦◈直徑 1 公分（1 組）

主 要 工 具

縫紉機或者手縫針、線、熨斗

燙板、壓釦安裝工具（直徑 1 公分）

木槌、膠板

做 法

❶ **貼合布襯**：參照 p.45 貼布襯，在一片袋身片、內口袋和兩片扇形夾層反面貼合薄布襯。

❷ **製作卡片夾層**：使用熨斗，按「山線、谷線」的記號摺疊，並在摺疊邊緣縫合固定。

❸ **製作內口袋**：將兩片內口袋布片正面相對，從反面縫合袋蓋弧形邊和袋口處，然後從袋側翻到正面，使用熨斗整燙，再按紙型標記安裝壓釦。

❹ **製作左、右扇形夾層**：按紙型標記，摺疊夾層布片。

❺ **縫合內袋和夾層**：按紙型標記位置，在兩片夾層間夾入內口袋，並且縫合固定。

❻ **組合各部位**：將袋身片以正面朝上平放，依序堆疊兩側縫有夾層的內口袋，居中、上、下對齊堆疊正面朝袋身片的卡面夾層。

❼ **袋身成型與安裝口金**：翻到正面，放入牛奶板，套上口金，參照 p.48 手縫式口金（布料）就大功告成囉！

做法流程

①貼合布襯

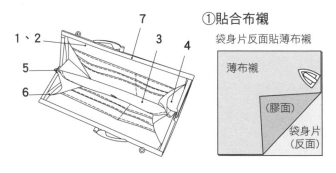

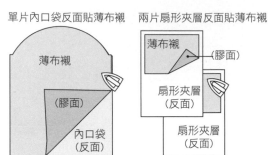

袋身片反面貼薄布襯

薄布襯
（膠面）
袋身片
（反面）

單片內口袋反面貼薄布襯

薄布襯
（膠面）
內口袋
（反面）

兩片扇形夾層反面貼薄布襯

薄布襯
（膠面）
扇形夾層
（反面）
扇形夾層
（反面）

②製作卡片夾層

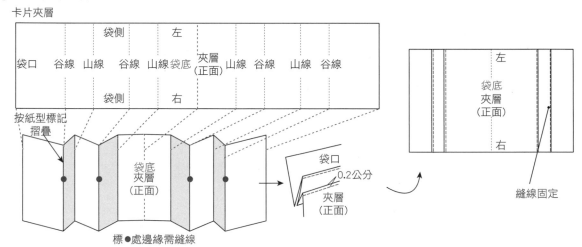

卡片夾層

袋側　左
袋口　谷線　山線　谷線　山線　袋底　夾層（正面）　山線　谷線　山線　谷線
袋側　右

按紙型標記摺疊

袋底
夾層
（正面）

標●處邊緣需縫線

袋口　0.2公分
夾層
（正面）

左
袋底
夾層
（正面）
右

縫線固定

③製作內口袋

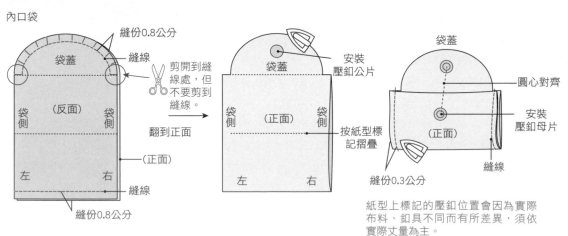

內口袋

縫份0.8公分
袋蓋
縫線
（反面）
袋側　袋側
（正面）
左　右
縫線
縫份0.8公分

剪開到縫線處，但不要剪到縫線。

翻到正面

袋蓋
安裝壓釦公片
袋側　（正面）　袋側
按紙型標記摺疊
左　右
縫份0.3公分

袋蓋
圓心對齊
安裝壓釦母片
（正面）
縫線

紙型上標記的壓釦位置會因為實際布料、釦具不同而有所差異，須依實際丈量為主。

④製作左、右扇形夾層

夾層
(反面)

翻到正面

中心線
對摺

縫線

左、右夾層依紙型指示中
心位置,對摺後縫合。

內口袋位置

袋側

袋側

中心線
對摺

翻到正面,使用熨
斗照著山、谷摺線
記號將左、右夾層
熨燙成扇形。

夾層(正面)

⑤縫合內口袋和夾層

右

左

縫線

縫份
0.4公分

右夾層

左夾層

⑥組合各部位

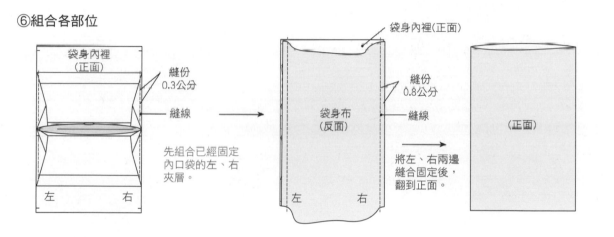

袋身內裡
(正面)

縫份
0.3公分

縫線

左   右

先組合已經固定
內口袋的左、右
夾層。

袋身內裡(正面)

袋身布
(反面)

縫份
0.8公分

縫線

左   右

將左、右兩邊
縫合固定後,
翻到正面。

(正面)

⑦袋身成型與安裝口金

牛奶板

放入牛奶板、調整袋型

參照p.48固定口金框

參照p.48固定口金框

小叮嚀

＊製作這個錢夾的過程中,最後
組合布片、內口袋時,因為左
右夾層的扇形結構,使縫合較
困難。如果對縫紉機操作不熟
練,可以手縫平針縫,以小針
距縫合固定左右兩側。

＊ 由於扇形夾層的立體結構,會導致在放入牛奶板不易放入,可以適
當將牛奶板捲曲,但不可摺疊造成永久性的摺痕,會比較容易放入。

Stripes Drawstring Bag

直紋束口錢袋

成 品 尺 寸

寬 9.5× 高 12 公分

材　　　料

瓶蓋口金框＊最小直徑 3 公分 × 展開直徑 9 公分（1 個）

外布＊寬 31× 長 12.5 公分（1 片）

裡布＊寬 43× 長 12.5 公分（1 片）

牛革＊寬 12× 長 12× 厚 0.12 ～ 0.15 公分（1 片）

皮繩或仿皮繩＊粗 0.5× 長 67 公分（1 條）

主 要 工 具

縫紉機或者手縫針、線

做　　　法

❶ **縫合圓形袋底片**：分別縫合裡、外袋
身片的袋側邊，裡布袋側記得預留返
口，再各自與袋底片縫合。

❷ **組合裡、外袋**：外袋正面朝外，套入
反面朝外的裡袋，從袋口縫份 0.8 公
分處縫合一圈，再由返口翻到正面，
參照 p.43 以藏針縫縫合返口。

❸ **安裝瓶蓋口金框**：拉開瓶蓋口金，對
應口金框的線孔，將袋身與口金縫合
固定。

❹ **安裝提繩**：將皮繩或仿皮繩穿入口金
框的提繩耳中，打結，大功告成囉！

做 法 流 程

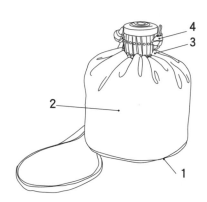

排 版 方 式

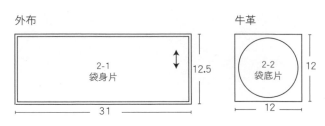

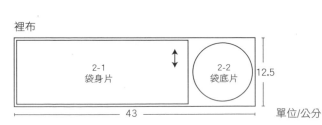

單位/公分

①縫合圓形袋底片

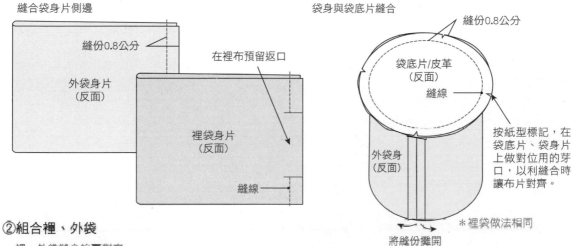

縫合袋身片側邊

縫份0.8公分

外袋身片
（反面）

在裡布預留返口

裡袋身片
（反面）

縫線

袋身與袋底片縫合

縫份0.8公分

袋底片/皮革
（反面）

縫線

按紙型標記，在
袋底片、袋身片
上做對位用的芽
口，以利縫合時
讓布片對齊。

外袋身
（反面）

將縫份攤開

＊裡袋做法相同

②組合裡、外袋

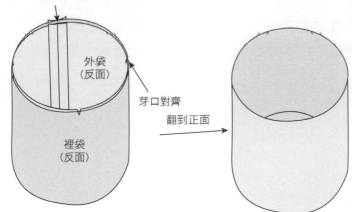

裡、外袋縫合線要對齊

外袋
（反面）

裡袋
（反面）

芽口對齊

翻到正面

③安裝瓶蓋口金框

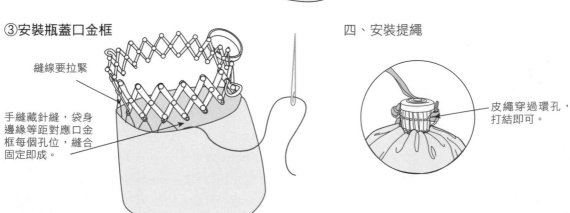

縫線要拉緊

手縫藏針縫，袋身
邊緣等距對應口金
框每個孔位，縫合
固定即成。

四、安裝提繩

皮繩穿過環孔，
打結即可。

Mini Doctor Bag
小小醫生包

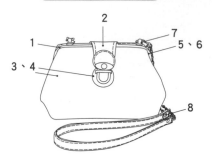

成品尺寸

寬 15× 高 10 公分 × 厚 11.5 公分，
肩帶長度 110 公分

材　料

醫生口金框＊寬 13.5× 腳長 6×
口金框片寬 1.1× 厚 0.09～0.1 公
分（1 組）
羊革＊寬 38× 長 42× 厚 0.14～
0.18 公分（1 片）
帆布＊寬 48× 長 37 公分（1 片）
附環螺絲釦＊直徑 1 公分（2 組）
書包釦＊寬度 3 公分（1 組）
問號鉤＊寬 1 公分以內（2 個）
鐵鍊＊粗 0.3× 長 35 公分（2 條）
醫生框固定軸螺絲釦＊直徑 1.2 公
分（2 組）
D 形環＊內徑 1 公分（2 組）
固定釦＊直徑 0.6 公分（4 組）

主要工具

四孔菱斬、單孔菱斬、刮刀
木槌、膠板
鋒利的剪刀、強力膠適量
雙面膠（寬 1.5 公分）、固定釦
安裝工具（直徑 0.6 公分）

做　法

❶ **預先處理袋口線孔**：先將持手貼在袋身片前片袋口中心線上，使用
雙面膠靠齊水平虛線貼黏後對摺，距離邊緣 0.4 公分處，使用菱斬
預先打一排線孔，再撕除雙面膠。

❷ **製作釦耳**：將兩片皮革釦耳正面朝外，反面使用強力膠對貼後，邊
緣 0.4 公分使用菱斬打線孔後縫合，並按紙型標記固定在袋身後面
位置上，安裝書包上釦。

❸ **縫合帆布內裡袋身**：將內裡帆布縫上口袋，並且縫成袋型。

❹ **縫合皮革袋身片兩側、袋底兩側、安裝書包釦底座**：將袋身片反面
相對，袋側邊緣上膠貼合，讓前片疊在後片上，使用菱斬沿著邊緣
0.4 公分打一排線孔縫合固定。袋底兩側則從反面沿著邊緣 0.5 公
分縫合後，將皮革袋翻到正面，對應釦耳書包釦上釦位置，丈量袋
身底座位置，安裝書包釦底座。

❺ **縫合固定內裡袋**：皮革外袋袋口兩側 U 型處，先使用菱斬沿著邊緣
0.4 公分打一排線孔後，將帆布 U 型布邊反摺 0.5 公分，與皮革 U
型處對齊，並縫合固定。

❻ **縫合袋口、安裝口金**：在預先打線孔的袋口處均勻塗上一層強力膠，
對應的口金也要薄塗一層強力膠，確認線孔都有對齊後，由中心線
為起針點，往兩側開始縫合，縫到兩側再補膠貼合，並以指甲壓出
口金輪廓，再以菱斬沿著輪廓打線孔，縫合。

❼ **固定口金和附環螺絲釦**：使用 1.2 公分的螺絲固定口金兩端醫生框
固定軸，並安裝附環螺絲釦在口金上。

❽ **製作肩帶**：將肩帶 A、B 反面相對貼合，縫合，兩端套入 D 形環後
使用固定釦固定，用鑷子轉開鐵鍊鐵圈，安裝在 D 形環上，另一端
釦在問號鉤上，兩邊做法相同，大功告成囉！

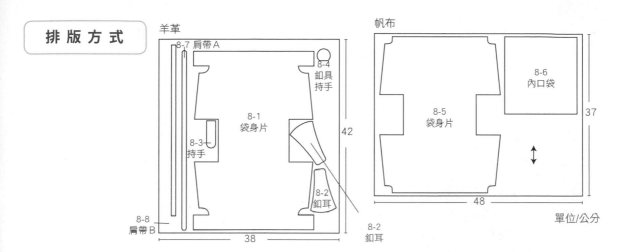

排版方式

羊革

8-7 肩帶A

8-4 釦具持手

8-1 袋身片

8-3 持手

8-2 釦耳

8-8 肩帶B

38

42

帆布

8-6 內口袋

8-5 袋身片

37

48

8-2 釦耳

單位/公分

①預先處理袋口線孔

前片

皮革袋身片兩處袋口,先用雙面膠暫時貼合固定。

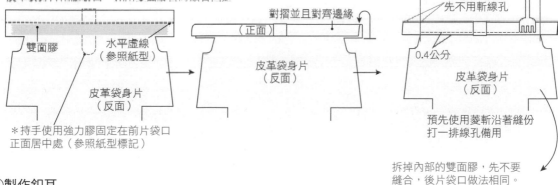

雙面膠

水平虛線
(參照紙型)

對摺並且對齊邊緣

(正面)

皮革袋身片
(反面)

左右兩側此段
先不用斬線孔

0.4公分

皮革袋身片
(反面)

皮革袋身片
(反面)

＊持手使用強力膠固定在前片袋口
正面居中處(參照紙型標記)

預先使用菱斬沿著縫份
打一排線孔備用

拆掉內部的雙面膠,先不要
縫合,後片袋口做法相同。

雙面膠

皮革袋身片
(反面)

②製作釦耳

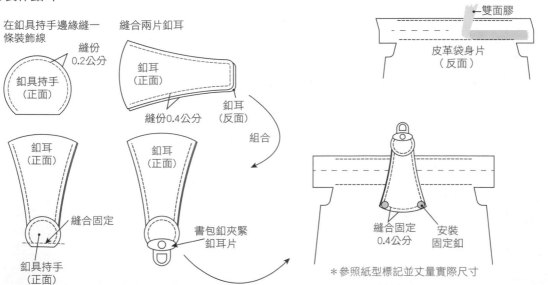

在釦具持手邊緣縫一
條裝飾線

縫合兩片釦耳

縫份
0.2公分

釦具持手
(正面)

釦耳
(正面)

釦耳
(反面)

縫份0.4公分

組合

釦耳
(正面)

釦耳
(正面)

縫合固定

釦耳
(正面)

書包釦夾緊
釦耳片

釦具持手
(正面)

縫合固定
0.4公分

安裝
固定釦

＊參照紙型標記並丈量實際尺寸

③縫合帆布內裡袋身

口袋

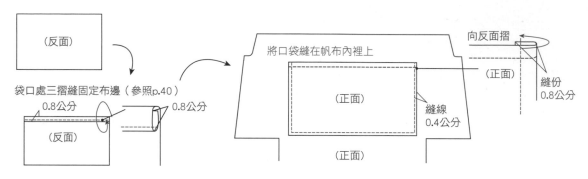

（反面）

袋口處三摺縫固定布邊（參照p.40）
0.8公分　0.8公分
（反面）

將口袋縫在帆布內裡上
（正面）
縫線
0.4公分
（正面）

向反面摺
（正面）
縫份
0.8公分

帆布內裡

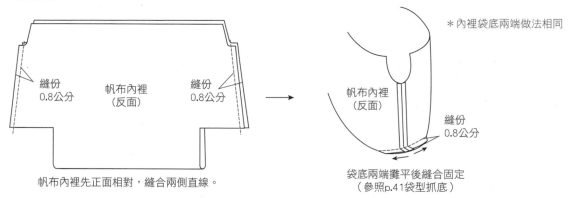

縫份
0.8公分
帆布內裡
（反面）
縫份
0.8公分

帆布內裡先正面相對，縫合兩側直線。

＊內裡袋底兩端做法相同

帆布內裡
（反面）
縫份
0.8公分

袋底兩端攤平後縫合固定
（參照p.41袋型抓底）

④縫合皮革袋身片兩側、袋底兩側、安裝書包釦底座

縫合皮革袋側

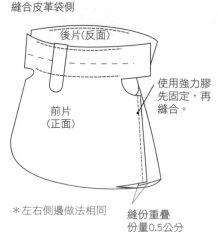

後片(反面)

前片
（正面）

使用強力膠
先固定，再
縫合。

＊左右側邊做法相同

縫份重疊
份量0.5公分

縫合皮革袋底

袋身反面朝外，從反面縫合袋底。

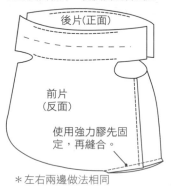

後片(正面)

前片
（反面）

使用強力膠先固
定，再縫合。

＊左右兩邊做法相同

安裝書包釦底座

＊參照紙型標記並丈量實際尺寸

前片
（正面）

⑤縫合固定內裡袋

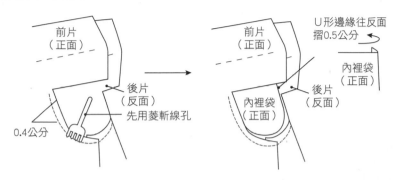

前片（正面）

後片（反面）

先用菱斬線孔

0.4公分

前片（正面）

後片（反面）

內裡袋（正面）

U形邊緣往反面摺0.5公分

內裡袋（正面）

⑥縫合袋口、安裝口金

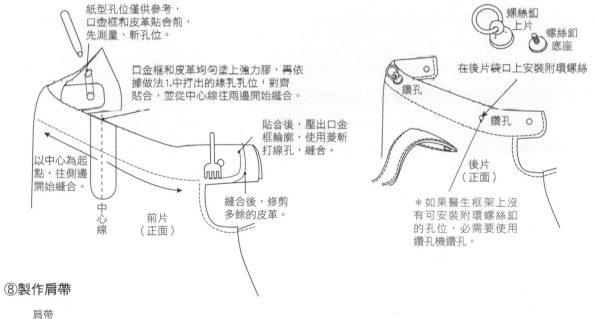

紙型孔位僅供參考，口金框和皮革貼合前，先測量、斬孔位。

口金框和皮革均勻塗上強力膠，再依據做法1.中打出的線孔孔位，對齊貼合，並從中心線往兩邊開始縫合。

貼合後，壓出口金框輪廓，使用菱斬打線孔，縫合。

縫合後，修剪多餘的皮革。

以中心為起點，往側邊開始縫合。

中心線

前片（正面）

⑦固定口金框和附環螺絲釦

螺絲釦上片

螺絲釦底座

在後片袋口上安裝附環螺絲

鑽孔

鑽孔

後片（正面）

＊如果醫生框架上沒有可安裝附環螺絲釦的孔位，必需要使用鑽孔機鑽孔。

⑧製作肩帶

肩帶

1.6公分D形環

肩帶A（反面）

肩帶B（反面）

在兩片肩帶反面均勻塗上強力膠

兩片肩帶居中對齊貼合、邊緣縫線

0.2公分

肩帶B（正面）

肩帶A（反面）

肩帶B（正面）

肩帶B（正面）

D形環套入肩帶A兩端

肩帶A（反面）

兩端反摺、貼合

使用丸斬先打洞後，安裝0.6公分固定釦固定兩端。

＊肩帶縫好後，將兩條現成的金屬鍊條單邊問號鉤，鉤在兩端的D形環。

Camel Shoulder Hobo Leather Bag
紙型檔名 no.41

駝黃皮革肩背包

成 品 尺 寸

寬 23.5× 高 12× 厚 3 公分

材　　料

塞入式∏型口金框＊寬 20× 腳長 5.5 公分（1 組，
附左右肩鍊耳為佳）

皮革＊寬 50× 長 28× 厚 0.08 ～ 0.14 公分（1 片）

裡布＊寬 50× 長 28 公分（1 片）

花形壓釦＊直徑約 2 公分（1 組）

棉繩＊粗 0.3× 長 125 公分（1 條）

紙繩＊粗 0.3× 長 28 公分（2 條）

主 要 工 具

縫紉機或者手縫針、線

白膠、強力膠適量

花形壓釦安裝工具（尺寸適宜）

一字螺或口金鉗木槌、膠板

做　　法

❶ **製作口袋蓋片**：將皮革、裡布兩片口袋蓋片正面相對，
從反面縫合，並照紙型標記，預留返口翻到正面。

❷ **製作口袋片**：將皮革、裡布兩片口袋片正面相對，從
反面縫合，並照紙型標記，預留返口翻到正面。

❸ **固定口袋與口袋蓋片**：將口袋與口袋蓋片按照紙型標記，以距離邊緣 0.3 公分，縫合固定在單邊袋身正面上。

❹ **縫合袋身片**：做法同 p.140「筷子袋」的做法❶。

❺ **安裝口金框**：參照 p.51 塞入式口金，組合口金框與袋身，並參照 p.43 將內裡返口以藏針縫收尾。

❻ **安裝肩背帶**：參照 p.37 可調長短背繩綁法，將棉繩安裝在口金上的釦環就大功告成囉！

做 法 流 程

排 版 方 式

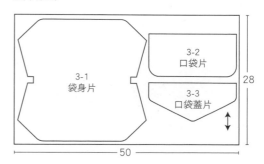

皮革/裡布

3-1 袋身片

3-2 口袋片

3-3 口袋蓋片

28

50

單位/公分

①製作口袋蓋片

將裡、外兩片口袋蓋片縫合

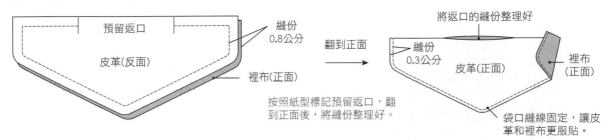

預留返口

皮革(反面)

縫份
0.8公分

裡布(正面)

翻到正面 →

將返口的縫份整理好

縫份
0.3公分

皮革(正面)

裡布
(正面)

按照紙型標記預留返口,翻
到正面後,將縫份整理好。

袋口縫線固定,讓皮
革和裡布更服貼。

②製作口袋片

將裡、外兩片口袋片縫合

縫份
0.8公分

皮革(反面)

裡布(正面)

預留返口

按照紙型標記預留返口,翻
到正面後,將縫份整埋好。

翻到正面 →

縫份
0.3公分

袋口縫線固定,讓皮
革和裡布更服貼。

裡布
(正面)

皮革(正面)

將返口的縫份整理好

③固定口袋與口袋蓋片

按照紙型標記將口袋與口袋蓋片,縫合
固定在皮革袋身正面。

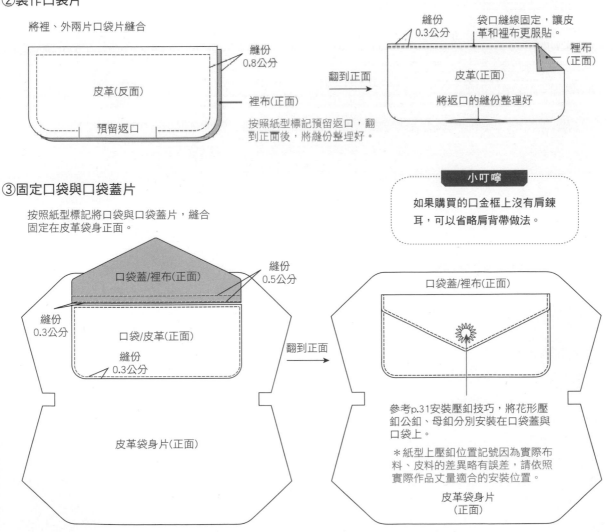

口袋蓋/裡布(正面)

縫份
0.5公分

縫份
0.3公分

口袋/皮革(正面)

縫份
0.3公分

皮革袋身片(正面)

翻到正面 →

口袋蓋/裡布(正面)

皮革袋身片
(正面)

參考p.31安裝壓釦技巧,將花形壓
釦公釦、母釦分別安裝在口袋蓋與
口袋上。

＊紙型上壓釦位置記號因為實際布
料、皮料的差異略有誤差,請依照
實際作品丈量適合的安裝位置。

小叮嚀

如果購買的口金框上沒有肩鍊
耳,可以省略肩背帶做法。

Olive Green Pocket Bag
草綠水玉口袋包

做法流程

成品尺寸

寬 22× 高 17.5× 厚 4 公分

材　料

手縫式冂形口金框＊寬18× 腳長6公分（1
組，附左右肩鍊耳為佳）

外布＊寬110× 長45公分（1片）

裡布＊寬45× 長38公分（1片）

薄夾棉＊寬26× 長40公分（1片）

壓釦＊直徑約1公分（2組）

D 形環＊寬1公分（2組）

小問號鉤＊寬0.6× 高2公分（2組）

固定釦＊直徑0.6公分（2組）

排版方式

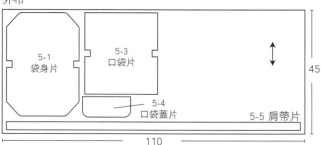

外布

5-1 袋身片
5-3 口袋片
5-4 口袋蓋片
5-5 肩帶片

45
110

主要工具

縫紉機或者手縫針、線

壓釦安裝工具（直徑1公分）

固定釦安裝工具（直徑0.6公分）

木槌、膠板、熨斗、燙板

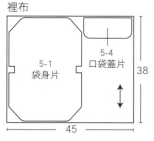

裡布

5-1 袋身片
5-4 口袋蓋片

38
45

薄夾棉

5-2 袋身片

單位/公分

40
26

做　法

❶ 製作口袋蓋片：做法同 p.200「駝黃皮革肩背包」的做法❶。

❷ 貼薄夾棉、固定口袋片：參照 p.44 貼夾棉，在袋身片反面貼合薄夾棉後，將口袋片袋口處布邊以三摺縫縫合，
　固定在外布袋身片正面上。

❸ 固定口袋蓋片：將兩片口袋蓋片固定在外袋身片正面。

❹ 縫合袋身片：袋身片做法同 p.140「筷子袋」的做法❶。

❺ 安裝口金框：參照 p.48 手縫式口金（布料），組合口金與袋身，並參照 p.43 將內裡返口以藏針縫收尾。

❻ 製作、安裝肩背帶：將布片長邊摺四等份後縫合，兩端放入 D 形環，再使用固定釦固定布片，鉤上問號鉤，
　安裝在口金框上就大功告成囉！（肩背帶做法可參照 p.37 長形條狀物做法❶、布邊直角縫法）

②貼薄夾棉、固定口袋片

＊參照p.44貼夾棉，在袋身片反面貼合薄夾棉。

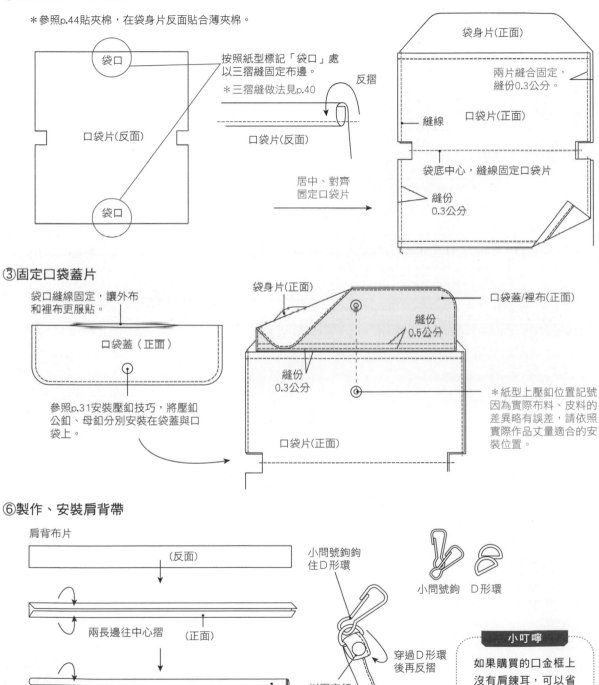

袋口

按照紙型標記「袋口」處以三摺縫固定布邊。

＊三摺縫做法見p.40

反摺

口袋片(反面)

口袋片(反面)

袋口

居中、對齊固定口袋片

袋身片(正面)

兩片縫合固定，縫份0.3公分。

縫線

口袋片(正面)

袋底中心，縫線固定口袋片

縫份0.3公分

③固定口袋蓋片

袋口縫線固定，讓外布和裡布更服貼。

口袋蓋（正面）

參照p.31安裝壓釦技巧，將壓釦公釦、母釦分別安裝在袋蓋與口袋上。

袋身片(正面)

口袋蓋/裡布(正面)

縫份0.5公分

縫份0.3公分

口袋片(正面)

＊紙型上壓釦位置記號因為實際布料、皮料的差異略有誤差，請依照實際作品丈量適合的安裝位置。

⑥製作、安裝肩背帶

肩背布片

(反面)

兩長邊往中心摺

(正面)

長邊再對摺

(正面)

縫線固定開口

(正面)

小問號鉤鉤住D形環

小問號鉤　D形環

穿過D形環後再反摺

以固定釦固定布片

小叮嚀

如果購買的口金框上沒有肩鍊耳，可以省略肩背帶做法。

＊另一端做法相同

Happy Zoo Shoulder Hobo Bag
繽紛動物園小肩包

成品尺寸

寬 23× 高 17.5× 厚 4 公分

材　　料

手縫式ㄇ形塑膠口金框＊外徑寬 20× 高 8.5 公分；內徑寬 17.5× 高 7.5 公分（1 組，附左右肩鍊耳為佳）

外布＊寬 120× 長 50 公分（1 片）

裡布＊寬 50× 長 45 公分（1 片）

壓釦＊直徑約 1 公分（1 組）

調整環＊寬 2 公分（1 組）

固定釦＊直徑 0.8 公分（2 組）

主要工具

縫紉機或者手縫針、線

壓釦安裝工具（直徑 1 公分）

固定釦安裝工具（直徑 0.8 公分）

丸斬（直徑 0.3 公分）

做　　法

❶ **製作口袋蓋片：**做法同 p.200「駝黃皮革肩背包」的做法❶。

❷ **製作、固定口袋片：**將口袋片袋口處褶子摺好固定，然後布邊以三摺縫縫合，固定在外布袋身片正面上。

❸ **固定口袋蓋片：**做法同 p.202「草綠水玉口袋包」的做法❸。

❹ **縫合袋身片：**袋身片做法同 p.140「筷子袋」的做法❶。

❺ **安裝塑膠口金框：**參照 p.48 手縫式口金（布料），組合塑膠口金框與袋身，並參照 p.43 將內裡返口以藏針縫收尾。

❻ **製作、安裝肩背帶：**將布片長邊摺四等份後縫合，兩端放入塑膠口金上的肩鍊耳，然後用固定釦固定布條兩端，大功告成囉！（肩背帶做法可參照 p.37 長形條狀物做法 1.、布邊直角縫法）

做法流程

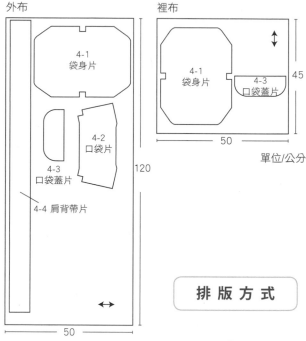

外布

4-1 袋身片

4-2 口袋片

4-3 口袋蓋片

4-4 肩背帶片

50

120

裡布

4-1 袋身片

4-3 口袋蓋片

45

50

單位/公分

排版方式

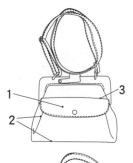

1

2

3

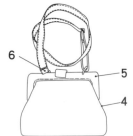

6

5

4

②製作、固定口袋片

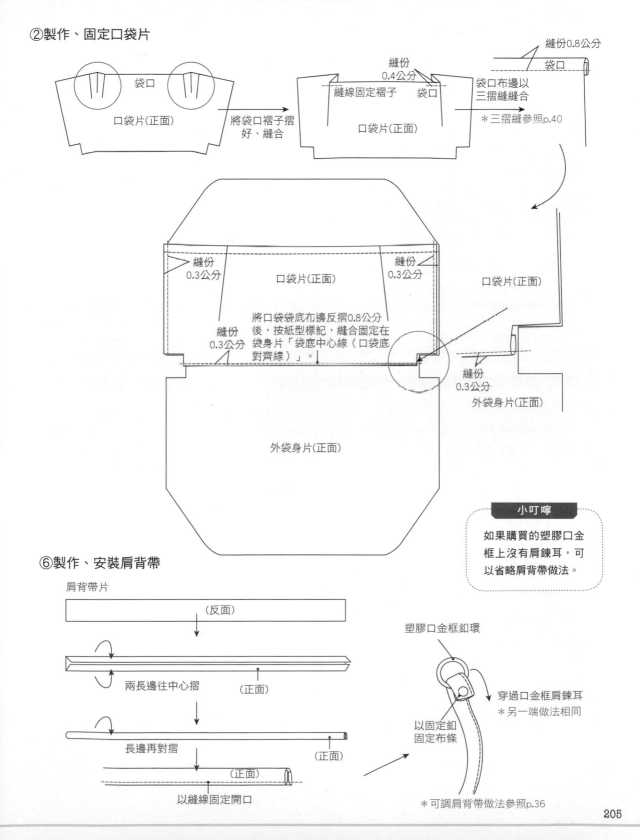

袋口

口袋片(正面)

將袋口褶子摺好、縫合

縫份
0.4公分

縫線固定褶子　　袋口

口袋片(正面)

縫份0.8公分

袋口

袋口布邊以
三摺縫縫合

＊三摺縫參照p.40

縫份
0.3公分

口袋片(正面)

縫份
0.3公分

縫份
0.3公分

將口袋袋底布邊反摺0.8公分
後，按紙型標記，縫合固定在
袋身片「袋底中心線（口袋底
對齊線）」。

口袋片(正面)

縫份
0.3公分

外袋身片(正面)

外袋身片(正面)

小叮嚀

如果購買的塑膠口金
框上沒有肩鍊耳，可
以省略肩背帶做法。

⑥製作、安裝肩背帶

肩背帶片

（反面）

兩長邊往中心摺　　（正面）

長邊再對摺　　（正面）

（正面）

以縫線固定開口

塑膠口金框釦環

穿過口金框肩鍊耳
＊另一端做法相同

以固定釦
固定布條

＊可調肩背帶做法參照p.36

Twist Lock Print Handbag
金屬轉釦印花小提包

成品尺寸

寬 26× 高 × 厚 13 公分

材　　料

支架ㄇ形口金＊寬 20× 腳長約 7 公分（1 組）

外布＊寬 23× 長 27 公分（1 片）

皮革＊寬 60× 長 30× 厚 0.12 ～ 0.15 公分（1 片）

鋪棉布＊寬 75× 長 24 公分（1 片）

轉釦＊寬約 3.3× 高約 2 公分（1 組）

固定釦＊直徑 0.6 公分（8 組）

主要工具

縫紉機或者手縫針、線

強力膠適量

固定釦安裝工具（直徑 0.6 公分）

丸斬（直徑 0.3 公分）、木槌、膠板

做法流程

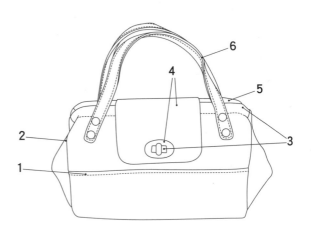

做　　法

❶ **拼接外袋身片**：將袋身片正面朝上，袋底片正面朝袋身片，從反面縫合固定，另一片則以相同方式接在袋底片另一端，縫份各為 0.8 公分。

❷ **縫合袋身**：將外袋身、袋側片和裡布分別縫合成袋。

❸ **組合袋身**：按紙型標記，在外袋正面安裝轉釦底座，並將裡布袋正面朝內，套入正面朝外的外布袋，按紙型標記反摺袋口和縫份，縫合兩端車縫止點間的布邊，縫線頭尾記得要回針。

❹ **縫合袋蓋片與安裝轉釦上片**：按紙型標記，將轉釦上片固定在袋蓋片正面，並縫合固定在外袋袋口位置。

❺ **安裝支架口金**：從車縫止點旁的縫隙穿入口金，並縫合出、入口。

❻ **製作與固定提把**：將四片提把每兩片一組，使用強力膠，反面相對貼合，然後用縫紉機或以手縫方式（參照 p.28）在提把的邊緣縫合一圈，按紙型標記，用固定釦將提把固定在袋身上，大功告成囉！

排版方式

外布

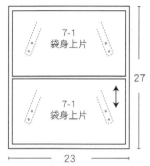

7-1 袋身上片
7-1 袋身上片

27
23

鋪棉布

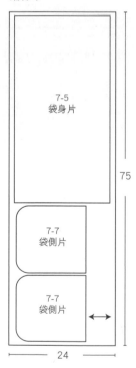

7-5 袋身片
7-7 袋側片
7-7 袋側片

75
24

皮革

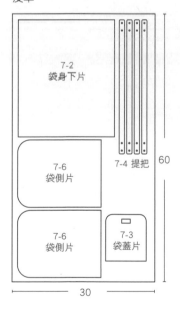

7-2 袋身下片
7-4 提把
7-6 袋側片
7-6 袋側片
7-3 袋蓋片

60
30

單位/公分

①拼接外袋身片

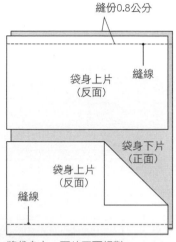

縫份0.8公分
袋身上片（反面）
縫線
袋身下片（正面）
袋身上片（反面）
縫線

將袋身上、下片正面相對，從反面縫合固定。

②縫合袋身

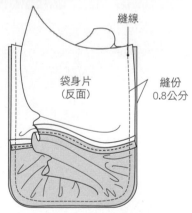

縫線
袋身片（反面）
縫份0.8公分

＊裡布袋身與另一邊布片做法相同

小叮嚀

縫合有彎角的布片，若擔心過程中布片會錯位，可以在定點做芽口記號對位，另外再加上珠針暫時固定縫份，對初學者來說會更加順利且容易上手。

將裡、外袋身片分別縫成袋型。

外布袋
（反面）

裡布袋
（反面）

縫份
0.8公分

袋口布邊反摺示意圖

摺疊2公分

縫份
0.8公分

縫線

③組合袋身

前

外布袋
（正面）

照紙型標記，將轉釦底座
安裝在袋身片正面。

放入裡布袋

裡布袋
（正面）

外布袋
（正面）

摺疊
2公分

裡布袋
（正面）

外布袋
（正面）

④縫合袋蓋片與安裝轉釦上片

按紙型標記，將轉釦上片固定在袋蓋片正面，並縫合固定在外袋袋口位置。

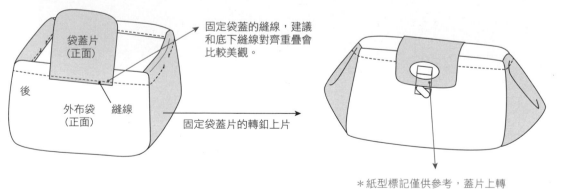

袋蓋片
（正面）

後

外布袋 縫線
（正面）

固定袋蓋的縫線，建議
和底下縫線對齊重疊會
比較美觀。

固定袋蓋片的轉釦上片

＊紙型標記僅供參考，蓋片上轉
釦務必丈量袋身上的轉釦底片。

⑤安裝支架口金

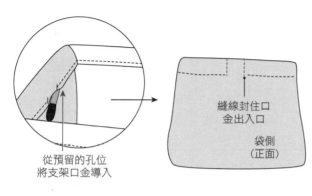

從預留的孔位
將支架口金導入

縫線封住口
金出入口

袋側
（正面）

支架口金

⑥製作與固定提把

將提把兩片對貼後，邊緣縫合一圈

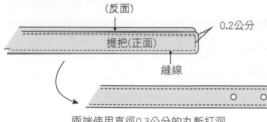

（反面）

0.2公分

提把（正面）

縫線

兩端使用直徑0.3公分的丸斬打洞

＊另外兩片做法相同

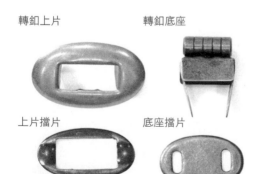

轉釦上片

轉釦底座

上片擋片

底座擋片

按紙型標記，使用固定釦將提把固定在袋身上即成。

Two-way Butterfly Clutch Bag

兩用蝴蝶手拿包

成品尺寸

寬 25× 高 20× 厚 5 公分

材 料

塞入式冂形口金框＊寬 19.5× 腳長約 5.5 公分（1 組）

皮革＊寬 33× 長 42× 厚 0.08 ～ 0.14 公分（1 片）

裡布＊寬 30× 長 40 公分（1 片）

薄夾棉＊寬 32× 長 40 公分（1 片）

小巾折棉布＊寬 64.5× 長 21.5 公分（1 片）

調整環＊寬 2 公分（2 組）

固定釦＊直徑 0.6 公分（4 組）

紙繩＊粗 0.3× 長 31 公分（2 條）

主 要 工 具

縫紉機或者手縫針、線

白膠、強力膠適量

固定釦安裝工具（直徑 0.6 公分）

丸斬（直徑 0.3 公分）

一字螺或口金鉗、木槌、膠板

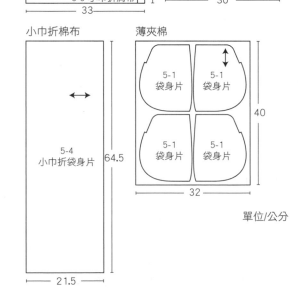

排 版 方 式

皮革

5-1 袋身片　5-1 袋身片
5-3 蝴蝶套圈
5-1 袋身片　5-1 袋身片
42
5-5 小巾折肩帶
33

裡布

5-2 袋身片　5-2 袋身片
5-2 袋身片　5-2 袋身片
40
30

小巾折棉布

5-4 小巾折袋身片
64.5
21.5

薄夾棉

5-1 袋身片　5-1 袋身片
5-1 袋身片　5-1 袋身片
40
32

單位/公分

做 法

❶ **製作蝴蝶套圈**：在皮革反面先均勻上一層強力膠，長邊兩端往反面摺，縫線固定。

❷ **縫合裡、外袋身中心線**：分別將皮革、裡布四片袋身片，兩片一組，正面相對，從反面將袋中心縫合。

❸ **縫合並組合裡、外袋身**：將裡、外袋身片正面相對，從反面縫合成袋，裡袋反面朝外，外袋正面朝外，兩袋互套，然後將裡袋袋口布邊反摺 0.5 公分，與外袋一起縫合，縫份約 0.3 公分。

❹ **固定蝴蝶套圈**：將蝴蝶套圈固定在袋口中心。

❺ **安裝口金框**：參照 p.51 塞入式口金，組合口金框和袋身。

❻ **製作小巾折**：將布片四周布邊以三摺縫縫合，按照紙型記號線摺疊後，縫合固定相接的布邊，即可完成小巾折手袋。

❼ **製作小巾折肩帶**：將皮革條兩端套上調整環，使用固定釦固定就大功告成囉！

做法流程

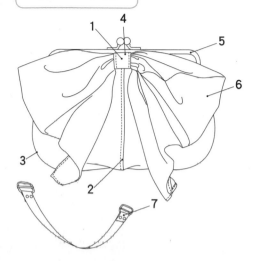

① 製作蝴蝶套圈

在皮革反面先均勻上一層強力膠

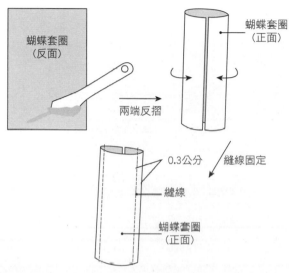

蝴蝶套圈
（反面）

蝴蝶套圈
（正面）

兩端反摺

0.3公分

縫線固定

縫線

蝴蝶套圈
（正面）

② 縫合裡、外袋身中心線

外袋身片（正面）

外袋身片
（反面）

0.5公分

縫線

外袋身正面袋中心
縫線固定縫份

0.4公分

縫線

外袋身片
（正面）

＊從反面將袋中心縫合，剩餘兩片、裡布做法相同。

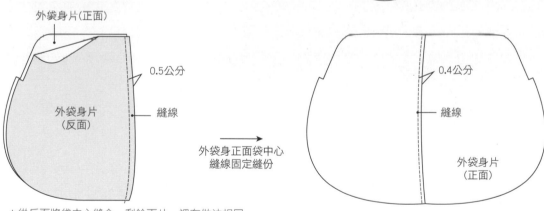

③ 縫合並組合裡、外袋身

外袋
（反面）

0.5公分

縫線

＊裡布袋做法相同

兩袋互套

細節放大

0.3公分

縫線

外袋
（正面）

外袋
（正面）

裡袋
（反面）

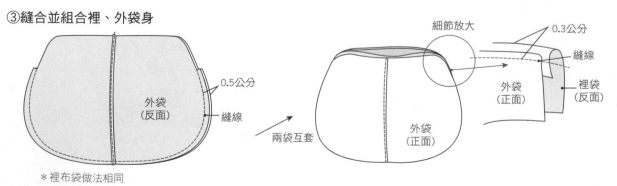

④固定蝴蝶套圈

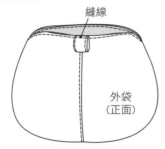

縫線

外袋
（正面）

⑥製作小巾折

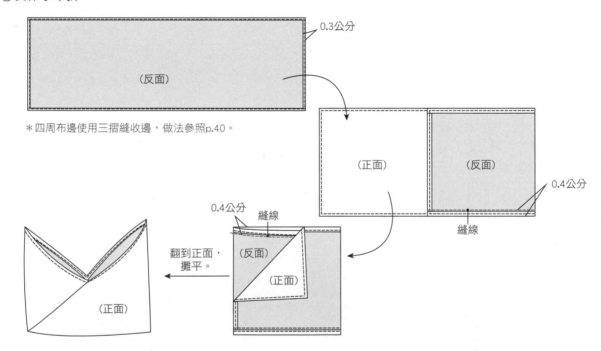

（反面）

0.3公分

＊四周布邊使用三摺縫收邊，做法參照p.40。

（正面）

（反面）

0.4公分

縫線

0.4公分
縫線

（反面）

（正面）

翻到正面，
攤平。

（反面）

（正面）

⑦製作肩帶

小巾折肩帶

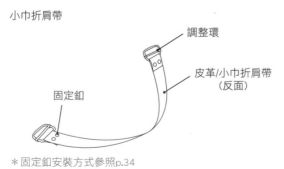

調整環

皮革/小巾折肩帶
（反面）

固定釦

＊固定釦安裝方式參照p.34

＊製作肩帶的調整環，必須
選擇中間橫桿可活動式的。

Sweet Dots Shoulder Frame Bag
甜美水玉肩背包

成 品 尺 寸

寬 25× 高 15.5× 厚 12 公分

材 料

塞入式弧形口金框＊寬 19 公分（1 組，附左右肩鍊耳為佳）

外布＊寬 68× 長 32 公分（1 片）

羊革＊寬 24× 長 11× 厚度 0.12～0.15 公分（1 片）

裡布＊寬 85× 長 32 公分（1 片）

牛津襯＊寬 55× 長 30 公分 1 片

織帶＊寬 1× 長 120 公分（1 條）

書包釦＊直徑 3 公分（1 組）

調整環＊寬 1 公分（1 組）

D 形環＊寬 1 公分（2 組）

小問號鉤＊寬 0.6× 高 2 公分（2 組）

固定釦＊直徑 0.6 公分（1 組）

紙繩＊粗 0.3× 長 30 公分（2 條）

主 要 工 具

白膠、強力膠適量

固定釦安裝工具（直徑 0.6 公分）

木槌、膠板、熨斗、燙板

丸斬（直徑 0.6 公分）、一字螺或口金鉗

做 法 流 程

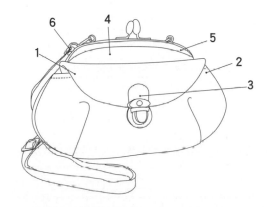

做 法

❶ **製作口袋蓋片**：做法同 p.200「駝黃皮革肩背包」的做法❶。

❷ **製作、固定口袋片**：將口袋片袋底兩端褶子先縫合固定，裡、外口袋片正面相對，從反面在袋口處縫合。

❸ **固定口袋蓋片與書包釦**：將兩片口袋蓋片固定在外袋身片正面，並按照紙型標記，將書包釦上釦與底座，分別安裝在口袋蓋片和口袋片上。

❹ **貼牛津襯、縫合袋身片**：參照 p.44，在袋身片反面貼合牛津襯，袋身片做法同 p.130「愛心水玉零錢包」的做法❷和❸。

❺ **安裝口金框**：參照 p.48 手縫式口金，組合口金框與袋身，並參照 p.43 將內裡返口以藏針縫收尾。

❻ **製作、安裝肩背帶**：在織帶兩端放入 D 形環，反摺兩次防止織帶脫線，使用固定釦固定反摺的織帶，鉤上問號鉤，然後安裝在口金框上就大功告成囉！（參照 p.36 製作可調肩背帶，並參照 p.34 安裝固定釦。）

排版方式

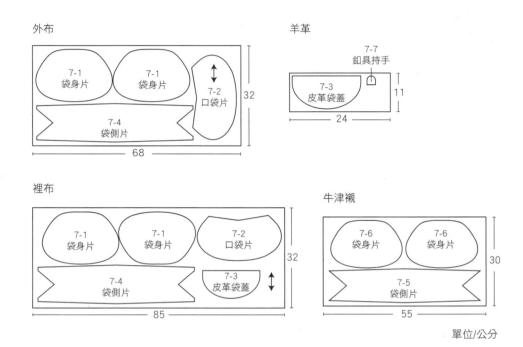

外布

| 7-1 袋身片 | 7-1 袋身片 | 7-2 口袋片 |
| 7-4 袋側片 |

32

68

羊革

7-7 釦具持手

| 7-3 皮革袋蓋 |

11

24

裡布

| 7-1 袋身片 | 7-1 袋身片 | 7-2 口袋片 |
| 7-4 袋側片 | 7-3 皮革袋蓋 |

32

85

牛津襯

| 7-6 袋身片 | 7-6 袋身片 |
| 7-5 袋側片 |

30

55

單位/公分

②製作、固定口袋片

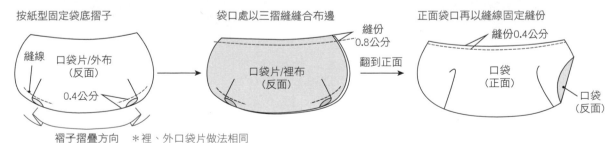

按紙型固定袋底摺子

縫線

口袋片/外布
（反面）

0.4公分

褶子摺疊方向　＊裡、外口袋片做法相同

袋口處以三摺縫縫合布邊

縫份
0.8公分

口袋片/裡布
（反面）

翻到正面

正面袋口再以縫線固定縫份

縫份0.4公分

口袋
（正面）

口袋
（反面）

③固定口袋蓋片與書包釦

先安裝袋蓋片上的持手

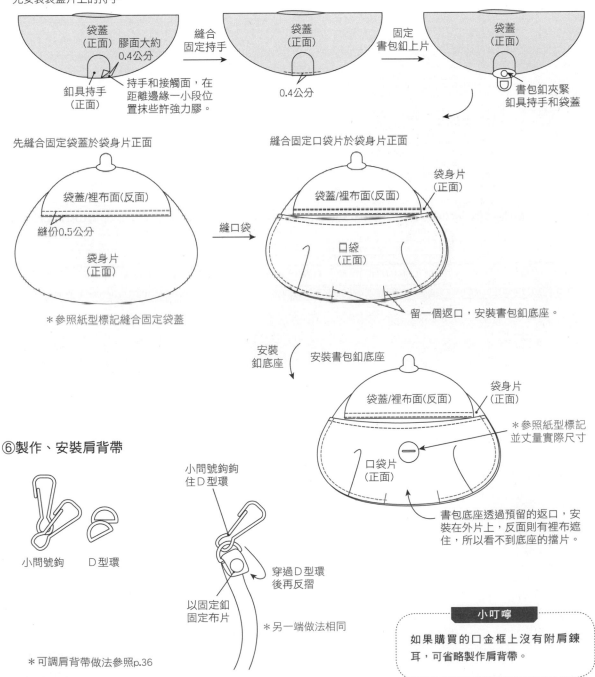

袋蓋
(正面) 膠面大約
0.4公分

釦具持手
(正面)

持手和接觸面,在
距離邊緣一小段位
置抹些許強力膠。

→ 縫合
固定持手

袋蓋
(正面)

0.4公分

→ 固定
書包釦上片

袋蓋
(正面)

書包釦夾緊
釦具持手和袋蓋

先縫合固定袋蓋於袋身片正面

袋蓋/裡布面(反面)

縫份0.5公分

袋身片
(正面)

*參照紙型標記縫合固定袋蓋

縫合固定口袋片於袋身片正面

袋蓋/裡布面(反面)

袋身片
(正面)

→ 縫口袋

口袋
(正面)

留一個返口,安裝書包釦底座。

安裝
釦底座

安裝書包釦底座

袋蓋/裡布面(反面)

袋身片
(正面)

*參照紙型標記
並丈量實際尺寸

口袋片
(正面)

書包底座透過預留的返口,安
裝在外片上,反面則有裡布遮
住,所以看不到底座的擋片。

⑥製作、安裝肩背帶

小問號鉤鉤
住D型環

小問號鉤   D型環

穿過D型環
後再反摺

以固定釦
固定布片

*另一端做法相同

*可調肩背帶做法參照p.36

小叮嚀

如果購買的口金框上沒有附肩鍊
耳,可省略製作肩背帶。

American Style Cross Body Bag
美國風斜背包

成 品 尺 寸

寬 24× 高 15.5× 厚 14 公分

材 料

塞入式 ∩ 形口金框＊寬 20× 腳長 6 公分
（1 組）

外布 A ＊寬 100× 長 25 公分（1 片）

外布 B ＊寬 45× 長 30 公分（1 片）

裡布＊寬 90× 長 35 公分（1 片）

厚布襯＊寬 90× 長 35 公分（1 片）

織帶＊寬 2.5× 長 100 公分（1 條）
寬 2.5× 長 4 公分（1 條）

銅拉鍊＊長 35 公分（1 條）

調整環＊寬 2.5 公分（1 組）

方形環＊寬 2.5 公分（1 組）

紙繩＊粗 0.3× 長 29 公分（2 條）

主 要 工 具

縫紉機或者手縫針、線

白膠適量

強力膠適量

熨斗、燙板

做 法

❶ **貼厚布襯**：參照 p.45，將所有外布 A、B 的反面（除了拉鍊耳、襯布、肩帶布片），都熨燙厚布襯。

❷ **縫合外袋片**：先將外袋片裡布、外布單邊袋口正面相對，從反面縫合，按紙型位置標記，與其中一片外布 A 袋身片縫合固定後，剩下的裡、外袋片袋口也正面相對，從反面縫合。

❸ **製作肩帶**：剪一段寬 2.5× 長 4 公分的織帶，套上方形環後對摺，按照紙型標記，固定在其中一片肩帶布片「接織帶」的那端，並對摺、縫合肩帶布片。另一片肩帶布片的「接織帶」端則與寬 2.5× 長 100 公分的織帶接縫，然後同樣對摺縫合。參照 p.36，將 100 公分長的織帶另一端穿入方形環，並安裝調整環，即可完成可調肩背帶。

❹ **縫合袋身**：首先將兩片拉鍊耳，分別從反面將兩端長布邊往反面摺，短邊對摺，縫合固定在袋底片兩端中心；在拉鍊袋口外布上縫合拉鍊與拉鍊襯片，再分別將裡布、外布的兩片拉鍊袋口片，以及一片袋底片、兩片袋身片縫合成兩個袋型。

❺ **組合裡、外袋**：參照 p.43，以藏針縫從袋口拉鍊處縫合裡、外袋。

❻ **安裝口金框**：參照 p.50 塞入式口金（布料），組合口金框和袋身就大功告成囉！

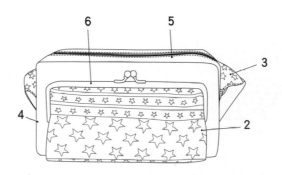

做 法 流 程

排 版 方 式

外布A

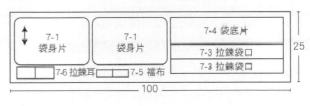

7-1 袋身片	7-1 袋身片	7-4 袋底片
		7-3 拉鍊袋口
7-6 拉鍊耳	7-5 襠布	7-3 拉鍊袋口

100

25

外布B

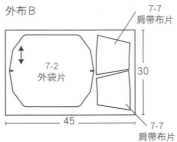

7-7 肩帶布片

7-2 外袋片

30

45

7-7 肩帶布片

裡布/厚布襯

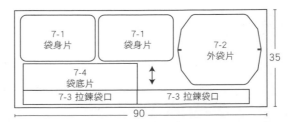

7-1 袋身片	7-1 袋身片	7-2 外袋片
7-4 袋底片		
7-3 拉鍊袋口	7-3 拉鍊袋口	

35

90

單位/公分

②縫合外袋片

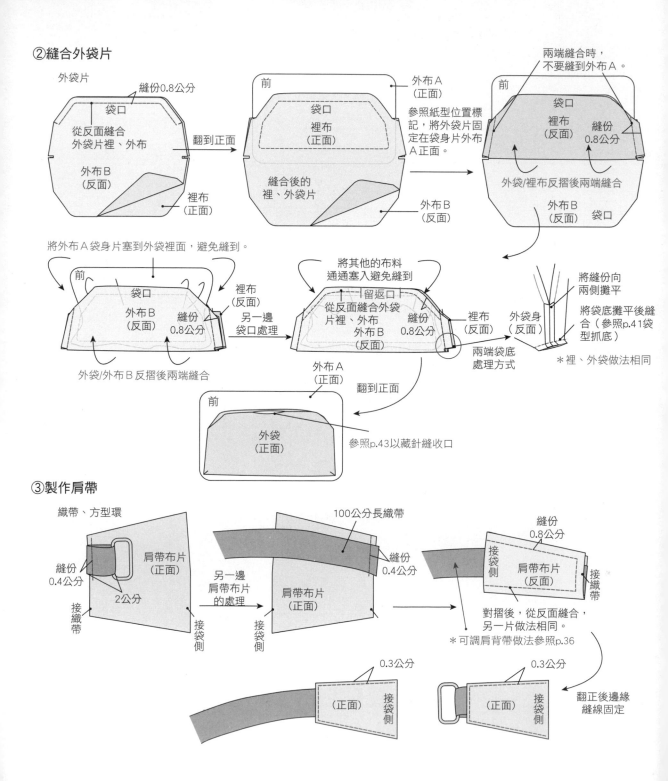

外袋片

縫份0.8公分

袋口

從反面縫合
外袋片裡、外布

外布B
（反面）

裡布
（正面）

翻到正面

前

袋口

裡布
（正面）

縫合後的
裡、外袋片

外布B
（反面）

外布A
（正面）

參照紙型位置標
記，將外袋片固
定在袋身片外布
A正面。

兩端縫合時，
不要縫到外布A。

前

袋口

裡布
（反面）

縫份
0.8公分

外袋/裡布反摺後兩端縫合

外布B
（反面）

袋口

將外布A袋身片塞到外袋裡面，避免縫到。

前

袋口

外布B
（反面）

裡布
（反面）

縫份
0.8公分

另一邊
袋口處理

外袋/外布B反摺後兩端縫合

將其他的布料
通通塞入避免縫到

留返口

從反面縫合外袋
片裡、外布

外布B
（反面）

縫份
0.8公分

裡布
（反面）

外布A
（正面）

翻到正面

兩端袋底
處理方式

外袋身
（正面）

將縫份向
兩側攤平

將袋底攤平後縫
合（參照p.41袋
型抓底）

＊裡、外袋做法相同

前

外袋
（正面）

參照p.43以藏針縫收口

③製作肩帶

織帶、方型環

縫份
0.4公分

2公分

接織帶

肩帶布片
（正面）

接袋側

另一邊
肩帶布片
的處理

100公分長織帶

肩帶布片
（正面）

縫份
0.4公分

接袋側

縫份
0.8公分

接袋側

肩帶布片
（反面）

接織帶

對摺後，從反面縫合，
另一片做法相同。

＊可調肩背帶做法參照p.36

0.3公分

（正面）

接袋側

0.3公分

（正面）

接袋側

翻正後邊緣
縫線固定

④縫合袋身

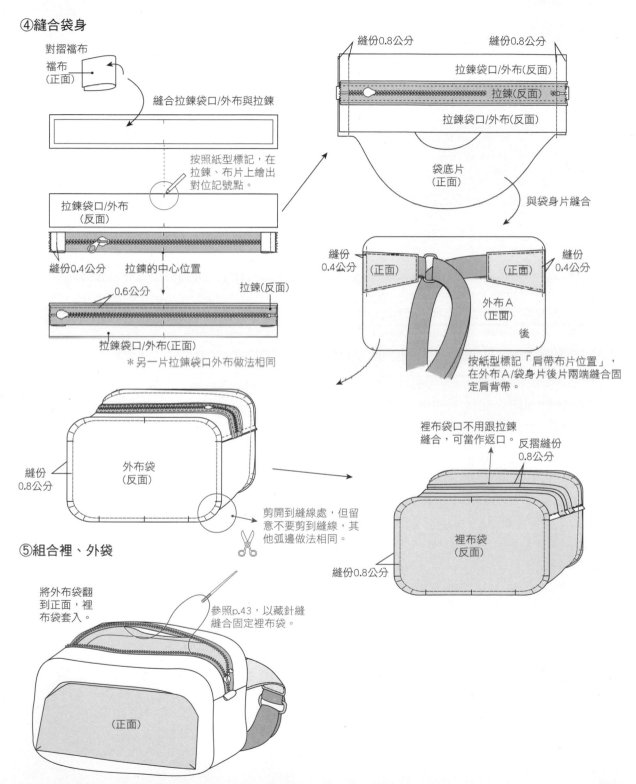

對摺襠布
襠布
(正面)

縫合拉鍊袋口/外布與拉鍊

縫份0.8公分　　　　　縫份0.8公分
拉鍊袋口/外布(反面)
拉鍊(反面)
拉鍊袋口/外布(反面)

按照紙型標記，在拉鍊、布片上繪出對位記號點。

拉鍊袋口/外布
(反面)

袋底片
(正面)

與袋身片縫合

縫份0.4公分　　拉鍊的中心位置

0.6公分　　　　拉鍊(反面)

拉鍊袋口/外布(正面)

*另一片拉鍊袋口外布做法相同

縫份0.4公分　(正面)　　(正面)　縫份0.4公分

外布A
(正面)

後

按紙型標記「肩帶布片位置」，在外布A/袋身片後片兩端縫合固定肩背帶。

縫份0.8公分

外布袋
(反面)

剪開到縫線處，但留意不要剪到縫線，其他弧邊做法相同。

裡布袋口不用跟拉鍊縫合，可當作返口。
反摺縫份0.8公分

裡布袋
(反面)

縫份0.8公分

⑤組合裡、外袋

將外布袋翻到正面，裡布袋套入。

參照p.43，以藏針縫縫合固定裡布袋。

(正面)

紙型檔名 no.48

Animals Pattern Shoulder Bag

歡樂動物肩背包

成品尺寸

寬 19.5× 高 18.5× 厚 1 公分

材　料

塞入式弧形口金框 * 寬 14 公分（1 組，附左右肩鍊耳為佳）

外布 A * 寬 45× 長 22 公分（1 片）

外布 B * 寬 45× 長 19 公分（1 片）

裡布 * 寬 45× 長 22 公分（1 片）

肩帶仿皮繩 * 粗 0.2× 長 100 公分（1 條）

紙繩 * 粗 0.3× 長 19 公分（2 條）

主要工具

縫紉機或者手縫針、線

白膠適量、一字螺或口金鉗

做　　法

❶ **製作、固定口袋片**：將口袋片袋口處布邊，以三摺縫縫合，然後固定在外布袋身片正面上。

❷ **縫合袋身片**：將外布、裡布袋身片分別縫成袋型，在裡袋底預留返口，外袋正面朝外，裡袋正面朝內，兩袋互套，然後從袋口處縫合固定兩袋。

❸ **安裝口金框**：參照 p.46 塞入式口金（布料），組合口金框與袋身，參照 p.43 將裡袋返口以藏針縫縫合。

❹ **製作肩背繩**：參照 p.37 可調長短背繩綁法，穿入口金框上的三角肩鍊耳，大功告成囉！

小叮嚀

如果購買的口金框上沒有三角肩鍊耳，可省略製作肩背帶。

做法流程

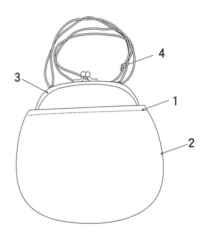

排版方式

外布 A / 裡布

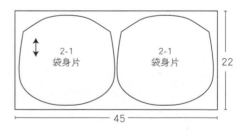

| 2-1 袋身片 | 2-1 袋身片 |

45 / 22

外布 B

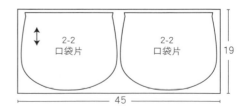

| 2-2 口袋片 | 2-2 口袋片 |

45 / 19

單位/公分

①製作、固定口袋片

縫合袋口布邊

口袋固定在外布袋身片正面上

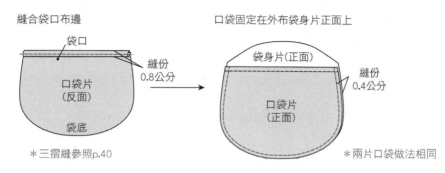

袋口

縫份
0.8公分

口袋片
（反面）

袋底

＊三摺縫參照p.40

袋身片（正面）

縫份
0.4公分

口袋片
（正面）

＊兩片口袋做法相同

②縫合袋身片

縫合裡、外袋

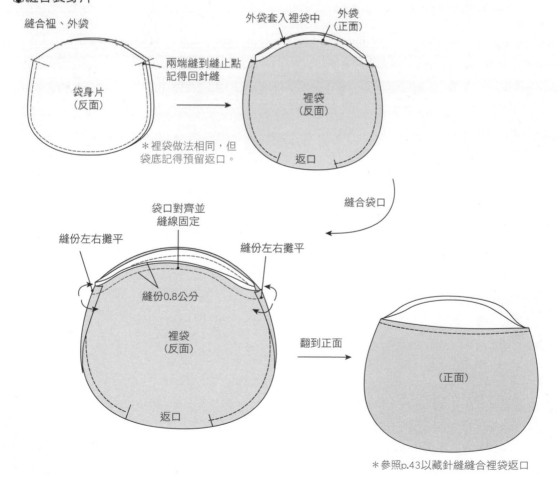

袋身片
（反面）

兩端縫到縫止點
記得回針縫

＊裡袋做法相同，但
袋底記得預留返口。

外袋套入裡袋中

外袋
（正面）

裡袋
（反面）

返口

縫合袋口

袋口對齊並
縫線固定

縫份左右攤平

縫份0.8公分

縫份左右攤平

裡袋
（反面）

返口

翻到正面

（正面）

＊參照p.43以藏針縫縫合裡袋返口

221

Hanging Frame Print Bag
掛鉤式印花口金包

成品尺寸

寬 14× 高 18× 厚 4.5 公分

材　　料

塞入式ㄇ形口金框＊寬 11× 腳長 7 公分（1 組）

外布 A＊寬 24× 長 42 公分（1 片）

外布 B＊寬 20× 長 36 公分（1 片）

裡布＊寬 20× 長 42 公分（1 片）

問號鉤＊寬 2.5 公分（1 組）

紙繩＊粗 0.3× 長 23 公分（2 條）

主要工具

縫紉機或者手縫針、線

白膠適量、一字螺或口金鉗

做　　法

❶ **製作、固定口袋片**：做法同 p.202「草綠水玉口袋包」的做法❷。

❷ **製作、固定問號鉤**：將問號鉤耳布片長端兩布邊，往反面中心摺疊，然後以縫線固定，套上問號鉤後，按紙型標記，縫合固定在袋身片後面袋口上。

❸ **縫合袋身片**：做法同 p.140「筷子袋」的做法❶。

❹ **安裝口金框**：參照 p.50 塞入式口金（布料），組合口金框與袋身，參照 p.43 將內裡返口以藏針縫收尾。

排版方式

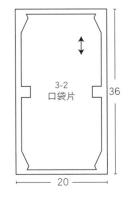

外布 A

外布 B

3-1 袋身片

42

24

3-3 問號鉤耳

3-2 口袋片

36

20

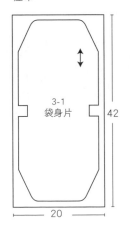

裡布

3-1 袋身片

42

20

單位/公分

做 法 流 程

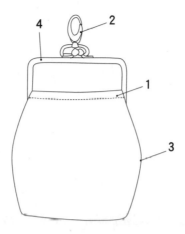

②製作、固定問號鉤

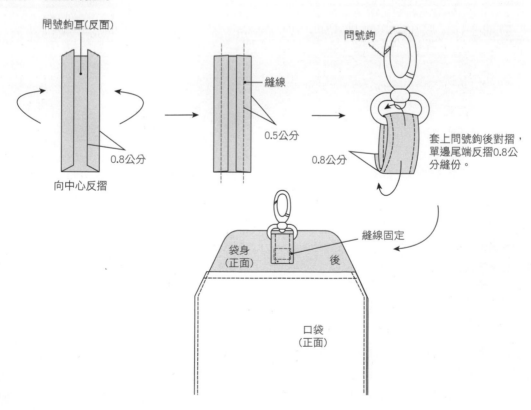

問號鉤耳(反面)

縫線

0.5公分

0.8公分

向中心反摺

問號鉤

0.8公分

套上問號鉤後對摺，
單邊尾端反摺0.8公
分縫份。

袋身
(正面)

後

縫線固定

口袋
(正面)

Tortoise Shell Frame Handbag

玳瑁手提口金包

成品尺寸

寬 23× 高 18.5× 厚 5.5 公分

材　　料

弧形塑膠口金框＊外徑寬 15× 內徑寬 11.4 公分（螺絲固定式塑膠框，附左右肩鍊耳為佳，1 組）

外布＊寬 50× 長 28 公分（1 片）

牛革＊寬 20× 長 4.5× 厚 0.15 ～ 0.18 公分（1 片）

寬 1× 長 100× 厚 0.1 ～ 0.16 公分（1 片）

裡布＊寬 50× 長 28 公分（1 片）

牛津襯＊寬 48× 長 25 公分（1 片）

D 形環＊寬 1 公分（2 組）

小問號鉤＊寬 0.6× 高 2 公分（2 組）

主要工具

縫紉機或者手縫針、線

白膠、強力膠適量

熨斗、燙板、錐子

螺絲起子（尺寸符合膠框所附的螺絲釘的直徑）

排版方式示意圖

外布/裡布

| 5-1 袋身片 | 5-1 袋身片 |
| 5-4 袋側片 |

28　50

牛革
皮肩帶

牛革

5-3 皮革袋底補強片　4.5　20

牛津襯

5-5袋側片

| 5-2 袋身片 | 5-2 袋身片 |

25　48

100

單位/公分　1

小叮嚀

通常購買這類塑膠框，都會隨附適量螺絲，用來固定袋身與膠框，購買時需要特別注意唷！

做　　法

❶ **貼牛津襯：**參照 p.45 貼布襯，在兩片外布袋身片、一片袋側片反面燙貼牛津襯。

❷ **縫合皮革袋底補強片：**在皮革袋底補強片反面均勻塗上一層強力膠，貼在袋側片中心位置，可以用手縫或機縫固定補強片。

❸ **縫合袋身片：**分別將裡、外袋身片、袋側片縫合成袋型，裡袋袋底預留返口，再將外袋正面朝外，裡袋正面朝內，兩袋互套，然後從袋口縫合一圈固定兩袋，再翻到正面。

❹ **安裝塑膠口金框：**先以適量白膠將袋身與塑膠口金框貼合，然後用塑膠口金框所附的螺絲釘，從袋裡鎖緊布料袋身與塑膠框即可。

❺ **製作、安裝肩背帶（皮條）：**在裁好的皮條兩端放入 D 形環，反摺一次，以適量強力膠貼合固定，再使用錐子輔助縫合一次，鉤上問號鉤，安裝在口金膠框上即成。

做法流程

②縫合皮革袋底補強片

在皮革反面先均勻上一層強力膠

皮革袋底補強片
（反面）

按紙型標記
居中貼合

皮革袋底補強片
（正面）　袋側片(正面)

③縫合袋身片

袋口兩端記得
縫線要回針

縫成袋型

袋身片
（反面）

袋身片
（正面）

在裡布袋底，
記得預留返口。

袋側片
（反面）

兩袋互套，並
縫合袋口一圈。

＊裡、外袋做法相同

外袋(反面)

攤開縫份

袋口縫合，
縫份0.8公分

攤開縫份

裡袋
（反面）

④安裝塑膠口金框

膠框裡面

袋裡

使用螺絲釘固定的時
候，先以白膠將布袋
與塑膠口金框貼合，
再從兩端框軸開始固
定螺絲釘。

袋外

| 小叮嚀 |

1. 肩背帶（皮條）可依照個人所需
長度裁剪，以身高 160 公分者為
例，所需長度約 100 公分。
2. 如果所購買的塑膠框上沒有附肩
鍊耳，可省略製作肩背帶。

Black with White Dots Party Bag
黑色水玉派對包

成 品 尺 寸

寬 16× 高 12× 厚 5.5 公分

材 料

手縫式ㄇ形雕花口金框＊寬度 12× 高 4.7
公分（1 組，手縫式金屬造型框，附左右
肩鍊耳為佳）

外布＊寬 28× 長 30 公分（1 片）

裡布＊寬 21× 長 30 公分（1 片）

薄夾棉＊寬 20× 長 28 公分（1 片）

棉繩＊粗 0.2× 長 110 公分（1 條）

主 要 工 具

縫紉機或者手縫針、線、熨斗、燙板

做 法

❶ **貼薄夾棉**：參照 p.44 貼夾棉，在一片裡布袋身片反面
燙貼薄夾棉。

❷ **縫合褶子**：按紙型標記，摺疊外布袋身片的褶子。

❸ **縫合袋身片**：分別將裡、外袋身片，以及袋側片縫合
成袋型，裡袋袋底預留返口，再將外袋正面朝外，裡
袋正面朝內，兩袋互套，然後從袋口縫合一圈固定兩
袋，再翻到正面。

❹ **安裝口金框**：挑選和雕花口金框色系相同的手縫線，
縫合布袋與口金。

❺ **製作、安裝肩背繩**：參照 p.37 可調長短背繩綁法，將
棉繩安裝在口金框上的肩鍊耳就大功告成囉！如果購買
的口金框上沒有附肩鍊耳，可省略製作肩背帶。

做 法 流 程

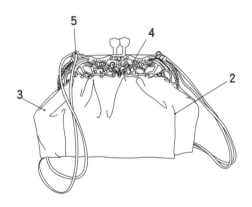

排 版 方 式

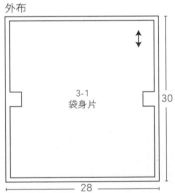

外布

3-1
袋身片

30

28

裡布

3-2
袋身片

30

21

薄夾棉

3-3
袋身片

28

20

單位/公分

②縫合褶子

縫合外布袋身片褶子
＊摺疊方向示意圖，另一邊摺法相同。

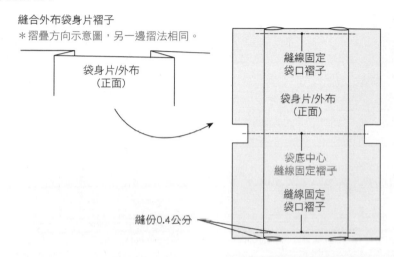

袋身片/外布
（正面）

縫線固定
袋口褶子

袋身片/外布
（正面）

袋底中心
縫線固定褶子

縫線固定
袋口褶子

縫份0.4公分

③縫合袋身片

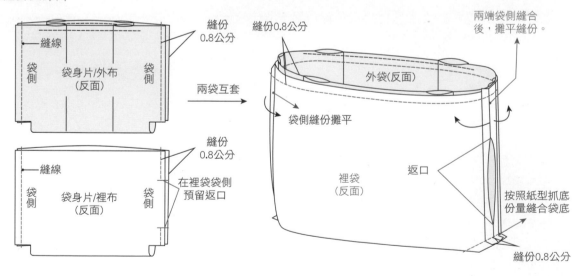

縫線

袋側　　袋身片/外布　　袋側
（反面）

縫份
0.8公分

縫份0.8公分

縫線

袋側　　袋身片/裡布　　袋側
（反面）

縫份
0.8公分

在裡袋袋側
預留返口

兩袋互套

兩端袋側縫合
後，攤平縫份。

外袋（反面）

袋側縫份攤平

裡袋
（反面）

返口

按照紙型抓底
份量縫合袋底

縫份0.8公分

Vintage Chain Party Purse
復古風金屬鍊宴會包

紙型檔名 no.52

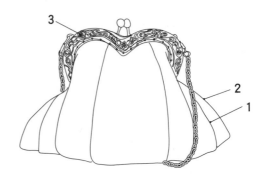

做 法 流 程

成 品 尺 寸

寬 24.5× 高 21× 厚 4 公分

材 料

手縫式弧形雕花口金框＊寬 12.8 公分（1 組，附左右
肩鍊耳為佳）

外布＊寬 55× 長 51 公分（1 片）

裡布＊寬 56× 長 23 公分（1 片）

現成附鉤金屬肩帶＊粗 0.3× 長 120 公分（1 條）

主 要 工 具

縫紉機或者手縫針、線

做 法

❶ **縫合褶子**：按紙型標記，摺疊外布袋身片的褶子。

❷ **縫合袋身片**：分別將裡、外袋身片，以及袋側片縫
合成袋型，裡袋袋底預留返口，再將外袋正面朝外，
裡袋正面朝內，兩袋互套，然後從袋口縫合一圈固定
兩袋，再翻到正面。

❸ **安裝口金框**：參照 p.48 手縫式口金（布料），以手
縫方式將袋身和口金縫合，並參照 p.43 以藏針縫縫
合裡袋返口。

❹ **安裝金屬肩帶**：將金屬肩帶安裝在口金框上的肩鍊
耳，大功告成囉！

排 版 方 式

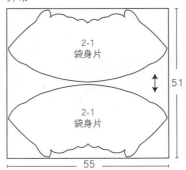

外布

2-1
袋身片

2-1
袋身片

55

51

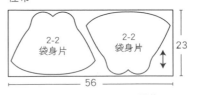

裡布

2-2
袋身片

2-2
袋身片

56

23

單位/公分

①縫合褶子

縫合外布袋身片褶子

＊摺疊方向示意圖，另一片袋身片摺法相同。

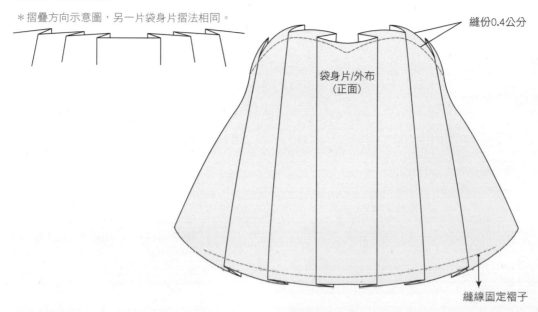

縫份0.4公分

袋身片/外布
（正面）

縫線固定褶子

②縫合袋身片

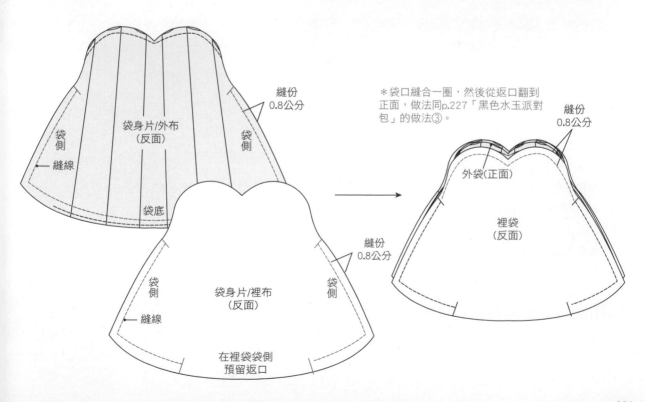

縫份
0.8公分

袋身片/外布
（反面）

袋側

袋側

縫線

袋底

＊袋口縫合一圈，然後從返口翻到
正面，做法同p.227「黑色水玉派對
包」的做法③。

縫份
0.8公分

外袋（正面）

裡袋
（反面）

縫份
0.8公分

袋側

袋側

縫線

袋身片/裡布
（反面）

在裡袋袋側
預留返口

Leather Flower Hollow Clutch Bag
雕花皮革手拿包

成品尺寸

寬 21× 高 12.5× 厚 8 公分

材　　料

一字形口金＊寬 19 公分（1 組）
牛革＊寬 45× 長 26× 厚 0.15 ～ 0.18 公分（1 片）
羊革＊寬 20× 長 22× 厚 0.08 ～ 0.14 公分（1 片）

主要工具

縫紉機或者手縫針、線
丸斬（直徑 0.3 公分）
花斬（直徑 0.3 ～ 0.4 公分）
心斬（直徑 0.3 ～ 0.4 公分）
四孔菱斬、單孔菱斬、一字螺、尖嘴鉗
螺絲起子（尺寸對應口金所附螺絲直徑）
木槌、膠板、強力膠適量

做　　法

❶ **使用造型斬打花孔**：參照 p:30，按紙型標記，在其中一片袋身片正面鏤刻花形。

❷ **縫合袋身**：以強力膠將兩片袋身片、一片袋底片貼合成袋型，以縫線固定，縫法可參照 p.28 ～ 29。

❸ **製作內口袋、貼合口金擋片**：皮革正面朝外，按紙型標記對摺，以縫線固定，再安裝在袋身後片袋口上。

❹ **安裝口金**：使用丸斬打出安裝口金所需的螺絲及釦頭的孔位，將口金安裝上就大功告成囉！

做 法 流 程

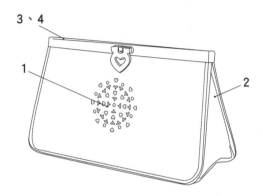

3、4

1

2

排 版 方 式

牛革

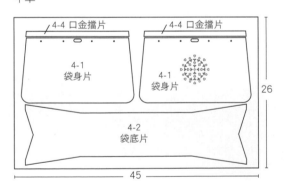

4-4 口金擋片　　　4-4 口金擋片
4-1 袋身片　　4-1 袋身片
4-2 袋底片

26

45

羊革　　　　　　　　　　　單位/公分

4-3 內口袋

22

20

小叮嚀

這個包包的特色在於外露於表面的整齊縫線，所以需用菱斬先打出線孔再縫合，成品會比較美觀精緻。

②縫合袋身

縫合接觸面須先上
強力膠貼合後打孔縫合

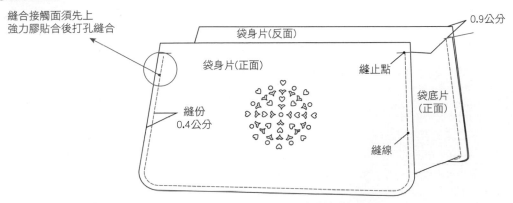

袋身片(反面)

0.9公分

袋身片(正面)

縫止點

袋底片
(正面)

縫份
0.4公分

縫線

＊皮革縫法參照p.28～29

③製作內口袋、貼合口金擋片

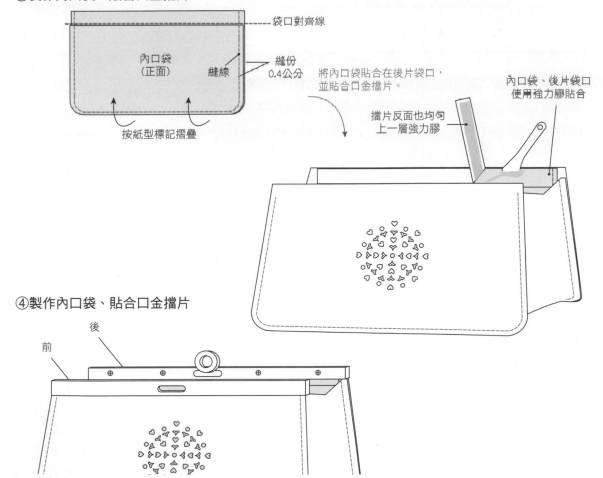

袋口對齊線

內口袋
(正面)

縫線

縫份
0.4公分

將內口袋貼合在後片袋口，
並貼合口金擋片。

內口袋、後片袋口
使用強力膠貼合

擋片反面也均勻
上一層強力膠

按紙型標記摺疊

④製作內口袋、貼合口金擋片

前

後

Leather Flower Hollow Stationery Pouch

雕花皮革文具袋

做法流程

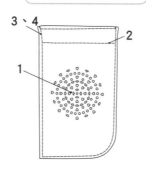

3、4
2
1

排版方式

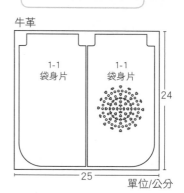

牛革

| 1-1 袋身片 | 1-1 袋身片 |

24

25

單位/公分

成品尺寸

寬 11.5× 高 19.8 公分

材　料

夾片口金框＊寬 10 公分（1 組）

牛革＊寬 25× 長 24× 厚 0.15 ～ 0.18

公分（1 片）

主要工具

縫紉機或者手縫針、線

丸斬（直徑 0.3 公分）

花斬（直徑 0.3 ～ 0.4 公分）

心斬（直徑 0.3 ～ 0.4 公分）

四孔菱斬、單孔菱斬、尖嘴鉗

螺絲起子、木槌、膠板

強力膠適量

做　　法

❶ **使用造型斬打花孔**：做法參照 p:30，按紙型標記，在其中一片袋身片正面鏤刻花形。

❷ **縫合固定袋口**：按紙型摺疊標記，將袋口向反面摺疊，縫合固定。

❸ **縫合袋側與袋底**：將前、後兩片正面朝外對齊，以強力膠從反面貼合縫份，使用菱斬打線孔後縫合，縫法可參照 p.28 ～ 29。

❹ **安裝夾片口金框**：做法同 p.152「帆布小方包」的做法❺，大功告成囉！

---

②縫合固定袋口

按紙型摺疊標記，反摺袋口並縫合。

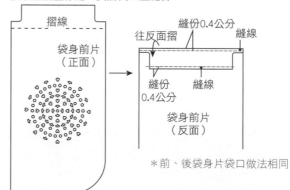

摺線

袋身前片（正面）

縫份0.4公分

往反面摺

縫線

縫份　縫線

0.4公分

袋身前片（反面）

＊前、後袋身片袋口做法相同

③縫合袋側與袋底

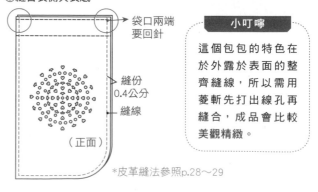

袋口兩端要回針

縫份0.4公分

縫線

（正面）

＊皮革縫法參照p.28～29

小叮嚀

這個包包的特色在於外露於表面的整齊縫線，所以需用菱斬先打出線孔再縫合，成品會比較美觀精緻。

Red Checks Plastic Frame Purse

紅格紋塑膠口金包

成 品 尺 寸

寬 22× 高 14.5× 厚 4.5 公分

材 料

手縫式弧形塑膠口金框＊寬 18 公分（1 組）
外布＊寬 50× 長 25 公分（1 片）
裡布＊寬 50× 長 25 公分（1 片）
薄夾棉＊寬 50× 長 20 公分（1 片）

主 要 工 具

縫紉機或者手縫針、線
熨斗、燙板

做 法

❶ **貼薄夾棉：** 參照 p.44 貼夾棉，在兩片外
布袋身片、一片袋側片反面燙貼薄夾棉。

❷ **縫合袋身片：** 做法同 p.224「玳瑁手提口
金包」的做法❸。

❸ **安裝口金框：** 參照 p.48 手縫式口金（布
料），以手縫方式將口金框和袋身縫合，
並參照 p.43，將裡袋返口以藏針縫縫合，
大功告成囉！

> ### 小叮嚀
>
> 這個作品雖然包型、紙型不同，但
> 做法和 p.224「玳瑁手提口金包」一
> 樣，可參照 p.224 ～ 225 製作。

做 法 流 程

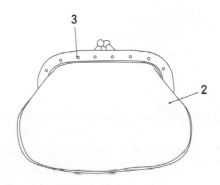

排 版 方 式

外布/裡布

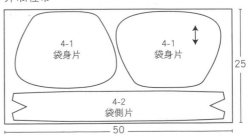

薄夾棉

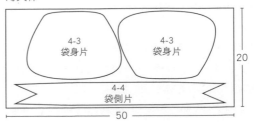

單位/公分

Checks M Design Frame Bag

格紋M形口金包

成品尺寸

寬 28× 高 13.5× 厚 9 公分

材　　料

塞入式 M 形口金框＊寬 18.5× 腳長 6.5 公分（1 組）

外布＊寬 38× 長 42 公分（1 片）

裡布＊寬 38× 長 42 公分（1 片）

牛津襯＊寬 35× 長 38 公分（1 片）

現成金屬肩帶＊粗 0.4× 長 100～ 120 公分（長度依個人需求，1 條）

D 形環＊寬 1 公分（2 組）

紙繩＊粗 0.3× 長 27 公分（2 條）

主 要 工 具

縫紉機或者手縫針、線

一字螺或口金鉗、熨斗

燙板、白膠適量

做　　法

❶ **貼牛津襯：** 參照 p.45 貼布襯，在兩片外布袋身片反面燙貼牛津襯。

❷ **固定袋底褶子、製作 D 環耳：** 按紙型標記，將裡、外袋身片的袋底褶子縫合固定備用；兩片 D 環耳長邊布邊向反面摺，縫合固定，然後套上 D 形環對摺，按紙型位置標記，固定在其中一片袋身片上。

❸ **縫合袋身：** 分別將裡、外袋身片縫成袋型，裡袋底部預留返口，將外袋正面朝外，裡袋正面朝內，兩袋互套，然後從袋口處縫合兩袋。

❹ **安裝口金框：** 參照 p.50 塞入式口金（布料），組合口金框與袋身，參照 p.43 將內裡返口以藏針縫收尾，大功告成囉！

做 法 流 程

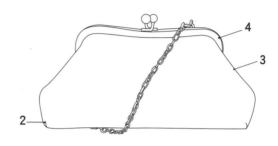

排 版 方 式

外布

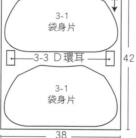

裡布

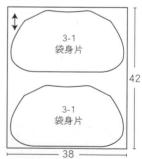

牛津襯

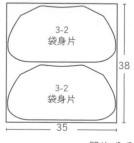

單位/公分

小叮嚀

如果布料選的是大格子布，記得前、後片外袋身的接合處，格紋要對齊後裁剪（參照P.352「對花」的解釋）。

②固定袋底褶子、製作D環耳

縫合裡、外袋身片的袋底褶子

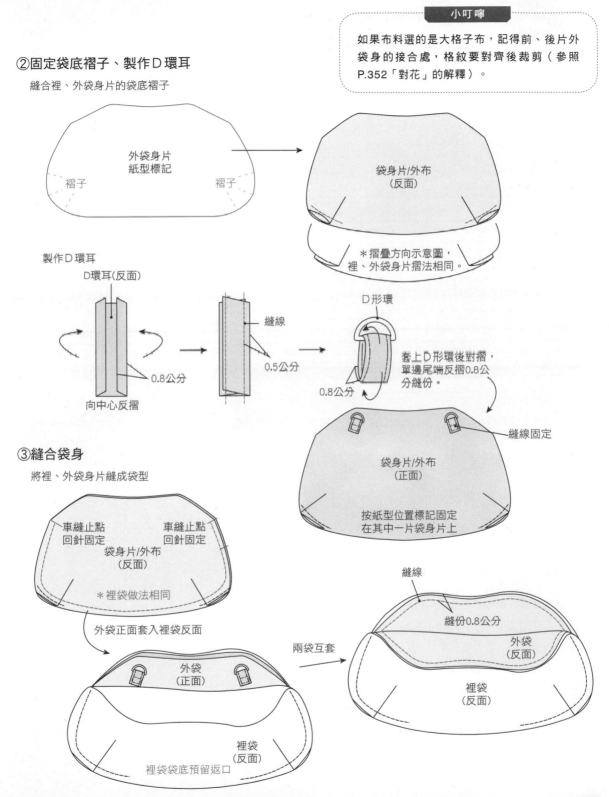

外袋身片紙型標記

褶子　　　　褶子

袋身片/外布（反面）

＊摺疊方向示意圖，裡、外袋身片摺法相同。

製作D環耳

D環耳(反面)

0.8公分

向中心反摺

縫線

0.5公分

0.8公分

D形環

套上D形環後對摺，單邊尾端反摺0.8公分縫份。

縫線固定

袋身片/外布（正面）

按紙型位置標記固定在其中一片袋身片上

③縫合袋身

將裡、外袋身片縫成袋型

車縫止點回針固定　　車縫止點回針固定

袋身片/外布（反面）

＊裡袋做法相同

外袋正面套入裡袋反面

外袋（正面）

裡袋（反面）

裡袋袋底預留返口

兩袋互套

縫線

縫份0.8公分

外袋（反面）

裡袋（反面）

235

Hand-woven Cloth Clutch Bag

毛織布木框手拿包

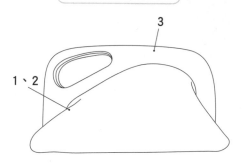

3

1、2

成品尺寸

寬 28× 高 16× 厚 5 公分

材　　料

塞入式手握木架口金框＊外徑寬 24 公分、
內徑寬 20.5 公分（1 組）
外布＊寬 75× 長 20 公分（1 片）
裡布＊寬 113× 長 20 公分（1 片）
牛津襯＊寬 70× 長 20 公分（1 片）

主要工具

縫紉機或者手縫針、線
白膠適量
尖嘴鉗、一字螺
螺絲起子（尺寸符合膠框所附螺絲釘的直徑）
熨斗、燙板

排 版 方 式

外布

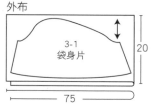

3-1
袋身片

20

75

裡布

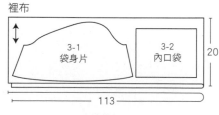

3-1
袋身片

3-2
內口袋

20

113

牛津襯

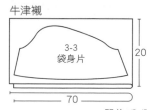

3-3
袋身片

20

70

單位/公分

做　　法

❶ **貼牛津襯、製作內口袋**：參照 p.45 貼布襯，在兩片外布袋身片反面
燙貼牛津襯，並將內口袋正面朝內對摺後縫合，從返口翻到正面，
然後按紙型內口袋位置標記，分別縫合固定在裡布袋身片上。

❷ **縫合袋身**：分別將裡、外袋身片縫成袋型，裡袋底部預留返口，將
外袋正面朝外，裡袋正面朝內，兩袋互套，然後從袋口處縫合兩袋。

❸ **安裝木架口金框**：首先在木架口金框軌道中均勻塗上一層白膠，將
袋身塞填入木架框軌道中，調整好位置，再用口金框附的螺絲釘固
定框與袋身。參照 p.43 將返口以藏針縫縫合，大功告成囉！

①貼牛津襯、製作內口袋

在袋身片外布反面貼襯後,將口袋縫合在裡布袋身片上。

內口袋
(正面)

對摺

內口袋(反面)

返口

*另一片做法相同

翻到正面

內口袋位置

袋口
回針

袋身片/裡布
(正面)

縫份
0.2公分

內口袋(正面)

返口縫份調成平整
後,一起縫合固定
即可。

②縫合袋身

縫份
0.8公分

袋身片/外布
(反面)

縫線

袋身片/裡布
(反面)

預留返口

袋底兩端,按
紙型標記,抓底

紙型示意圖

縫份攤平

縫份攤平

外袋
(反面)

縫份
0.8公分

*裡袋做法相同

兩袋互套,
縫合袋口一圈。

小叮嚀

塞入式木架口金跟金屬口
金框做法相同,差別在於
木架口金將袋身塞入後,
不用紙繩填塞,只需使用
螺絲釘固定即可。

縫線

外袋
(反面)

裡袋
(反面)

縫份
0.8公分

Tartan Check Frame Bag
蘇格蘭格子包

成 品 尺 寸

寬 26× 高 14× 厚 3.5 公分

材　　料

手縫式 M 形口金框＊寬 17× 腳長 6 公分（1 組，附
左右肩鍊耳為佳）

外布＊寬 85× 長 20 公分（1 片）

鋪棉布＊寬 65× 長 20 公分（1 片）

皮革＊寬 10× 長 4× 厚 0.12 ～ 0.15 公分（1 片）

寬 1× 長 35× 厚 0.12 ～ 0.15 公分（1 片）

D 形環＊寬 1 公分（2 組）

C 形圈＊直徑約 0.8 公分（2 組）

固定釦＊直徑 0.6 公分（5 組）

皮帶頭＊寬度 1.5 公分（1 組）

主 要 工 具

縫紉機或者手縫針、線、尖嘴鉗

木槌、膠板、強力膠適量

丸斬（直徑 0.3 公分）

固定釦安裝工具（直徑 0.6 公分）

排 版 方 式

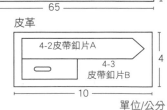

皮革 皮提把

35

外布

4-1
袋身片　　　　　　4-1
袋身片

85　　20

鋪棉布

4-4
袋身片　　　4-4
袋身片

65　　20

皮革

4-2皮帶釦片A

4-3
皮帶釦片B

10　　4

單位/公分

做　　法

❶ **縫合袋身褶子與安裝皮帶釦具**：按紙型標記，摺疊外袋身片
的褶之後，在外袋身前片固定皮帶釦片 A、B。

❷ **縫合袋身**：做法同 p.236「毛織布木框手拿包」的做法❷。

❸ **安裝口金框**：參照 p.48 手縫式口金（布料），組合口金框
與袋身，並參照 p.43 將以藏針縫縫合內裡返口。

❹ **製作皮提把**：將裁好的皮條兩端放入 D 形環後反摺 1.4 公分，
用固定釦固定，再使用 C 形圈連結口金框上釦環和 D 形環，
大功告成囉！

①縫合袋身褶子與安裝皮帶釦具

按紙型標記，摺疊外袋身片褶子。

＊兩片外袋身摺法相同、左右相反。

外袋身片
紙型標記

中心線

摺疊褶子

前片

袋身片/外片
（正面）

右

後片

袋身片/外片
（正面）

右

製作皮帶釦片

皮帶釦片A(正面)

按紙型標記，使用0.3公分丸斬在上面打洞。

皮帶釦片B（正面）

先用菱斬打線孔後，手縫固定對摺的皮。

將皮帶釦片B套上皮帶頭後，按紙型摺線對摺釦片。

固定皮帶釦片

前片

兩組0.6公分固定釦固定釦片A

袋身片/外片
（正面）

右

前片

在適當距離，使用固定釦固定釦片B。

右

小叮嚀

如果購買的口金框上沒有附肩鍊耳，可省略製作肩背帶。

④製作皮提把

＊預先裁一段寬1公分、長35公分的皮片

D形環

以固定釦固定皮片

穿過D形環，用強力膠固定。

＊另一端做法相同

C形圈

再使用C形圈將提把和口金框上的釦環固定，連結在一起即可。

用老虎鉗將C形圈夾合

（正面）

已經和口金框固定的袋身

Butterfly Shoulder Square Bag
蝴蝶結肩背方包

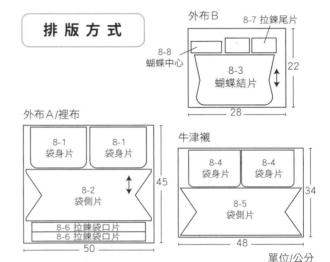

成品尺寸

寬 25× 高 16× 厚 18 公分

主要工具

縫紉機或者手縫針、線
熨斗、燙板

材 料

支架ㄇ形支架口金框＊寬 19.5× 腳
長 10 公分（1 組）
外布 A ＊寬 50× 長 45 公分（1 片）
外布 B ＊寬 28× 長 22 公分（1 片）
裡布＊寬 50× 長 45 公分（1 片）
牛津襯＊寬 48× 長 34 公分（1 片）
織帶＊寬 2× 長 120 公分（1 條）
寬 2× 長 3 公分（2 條）
銅拉鍊＊長 45 公分（1 條）
調整環＊寬 2 公分（1 組）
方形環＊寬 2 公分（2 組）

排版方式

外布 B
8-7 拉鍊尾片
8-8 蝴蝶中心
8-3 蝴蝶結片
22
28

外布 A/裡布
8-1 袋身片
8-1 袋身片
8-2 袋側片
45
8-6 拉鍊袋口片
8-6 拉鍊袋口片
50

牛津襯
8-4 袋身片
8-4 袋身片
8-5 袋側片
34
48

單位/公分

做 法

❶ **貼牛津襯**：參照 p.45 貼布襯，在兩片外布 A 袋身片、一片外布 A 袋側片反面燙貼牛津襯。

❷ **固定拉鍊**：按紙型標記，在拉鍊織帶畫出中心點與對位點，對齊拉鍊袋口片後，同外布 A 和裡布一起縫合，再縫上拉鍊尾片。

❸ **製作、固定蝴蝶結**：將蝴蝶結片長邊兩端以三摺縫縫合布邊，蝴蝶中心片長邊兩端向反面摺 0.8 公分後縫合固定，短邊對摺後，從反面縫合套入蝴蝶結片，按紙型標記，兩邊與其中一片外袋身片袋側縫合固定，縫份 0.4 公分。

❹ **縫合袋身片、袋側片**：將兩片袋身片按紙型的對位點（芽口記號）對齊縫成外袋、裡袋，並在裡袋袋底預留返口。

❺ **組合袋身、拉鍊袋口**：先將兩條寬 2× 長 3 公分的織帶，套上方形環後對摺，按紙型標記，固定在前片正、後面左邊的方形環位置，縫份 0.8 公分，再從反面固定拉鍊袋口與袋身，翻到正面。

❻ **安裝支架口金框**：從袋口兩端縫隙穿入口金框，參照 p.43 以藏針縫縫合口金框入口、裡袋返口。

❼ **安裝肩背織帶**：參照 p.36 製作可調肩背帶就大功告成囉！

②固定拉鍊

在拉鍊織帶上畫出對位記號

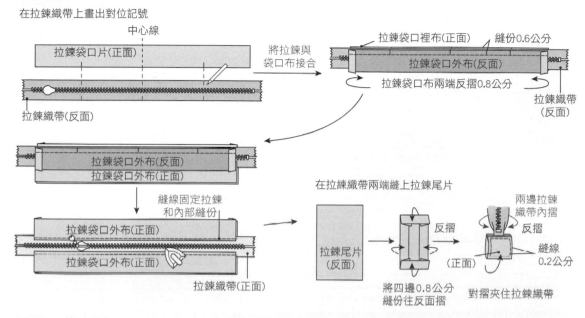

中心線
拉鍊袋口片(正面)
拉鍊織帶(反面)

將拉鍊與袋口布接合

拉鍊袋口裡布(正面)　縫份0.6公分
拉鍊袋口外布(反面)
拉鍊袋口布兩端反摺0.8公分
拉鍊織帶(反面)

拉鍊袋口外布(反面)
拉鍊袋口外布(正面)

縫線固定拉鍊和內部縫份

拉鍊袋口外布(正面)
拉鍊袋口外布(正面)
拉鍊織帶(正面)

在拉鍊織帶兩端縫上拉鍊尾片

拉鍊尾片(反面)

將四邊0.8公分縫份往反面摺

反摺
(正面)

兩邊拉鍊織帶內摺
反摺
縫線0.2公分

對摺夾住拉鍊織帶

③製作、固定蝴蝶結

蝴蝶結片

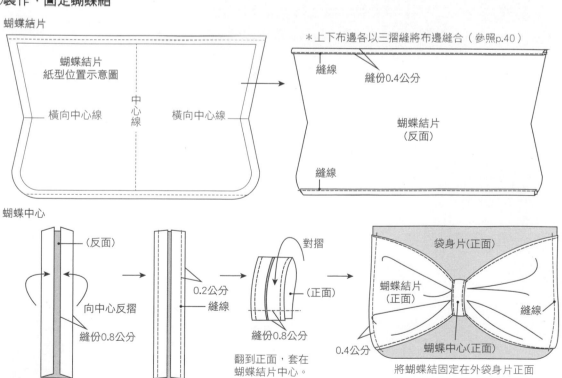

蝴蝶結片紙型位置示意圖

橫向中心線　中心線　橫向中心線

＊上下布邊各以三摺縫將布邊縫合（參照p.40）

縫線
縫份0.4公分

蝴蝶結片(反面)

縫線

蝴蝶中心

(反面)

向中心反摺

縫份0.8公分

0.2公分
縫線

對摺
(正面)

縫份0.8公分

翻到正面，套在蝴蝶結片中心。

0.4公分

袋身片(正面)

蝴蝶結片(正面)

縫線

蝴蝶中心(正面)

將蝴蝶結固定在外袋身片正面

④縫合袋身片、袋側片

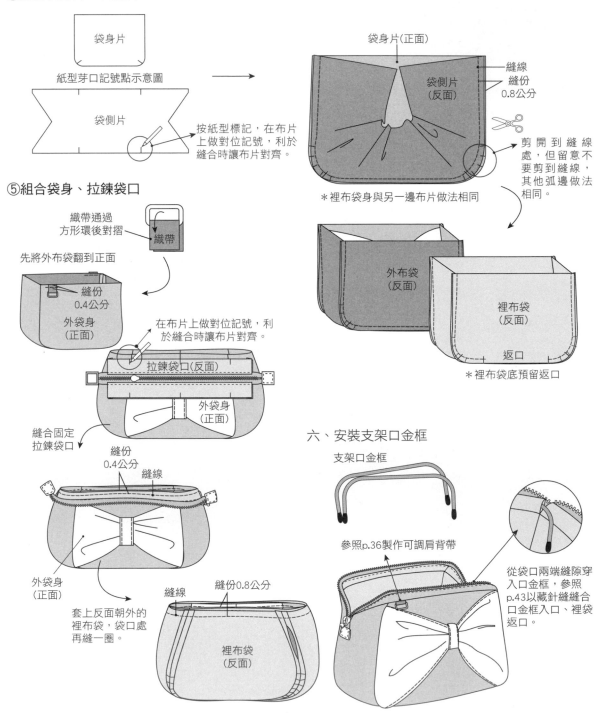

袋身片

紙型芽口記號點示意圖

袋側片

按紙型標記,在布片上做對位記號,利於縫合時讓布片對齊。

袋身片(正面)

縫線

袋側片(反面)

縫份0.8公分

剪開到縫線處,但留意不要剪到縫線,其他弧邊做法相同。

＊裡布袋身與另一邊布片做法相同

外布袋(反面)

裡布袋(反面)

返口

＊裡布袋底預留返口

⑤組合袋身、拉鍊袋口

織帶通過方形環後對摺

織帶

先將外布袋翻到正面

縫份0.4公分

外袋身(正面)

在布片上做對位記號,利於縫合時讓布片對齊。

拉鍊袋口(反面)

外袋身(正面)

縫合固定拉鍊袋口

縫份0.4公分

縫線

外袋身(正面)

套上反面朝外的裡布袋,袋口處再縫一圈。

縫線

縫份0.8公分

裡布袋(反面)

六、安裝支架口金框

支架口金框

參照p.36製作可調肩背帶

從袋口兩端縫隙穿入口金框,參照p.43以藏針縫縫合口金框入口、裡袋返口。

紙型檔名 no.60

Flower and Plant Handbag
花草印花提包

做 法 流 程

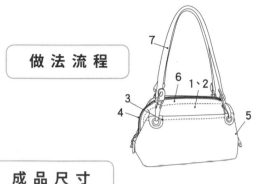

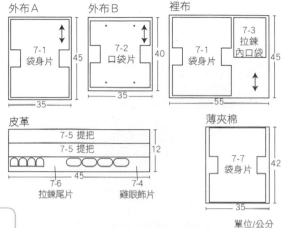

外布A

7-1
袋身片

45

35

外布B

7-2
口袋片

40

35

裡布

7-1
袋身片

7-3
拉鍊
內口袋

45

55

皮革

7-5 提把

7-5 提把

12

7-6
拉鍊尾片

45

7-4
雞眼飾片

薄夾棉

7-7
袋身片

42

35

單位/公分

成品尺寸

寬 22× 高 13× 厚 12.5 公分

材 料

支架ㄇ形口金框＊寬 20× 腳長 10 公分（1 組）

外布 A ＊寬 35× 長 45 公分（1 片）

外布 B ＊寬 35× 長 40 公分（1 片）

皮革＊寬 45× 長 12× 厚 0.12 ～ 0.15 公分（1 片）

裡布＊寬 55× 長 45 公分（1 片）

薄夾棉＊寬 35× 長 42 公分（片）

銅拉鍊＊長 35 公分（1 條）、長 15 公分（1 條）

雞眼＊直徑 1.7 公分（4 組）

固定釦＊直徑 0.8 公分（4 組）

問號鉤＊寬 2 公分（4 組）

水桶釘＊直徑 1 公分（4 組）

主要工具

縫紉機或者手縫針、線
固定釦安裝工具（直徑 0.6 公分）
雞眼安裝工具（直徑 1.7 公分）
丸斬（直徑 1 公分、0.3 公分）
熨斗、燙板、木槌、膠板

做 法

❶ **貼薄夾棉**：參照 p.44 貼夾棉，在外布 A 袋身片反面燙貼薄夾棉。

❷ **製作拉鍊內口袋**：按紙型標記，將 15 公分拉鍊單邊織帶固定在拉鍊內口袋標示「接拉鍊」布邊，從反面縫合兩邊袋側，並留返口翻到正面，接著將拉鍊剩下的單邊織帶固定在對應紙型標記的裡布「內口袋拉鍊位置」後，內口袋左、右、袋底三邊也一起縫合固定（參照 p.47 暗袋拉鍊縫法）。

❸ **製作外口袋**：將口袋兩端袋口以三摺縫縫合布邊，並對應紙型「雞眼位置」，四片皮革雞眼飾片分別用適量強力膠貼合固定，再用直徑 1 公分的丸斬打洞，安裝雞眼，最後與外袋身片居中對齊，縫合固定，並安裝水桶釘。

❹ **固定袋身袋口拉鍊**：參照 p.46 邊緣袋口式拉鍊縫法，並在拉鍊兩端縫上拉鍊尾片。

❺ **縫成袋型**：縫合袋身兩側邊與袋底，並在裡布袋口兩側預留 2 公分不縫合，裡袋預留返口。

❻ **安裝口金框**：在距離袋口邊緣 2 公分處，繞著袋口縫出一道直線，從袋身左右兩端預留的入口導入口金框後，參照 p.43 以藏針縫縫住入口，並且縫合返口（圖解同 p.242「蝴蝶結肩背方包」的做法❻）。

❼ **製作皮提把**：按照紙型摺疊虛線，將提把皮片長端兩布邊往反面中心摺疊，縫一條線固定，兩端鉤上問號鉤，然後使用固定釦固定，釦在袋身口袋上的四個雞眼，大功告成囉！

②製作拉鍊內口袋

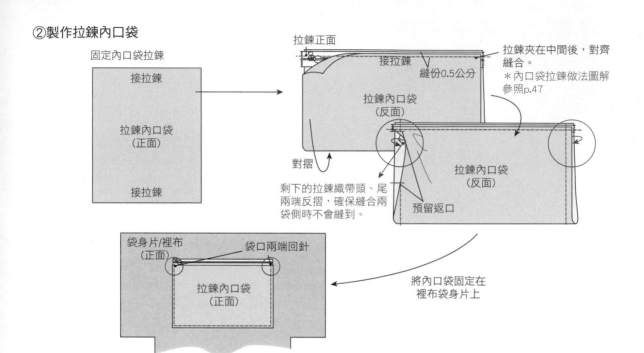

固定內口袋拉鍊

接拉鍊

拉鍊內口袋
（正面）

接拉鍊

拉鍊正面

接拉鍊

縫份0.5公分

拉鍊內口袋
（反面）

對摺

剩下的拉鍊織帶頭、尾
兩端反摺，確保縫合兩
袋側時不會縫到。

拉鍊夾在中間後，對齊
縫合。

＊內口袋拉鍊做法圖解
參照p.47

拉鍊內口袋
（反面）

預留返口

袋身片/裡布
（正面）

袋口兩端回針

拉鍊內口袋
（正面）

將內口袋固定在
裡布袋身片上

③製作外口袋

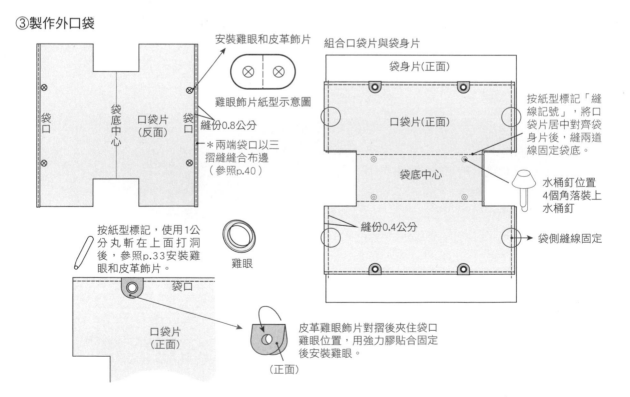

安裝雞眼和皮革飾片

雞眼飾片紙型示意圖

袋口

袋底中心

口袋片
（反面）

袋口

縫份0.8公分

＊兩端袋口以三
摺縫縫合布邊
（參照p.40）

按紙型標記，使用1公
分丸斬在上面打洞
後，參照p.33安裝雞
眼和皮革飾片。

雞眼

袋口

口袋片
（正面）

皮革雞眼飾片對摺後夾住袋口
雞眼位置，用強力膠貼合固定
後安裝雞眼。

（正面）

組合口袋片與袋身片

袋身片（正面）

口袋片（正面）

袋底中心

縫份0.4公分

按紙型標記「縫
線記號」，將口
袋片居中對齊袋
身片後，縫兩道
線固定袋底。

水桶釘位置
4個角落裝上
水桶釘

袋側縫線固定

④固定袋身袋口拉鍊

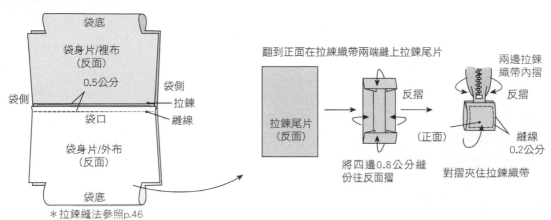

袋底

袋身片/裡布
（反面）

0.5公分

袋側

袋側 ─ 拉鍊

袋口

縫線

袋身片/外布
（反面）

袋底

＊拉鍊縫法參照p.46

翻到正面在拉練織帶兩端縫上拉鍊尾片

拉鍊尾片
（反面）

將四邊0.8公分縫
份往反面摺

反摺

（正面）

對摺夾住拉鍊織帶

兩邊拉鍊
織帶內摺

反摺

縫線
0.2公分

⑤縫成袋型

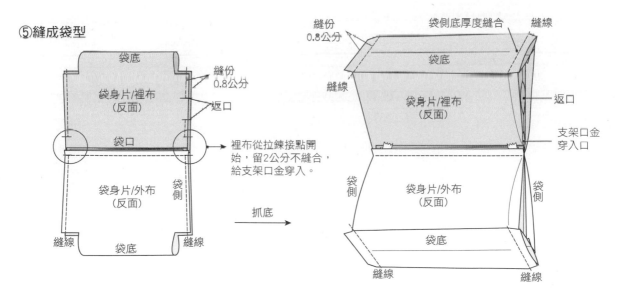

袋底

袋身片/裡布
（反面）

縫份
0.8公分

返口

袋口

袋身片/外布
（反面）

袋側

縫線

袋底

縫線

裡布從拉鍊接點開
始，留2公分不縫合，
給支架口金穿入。

抓底

縫份
0.8公分

袋側底厚度縫合

縫線

袋底

縫線

袋身片/裡布
（反面）

返口

支架口金
穿入口

袋側

袋身片/外布
（反面）

袋側

袋底

縫線

縫線

⑦製作皮提把

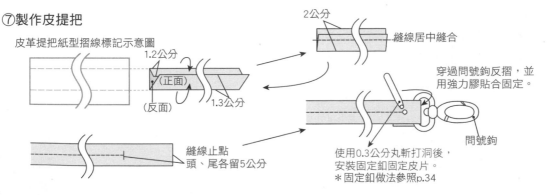

皮革提把紙型摺線標記示意圖

1.2公分

（正面）

（反面）

1.3公分

縫線止點
頭、尾各留5公分

2公分

縫線居中縫合

穿過問號鉤反摺，並
用強力膠貼合固定。

問號鉤

使用0.3公分丸斬打洞後，
安裝固定釦固定皮片。
＊固定釦做法參照p.34

Casual-style Travel Bag
休閒風旅行包

成 品 尺 寸

寬 26× 高 20× 厚 15 公分

材　　料

∏形支架口金框＊寬 25× 腳長 7.5 公分（1 組）

皮革＊寬 3× 長 15× 厚度 0.12 ～ 0.15 公分（1 片）

外布 A＊寬 65× 長 50 公分（1 片）

外布 B＊寬 65× 長 40 公分（1 片）

裡布＊寬 65× 長 50 公分（1 片）

牛津襯＊寬 65× 長 40 公分（1 片）

織帶＊寬 2× 長 120 公分（1 條）

寬 2× 長 3 公分（2 條）

銅拉鍊＊長 40 公分（1 條）

書包釦＊直徑 3 公分（1 組）

調整環＊寬 2 公分（1 組）

方形環＊寬 2 公分（2 組）

主 要 工 具

縫紉機或者手縫針、線、熨斗、燙板

做　　法

排 版 方 式

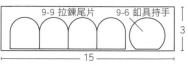

外布 A

9-1 袋身片	9-1 袋身片
9-5 口袋蓋	9-4 口袋片
9-2 拉鍊袋口片	

50

65

外布 B

9-5 口袋蓋	9-4 口袋片
9-3 袋側片	

40

65

裡布

9-1 袋身片	9-1 袋身片
9-3 袋側片	
9-2 拉鍊袋口片	

50

65

牛津襯

9-7 袋身片	9-7 袋身片
9-8 袋側片	

40

65

皮革

9-9 拉鍊尾片　　9-6 釦具持手

3

15

單位/公分

❶ **貼牛津襯**：參照 p.45 貼布襯，在兩片外布 A 袋身片、一片外布 B 袋側片反面燙貼牛津襯。

❷ **固定拉鍊**：做法同 p.240「蝴蝶結肩背方包」的做法❷。

❸ **製作、固定口袋蓋與口袋片**：將外布 A、B 口袋蓋正面相對，從反面縫合，從返口翻到正面，在邊緣縫一道線固定縫份。接著按紙型標記，縫合固定釦具持手，安裝書包釦上片。外布 A、B 口袋片在袋口處先縫合褶子，正面相對從反面縫合袋口，再翻到正面，並且縫一道線，壓住袋口縫份，接著按紙型標記，將口袋蓋縫合固定在袋身片上，丈量袋蓋圍起來時書包釦上片的位置，安裝書包釦底座在口袋片外片上。

❹ **縫合袋身片、袋側片**：做法同 p.240「蝴蝶結肩背方包」的做法❹。

❺ **組合袋身、拉鍊袋口**：做法同 p.240「蝴蝶結肩背方包」的做法❺。

❻ **安裝支架口金框**：從袋口兩端縫隙穿入口金框，參照 p.43 以藏針縫縫合口金框入口、裡袋返口。

❼ **安裝肩背織帶**：參照 p.36 製作可調調肩背，大功告成囉！

做法流程

7
2
5、6
3
4

②固定拉鍊

做法同 p.340「蝴蝶結肩背方包」的做法②

拉鍊織帶頭、尾則分別用2片皮革拉鍊尾片縫合固定。

縫線孔位

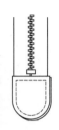

2片拉鍊尾片反面相對暫時貼合，事先打好縫線孔位後，撕開皮片，夾住拉鍊織帶頭、尾，再重新上膠貼合牢固後，手縫固定。

③製作、固定口袋蓋與口袋片

製作口袋蓋

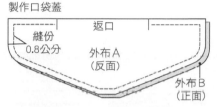

返口

縫份 0.8公分

外布A（反面）

外布B（正面）

將外布A、B口袋蓋正面相對從反面縫合，翻到正面。

口袋蓋

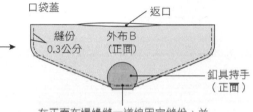

返口

縫份 0.3公分

外布B（正面）

釦具持手（正面）

在正面布邊緣縫一道線固定縫份，並且連同釦具持手一起縫合。

固定書包釦上片

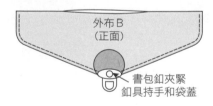

外布B（正面）

書包釦夾緊釦具持手和袋蓋

製作口袋片

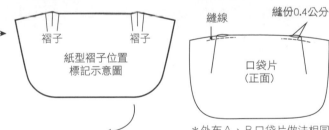

褶子　　褶子

紙型褶子位置標記示意圖

縫合袋口褶子

縫線

縫份0.4公分

口袋片（正面）

*外布A、B口袋片做法相同

縫合裡、外口袋片袋口

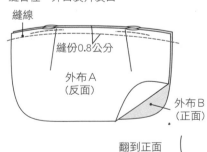

縫線

縫份0.8公分

外布A（反面）

外布B（正面）

翻到正面安裝書包釦底座

先縫合固定袋蓋於袋身片正面

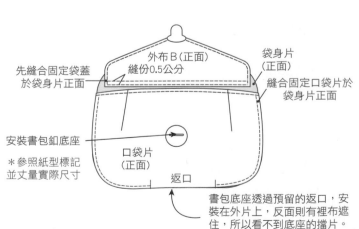

外布B（正面）

縫份0.5公分

袋身片（正面）

縫合固定口袋片於袋身片正面

安裝書包釦底座

口袋片（正面）

返口

*參照紙型標記並丈量實際尺寸

書包底座透過預留的返口，安裝在外布上，反面則有裡布遮住，所以看不到底座的擋片。

小叮嚀

紙型標記的位置僅供參考，會因為實際使用布料、皮料厚度不同而有些許誤差，製作時應該多加檢查與確認釦具位置。

Red Leather Wristlet Bag
紅色平口皮革腕包

成品尺寸

寬 19× 高 12× 厚 11 公分

材　　料

平口手腕口金框＊寬 15× 腳長 8 公分（1 組）

羊革＊寬 32× 長 47× 厚 0.12～0.15 公分（1 片）

豬內裡＊寬 29× 長 34× 厚 0.12～0.15 公分（1 片）

固定釦＊直徑 0.6 公分（14 組）

問號鉤＊寬 1 公分（2 組）

仿皮繩＊粗 0.2× 長 20 公（2 條）

手縫線＊適量

主要工具

縫紉機或者手縫針、線　　　　四孔菱斬、單孔菱斬、木槌

丸斬（直徑 0.3、0.18 公分）　膠板、刮刀、水銀筆

固定釦安裝工具（直徑 0.6、0.18 公分）　強力膠適量

做　　法

❶ **貼合豬內裡**：分別將羊革袋身片、豬內裡袋身片反面塗一層強力膠，如圖所示，居中對齊均勻貼合。

❷ **袋口線孔與袋側固定釦孔位**：按紙型標示，先在皮面上使用水銀筆做出打孔記號點，再使用對應尺寸的丸斬將孔位一一打好備用。

❸ **縫合袋側與袋底**：將袋身片羊革面（正面）對摺，從豬內裡（反面）將要縫合的區段先用強力膠貼合，再以菱斬打出線孔，參照 p.28～29 皮革縫合方式縫合。袋側縫合完畢後，將已經打好孔位的袋側，分別以固定釦固定在口金框垂直的四個支架上。

❹ **安裝口金框**：先用仿皮繩以平針縫方式將袋口固定，口金水平的支架穿過後，與口金架接合，並鎖緊螺絲。

❺ **製作皮革腕帶**：將腕帶皮片長邊以四等份往反面中心對摺兩次，縫合固定，兩端套上問號鉤，然後使用固定釦固定就大功告成囉！

做法流程

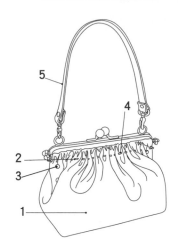

排版方式

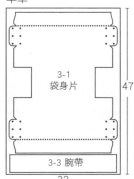

羊革

3-1 袋身片　47

3-3 腕帶　32

豬內裡

3-2 袋身片　34

29

單位/公分

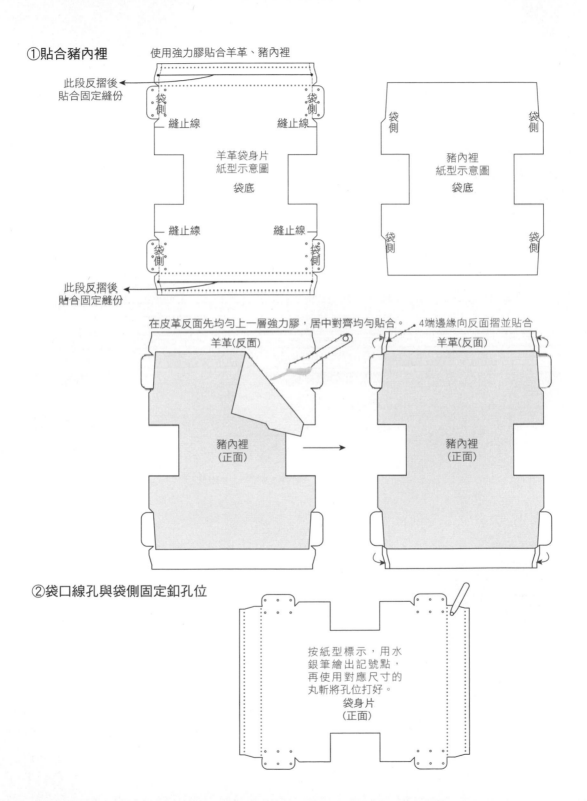

①貼合豬內裡

使用強力膠貼合羊革、豬內裡

此段反摺後
貼合固定縫份

袋側

縫止線　　　縫止線

羊革袋身片
紙型示意圖

袋底

縫止線　　　縫止線

袋側

此段反摺後
貼合固定縫份

袋側　　　　　　　　袋側

豬內裡
紙型示意圖

袋底

袋側　　　　　　　　袋側

在皮革反面先均勻上一層強力膠，居中對齊均勻貼合。

羊革(反面)

豬內裡
(正面)

4端邊緣向反面摺並貼合

羊革(反面)

豬內裡
(正面)

②袋口線孔與袋側固定釦孔位

按紙型標示，用水
銀筆繪出記號點，
再使用對應尺寸的
丸斬將孔位打好。

袋身片
(正面)

③縫合袋側與袋底

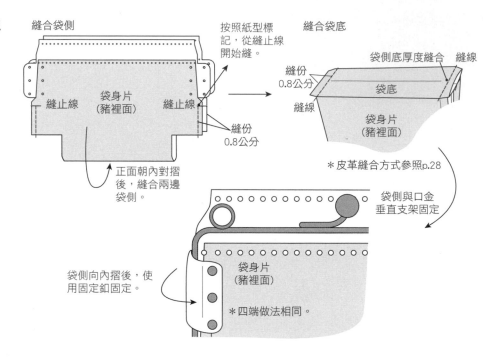

縫合袋側

縫合袋底

按照紙型標記，從縫止線開始縫。

袋側底厚度縫合　縫線

縫份
0.8公分

縫線

袋底

縫止線　袋身片
（豬裡面）　縫止線

縫份
0.8公分

袋身片
（豬裡面）

正面朝內對摺後，縫合兩邊袋側。

＊皮革縫合方式參照p.28

袋側與口金垂直支架固定

袋身片
（豬裡面）

袋側向內摺後，使用固定釦固定。

＊四端做法相同。

④安裝口金框

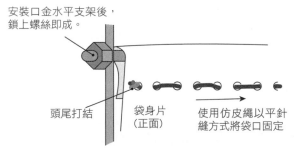

安裝口金水平支架後，鎖上螺絲即成。

頭尾打結

袋身片
（正面）

使用仿皮繩以平針縫方式將袋口固定

⑤製作皮革腕帶

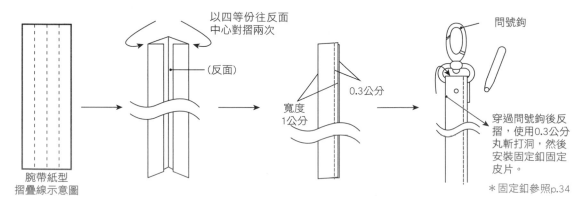

以四等份往反面中心對摺兩次

問號鉤

（反面）

寬度
1公分

0.3公分

穿過問號鉤後反摺，使用0.3公分丸斬打洞，然後安裝固定釦固定皮片。

腕帶紙型
摺疊線示意圖

＊固定釦參照p.34

紙型檔名 no.63

Ostrich Leather Wood Frame Bag

鴕鳥皮紋木框包

成品尺寸

寬 28.5× 高 16.5× 厚 10 公分

材　料

塞入式 M 形木架口金框＊寬 22.8 公分（1 組）

牛革＊寬 38× 長 44× 厚 0.08 ～ 0.14 公分（1 片）

裡布＊寬 72× 長 42 公分（1 片）

牛津襯＊寬 36× 長 42 公分（1 片）

主要工具

縫紉機或者手縫針、線

白膠適量、熨斗、燙板、一字螺

做　法

❶ **貼牛津襯**：參照 p.45 貼布襯，在兩片裡布袋身片反面燙貼牛津襯。

❷ **固定袋底褶子、製作內口袋**：參照 p.234「格紋 M 型口金包」的做法❷製作袋底褶子，兩片內口袋長邊布邊向正面對摺，縫合固定三邊，側邊按紙型標記，預留返口翻到正面，縫合在裡布袋身片上。

❸ **縫合袋身**：做法同 p.234「格紋 M 型口金包」的做法❸。

❹ **安裝口金框**：參照 p.51 塞入式口金（皮革），組合口金框與袋身，木架口金框不必使用紙繩填塞，只要以螺絲定點固定即可。最後參照 p.43 以藏針縫將內裡返口收尾，大功告成囉！

做法流程

排版方式

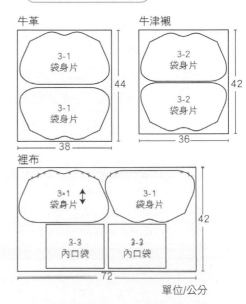

牛革

|3-1 袋身片|
|3-1 袋身片|

44

38

牛津襯

|3-2 袋身片|
|3-2 袋身片|

42

36

裡布

|3-1 袋身片|3-1 袋身片|
|3-3 內口袋|3-3 內口袋|

42

72

單位/公分

②固定袋底褶子、製作D環耳

縫合裡、外袋身片的袋底褶子做法，參照p.234「格紋 M 形口金包」做法②實心的圈製作。

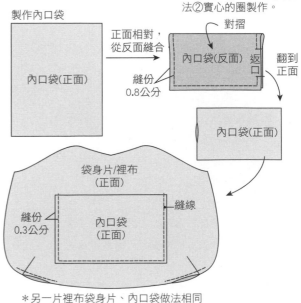

製作內口袋

內口袋(正面)

正面相對，從反面縫合

對摺

內口袋(反面) 返口

縫份 0.8公分

翻到正面

內口袋(正面)

袋身片/裡布 (正面)

縫份 0.3公分

內口袋 (正面)

縫線

＊另一片裡布袋身片、內口袋做法相同

Polka Dot Pleated Wood Frame Bag

水玉皺褶木架包

成 品 尺 寸

寬 30×高 16.×厚 8 公分

材 料

塞入式ㄇ形木架口金框＊外徑寬 20×腳長 6.8
公分，內徑寬 16.7×腳長 6 公分（1 組）

外布＊寬 75×長 20 公分（1 片）

裡布＊寬 75×長 36 公分（1 片

薄夾棉＊寬 30×長 32 公分（1 片）

主 要 工 具

縫紉機或者手縫針、線

白膠適量、一字螺、熨斗、燙板

做 法

❶ **貼薄夾棉：**參照 p.44 貼夾棉，在兩片
裡布袋身片反面燙貼薄夾棉。

❷ **縮縫袋身片袋口：**按紙型標記，將袋
口處縮縫至總長 12.6 公分，和裡布相
對位置（袋口）同寬。

❸ **縫合袋身：**分別將裡、外袋身片縫成
袋型，裡袋底部預留返口，將外袋正
面朝外，裡袋正面朝內，兩袋互套，
然後從袋口處縫合兩袋。

❹ **安裝口金框：**參照 p.50 塞入式口金（布
料），組合口金框與袋身，木架口金
框不必使用紙繩填塞，只要以螺絲釘
定點固定即可。最後參照 p.43 以藏針
縫將內裡返口收尾，大功告成囉！

做 法 流 程

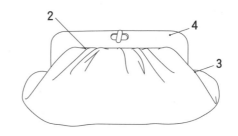

排 版 方 式

外布

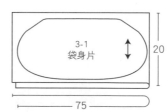

3-1
袋身片

20

75

薄夾棉

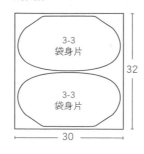

3-3
袋身片

3-3
袋身片

32

30

裡布

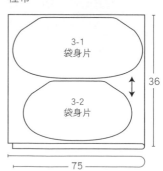

3-1
袋身片

3-2
袋身片

36

75

單位/公分

②縮縫袋身片袋口

將袋口處縮縫至總長12.6
公分，和裡布袋口同寬。

縮縫至12.6公分

袋身片/外布
（正面）

＊兩片外袋身片做法相同

③縫合袋身

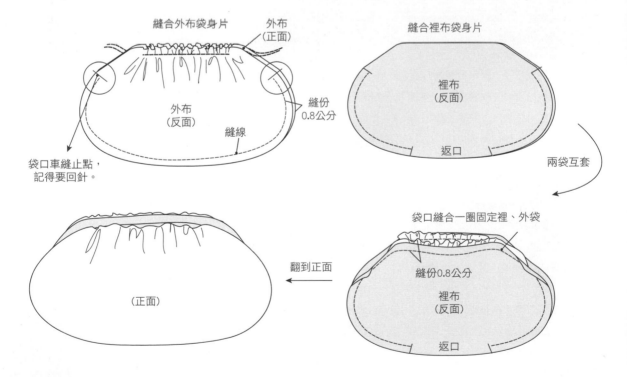

縫合外布袋身片

外布
（正面）

縫合裡布袋身片

裡布
（反面）

返口

外布
（反面）

縫份
0.8公分

縫線

袋口車縫止點，
記得要回針。

兩袋互套

袋口縫合一圈固定裡、外袋

翻到正面

（正面）

縫份0.8公分

裡布
（反面）

返口

Checks Wood Frame Cosmetic Bag
格紋木架化妝包

成 品 尺 寸

寬 25× 高 16× 厚 10 公分

主 要 工 具

縫紉機或者手縫針、線
白膠適量、美工刀、一字螺
固定釦安裝工具（直徑 0.6 公分）
丸斬（直徑 0.3 公分）
熨斗、燙板、木槌、膠板

材 料

ㄇ形木架口金框＊外徑寬 19.8× 腳
長 8 公分，內徑寬 18× 腳長 7.5
公分（1 組）
外布＊寬 70× 長 22 公分（1 片）
裡布＊寬 70× 長 40 公分（1 片）
牛革＊寬 68× 長 10× 厚度 0.15～
0.18 公分（1 片）
牛津襯＊寬 66× 長 20 公分（1 片）
銅拉鍊＊長 15 公分（1 條）
固定釦＊直徑 0.6 公分（12 組）

做 法 流 程

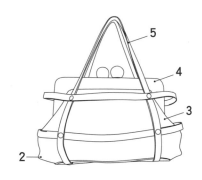

做 法

❶ **貼牛津襯：** 參照 p.45 貼布襯，在兩片外布袋身片
反面燙貼牛津襯。

❷ **固定袋底褶子、製作拉鍊內口袋：** 參照 p.234「格
紋Ｍ形口金包」的做法❷製作袋底褶子；參照 p.243
「花草印花提包」的做法❷製作拉鍊內口袋。

❸ **縫合袋身：** 做法同 p.234「格紋Ｍ形口金包」的做
法❸。

❹ **安裝口金框：** 參照 p.50 塞入式口金，組合口金框
與袋身，木架口金框不必使用紙繩填塞，只要以螺
絲定點固定即可，然後參照 p.43 以藏針縫將內裡
返口收尾。

❺ **製作皮革提籃：** 將兩條提籃邊條頭、尾重疊 1 公
分，用固定釦固定、相接。在提籃底片上使用美工
刀割出四道水平孔位，寬度為 1.4 公分，將剩下兩
條提籃邊條穿過底片孔位，重疊 1 公分並以固定釦
固定。如步驟圖標示尺寸，將重疊的邊條以固定釦
固定，大功告成囉！

排 版 方 式

外布

5-1
袋身片

22

70

裡布

5-1
袋身片

5-3
內袋片

40

70

牛津襯

5-2
袋身片

20

66

牛革

5-5 提籃底片

5-4 提籃邊條

10

68

單位/公分

⑤製作皮革提籃

用刀片割出四道1.4公分的孔位

1.4公分　　　　使用0.3丸斬打洞備用

固定兩條提籃邊條

邊條尺寸為寬1×長66公分

（反面）

（正面）

重疊份量
1公分

提籃底片
（反面）

使用丸斬0.3公分打洞後，再安裝固定釦固定皮片。

剩下兩條邊條與底片固定

提籃底片
（反面）

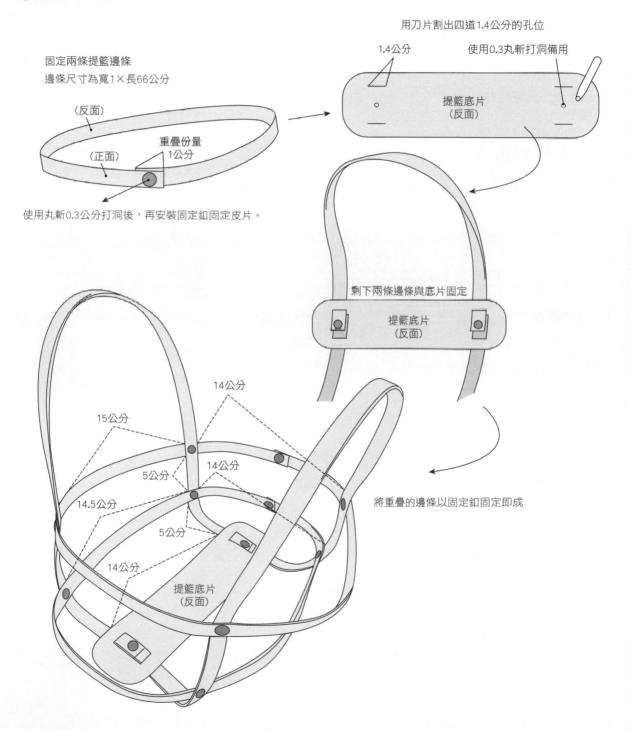

14公分

15公分

14公分

5公分

14.5公分

5公分

14公分

提籃底片
（反面）

將重疊的邊條以固定釦固定即成

紙型檔名 no.66

Woolens Plastic Shoulder Ba

毛料塑膠框肩背包

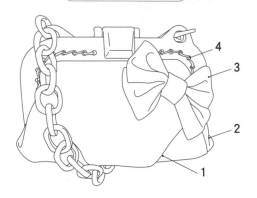

成 品 尺 寸

寬 22.5× 高 15.5× 厚 8 公分

材 料

手縫式ㄇ形塑膠口金框＊外徑寬 20× 腳長 9 公分，

內徑寬 17.5× 腳長 7.5 公分（1 組）

外布＊寬 45× 長 45 公分（1 片）

裡布＊寬 32× 長 45 公分（1 片）

別針＊寬 2 公分（1 組）

仿皮繩＊粗 0.2× 長 50 公分（4 條）

主 要 工 具

縫紉機或者手縫針、線

做 法

❶ **固定袋底褶子**：按紙型標記，將裡、外袋身片的袋底褶子縫合固定備用。

❷ **縫合袋身**：做法同 p.234「格紋Ｍ形口金包」的做法❸。

❸ **製作蝴蝶結裝飾**：將兩片蝴蝶結片正面相對，反面對摺後縫合，並從返口翻到正面，蝴蝶結心長邊往反面對摺，短邊在對摺後縫合成圈狀，兩面蝴蝶結套入蝴蝶結心，整理對稱，縫上別針即可。

❹ **安裝口金框**：先用仿皮繩以平針縫來回穿入孔位、裝飾膠框後，再參照 p.48 手縫式口金（布料），以手縫方式將袋身和口金縫合，然後參照 p.43 將裡袋返口以藏針縫縫合，大功告成囉！

排 版 方 式

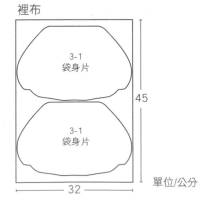

外布

> 3-1
> 袋身片
>
> 3-2
> 蝴蝶結
>
> 3-1
> 袋身片
>
> 3-2
> 蝴蝶結
>
> 3-3
> 蝴蝶結心
>
> 45
> 45

裡布

> 3-1
> 袋身片
>
> 3-1
> 袋身片
>
> 45
> 32

單位/公分

③製作蝴蝶結裝飾

從反面縫合蝴蝶結片

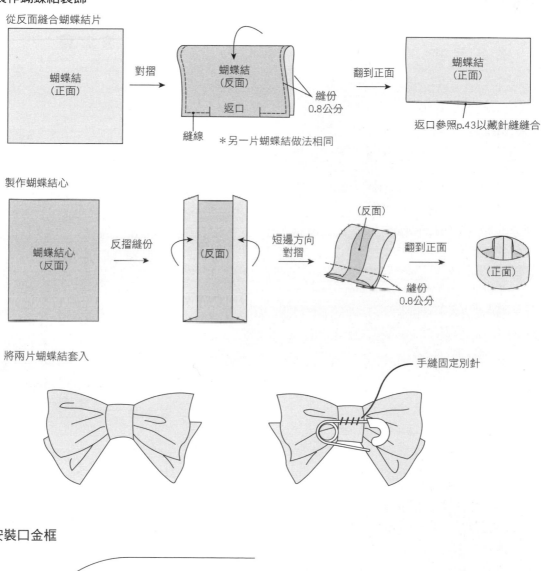

蝴蝶結
（正面）

→ 對摺 →

蝴蝶結
（反面）

返口

縫線

縫份
0.8公分

＊另一片蝴蝶結做法相同

→ 翻到正面 →

蝴蝶結
（正面）

返口參照p.43以藏針縫縫合

製作蝴蝶結心

蝴蝶結心
（反面）

→ 反摺縫份 →

（反面）

→ 短邊方向
對摺 →

（反面）

縫份
0.8公分

→ 翻到正面 →

（正面）

將兩片蝴蝶結套入

手縫固定別針

④安裝口金框

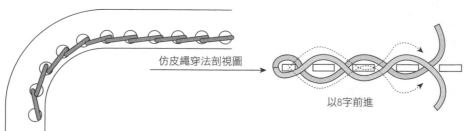

仿皮繩穿法剖視圖 →

以8字前進

Geometry Plastic Clutch Bag

幾何塑膠框手拿包

紙型檔名 no.67

參照 p.45
參照 p.243
同 p.236
參照 p.43

成品尺寸

寬 24× 高 14× 厚 3 公分

材　　料

ㄇ形塑膠口金框＊外徑寬 21.5× 腳長 6 公分，
內徑寬 20× 腳長 5.7 公分（1 組）
外布＊寬 38× 長 32 公分（1 片）
裡布＊寬 48× 長 37 公分（1 片）
牛津襯＊寬 28× 長 30 公分（1 片）
銅拉鍊＊長 15 公分（1 條）
問號鉤＊寬 2 公分（1 組）
D 形環＊寬 2 公分（1 組）

主 要 工 具

縫紉機或者手縫針、線
白膠適量、熨斗、燙板
螺絲起子（尺寸對應口金所附螺絲直徑）

做　　法

❶ **貼牛津襯：**參照 p.45 貼布襯，在外布袋身片反面燙貼牛津襯。

❷ **製作拉鍊內口袋：**參照 p.243「花草印花提包」的做法❷製作拉鍊內口袋。

❸ **縫合袋身：**做法同 p.236「毛織布木框手拿包」的做法❷。

❹ **製作 D 環耳與腕帶：**D 環耳長邊布邊反摺後縫合固定，套上 D 形環對摺，按紙型位置標記，固定在袋身片上，腕帶布片長邊往中心對摺兩次後以縫線固定，穿入問號鉤後反摺布邊縫份 0.8 公分，縫合固定。

❺ **安裝口金框：**參照 p.43 以藏針縫將袋口的返口縫合，使用白膠貼合袋口與膠框，再用螺絲固定，大功告成囉！

做 法 流 程

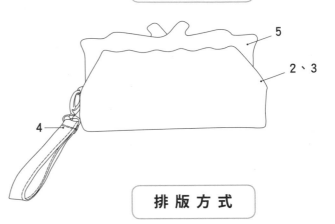

排 版 方 式

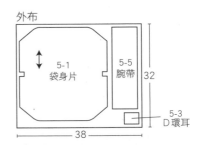

外布

5-1 袋身片

5-5 腕帶

5-3 D 環耳

32

38

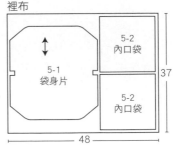

裡布

5-1 袋身片

5-2 內口袋

5-2 內口袋

37

48

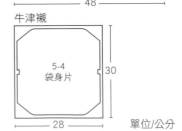

牛津襯

5-4 袋身片

30

28

單位/公分

④製作D環耳與腕帶

製作D環耳

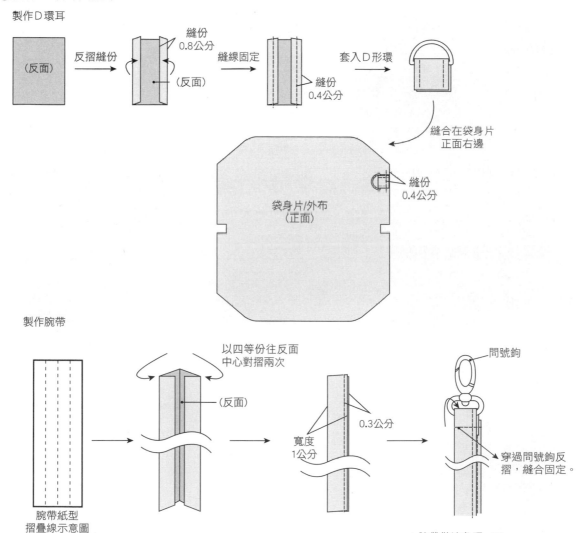

縫份
0.8公分

（反面）

反摺縫份

（反面）

縫線固定

縫份
0.4公分

套入D形環

縫合在袋身片
正面右邊

袋身片/外布
（正面）

縫份
0.4公分

製作腕帶

以四等份往反面
中心對摺兩次

（反面）

寬度
1公分

0.3公分

問號鉤

穿過問號鉤反
摺，縫合固定。

腕帶紙型
摺疊線示意圖

＊腕帶做法參照p.35

Shell Frame Clutch Bag
貝殼手拿包

成品尺寸

寬 24× 高 20.5 公分

材　　料

手縫式雕花弧形口金框＊內徑寬 12 公分（1 組）

羊革 A ＊寬 32× 長 45× 厚 0.08 ～ 0.14 公分
（1 片）

羊革 B ＊寬 2.5× 長 50× 厚 0.08 ～ 0.14 公分
（1 片）

裡布＊寬 52× 長 22 公分（1 片）

棉繩＊粗 0.3× 長 52 公分（1 條）

主 要 工 具

縫紉機或者手縫針、線
強力膠適量

做　　法

❶ **製作袋口褶子**：按照紙型褶子標記摺疊褶子，並且縫合固定褶子。

❷ **製作與固定芽條**：在芽條包布反面塗一層強力膠，將棉繩置於中心，將芽條包布對摺包覆，頭、尾用剪刀修斜，然後沿著單片羊革袋身片邊緣，以強力膠貼合固定。

❸ **縫合袋身片**：做法同 p.146「水玉織花口金包」的做法❸。縫合時，留意芽條一定要貼齊布邊。

❹ **安裝口金框**：鬆開螺絲取下口金框內部金屬框，再將袋口對齊口金框，並將口金框內部的金屬片疊上，然後使用螺絲固定袋口與金屬片，大功告成囉！

排 版 方 式

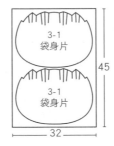

羊革A

3-1
袋身片

3-1
袋身片

32

45

裡布

3-2
袋身片

3-2
袋身片

52

22

羊革B

3-3 芽條包布

50

2.5

單位/公分

做 法 流 程

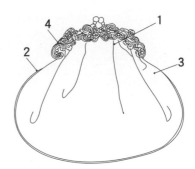

4　　1
2　　　　3

小叮嚀

這個包包可以使用縫紉機縫合，如果沒有皮手縫工具，亦可使用錐子先穿出線孔後再縫合。

①製作袋口褶子

袋身片/羊革A

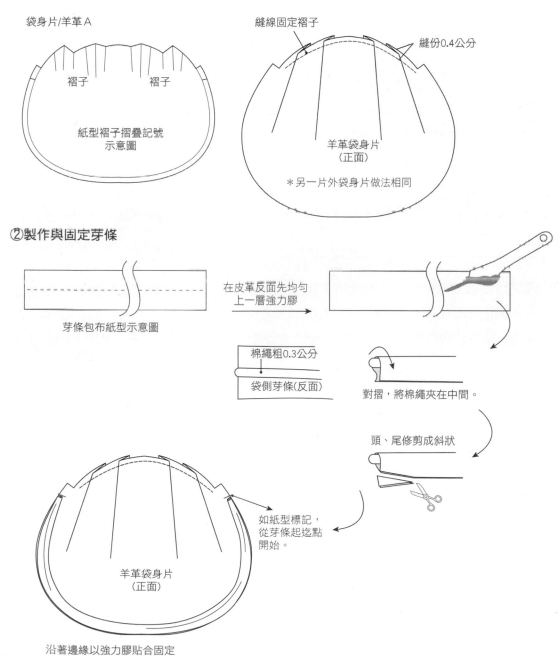

褶子　　　褶子

紙型褶子摺疊記號
示意圖

縫線固定褶子

縫份0.4公分

羊革袋身片
（正面）

＊另一片外袋身片做法相同

②製作與固定芽條

芽條包布紙型示意圖

在皮革反面先均勻
上一層強力膠

棉繩粗0.3公分

袋側芽條(反面)

對摺，將棉繩夾在中間。

頭、尾修剪成斜狀

如紙型標記，
從芽條起迄點
開始。

羊革袋身片
（正面）

沿著邊緣以強力膠貼合固定

Flower Metal Frame Shoulder Bag
甜美花框肩背包

紙型檔名
no.69

成 品 尺 寸

寬 21× 高 14.5× 厚 6.5 公分

材 料

塞入式雕花ㄇ形口金框＊寬 14.5× 腳長 6 公分（1 組，

附左右肩鍊耳為佳）

羊革＊寬 47× 長 40× 厚 0.12～0.15 公分（1 片）

裡布＊寬 46× 長 36 公分（1 片）

金屬肩鍊＊粗 0.4× 長 30 公分（2 條）

D 形環＊寬 2 公分（2 組）

小問號鉤＊寬 0.6× 高 2 公分（2 組）

固定釦＊直徑 0.6 公分（2 組）

C 形圈＊直徑 0.4 公分（2 組）

主 要 工 具

縫紉機或者手縫針　　　強力膠、手縫蠟線適量

丸斬（直徑 0.3 公分）　木槌、膠板

單孔菱斬　　　　　　　固定釦安裝工具（直徑 0.6 公分）

做 法

❶ **固定荷葉片**：按紙型標記，使用菱斬在羊革袋身片、荷葉片上打
　出縫合荷葉的線孔，並將袋身片上的線孔對應荷葉片上的線孔，
　使用縫皮專用拉線縫合固定。

❷ **縫合袋身片**：做法同 p.185「小花苞零錢包」的做法❶、做法❷。

❸ **安裝口金框**：參照 p.50 塞入式口金，組合口金框與袋身，並參照
　p.43 將內裡返口以藏針縫收尾。

❹ **製作肩背帶**：按照紙型摺疊虛線，將提把皮片長端兩布邊往反面
　中心摺疊，縫一條線固定，兩端套上 D 形環，使用固定釦固定後，
　再用 C 形圈連結金屬肩鍊其中一端，剩下的另一端金屬肩鍊則釦
　上問號鉤，大功告成囉！

排 版 方 式

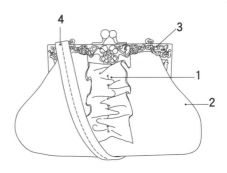

4
3
1
2

做 法 流 程

羊革

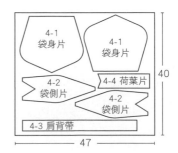

4-1 袋身片
4-1 袋身片
4-2 袋側片
4-4 荷葉片
4-2 袋側片
4-3 肩背帶

40

47

裡布

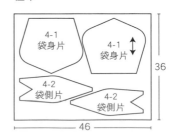

4-1 袋身片
4-1 袋身片
4-2 袋側片
4-2 袋側片

36

46

單位/公分

①固定荷葉片

按紙型標記，在皮片上打線孔。

將兩片以手縫蠟線固定

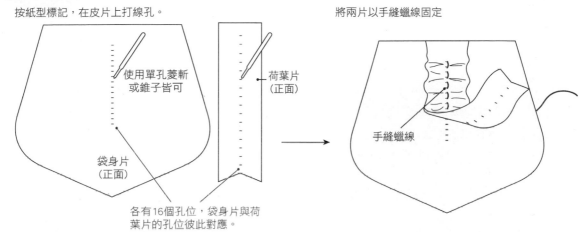

使用單孔菱斬
或錐子皆可

荷葉片
（正面）

袋身片
（正面）

手縫蠟線

各有16個孔位，袋身片與荷
葉片的孔位彼此對應。

②製作肩背帶

C形圈　　小問號鉤　　D形環

肩背帶紙型摺線標記示意圖

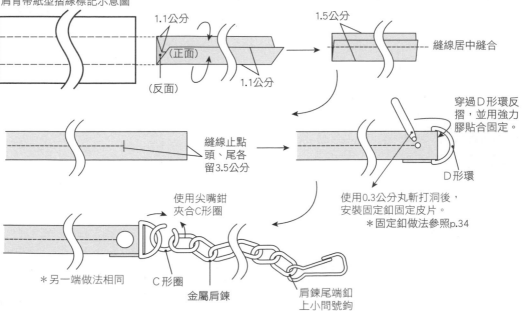

1.1公分

（正面）

（反面）

1.1公分

1.5公分

縫線居中縫合

穿過D形環反
摺，並用強力
膠貼合固定。

縫線止點
頭、尾各
留3.5公分

D形環

使用0.3公分丸斬打洞後，
安裝固定釦固定皮片。
＊固定釦做法參照p.34

使用尖嘴鉗
夾合C形圈

＊另一端做法相同　　C形圈

金屬肩鍊

肩鍊尾端釦
上小問號鉤

Flower Metal Frame Square Bag

花框流蘇方包

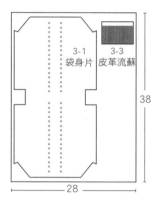
紙型檔名
no.70

成品尺寸

寬 13× 高 16.5× 厚 5 公分

材　　料

手縫式雕花弧形口金框＊外徑寬 13× 腳長 6 公分內
徑寬 11.5× 腳長 4.3 公分（1 組，附左右肩鍊耳為佳）
牛革＊寬 28× 長 38× 厚 0.12～0.15 公分（1 片）
裡布＊寬 20× 長 40 公分（1 片）
牛皮繩＊寬 0.3× 長 20× 厚 0.15 公分（4 條）
仿皮繩＊粗 0.2× 長 18 公分（1 條）

主要工具

縫紉機或者手縫針、蠟線
丸斬（直徑 0.3 公分）
強力膠適量、木槌、膠板
手縫蠟線適量

做　　法

❶ **縫製牛皮繩裝飾**：按紙型相對位置，在袋身片上先使用直徑 0.3
公分的丸斬打洞，皮繩穿過後，頭、尾貼合固定在袋身片反面。

❷ **縫合袋身片**：做法同 p.140「筷子袋」的做法❶。

❸ **安裝口金框**：參照 p.49 手縫式口金（皮革），組合口金框與
袋身，並參照 p.43 將內裡返口以藏針縫收尾。

❹ **製作皮革流蘇**：剪一段粗 0.2× 長 18 公分的仿皮繩，穿過口
金框上的肩鍊耳後打結固定，沾一點強力膠，將裁剪好的皮片
上端均勻上一層強力膠後，捲緊剛剛打結的仿皮繩，最後用手
縫蠟線捆緊就大功告成囉！

排版方式

牛革

裡布

3-1
袋身片

3-3
皮革流蘇

3-2
袋身片

38

40

28

20

單位/公分

做法流程

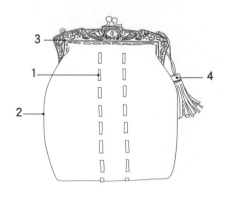

3

1

2

4

①縫製牛皮繩裝飾

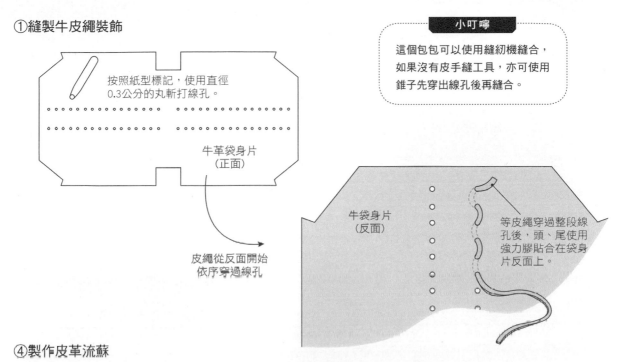

按照紙型標記，使用直徑0.3公分的丸斬打線孔。

牛革袋身片
（正面）

皮繩從反面開始依序穿過線孔

牛袋身片
（反面）

等皮繩穿過整段線孔後，頭、尾使用強力膠貼合在袋身片反面上。

④製作皮革流蘇

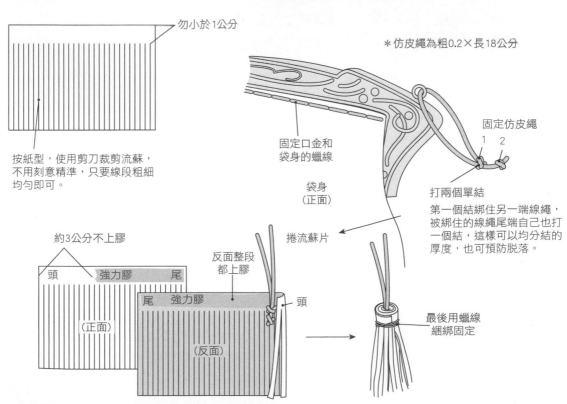

勿小於1公分

按紙型，使用剪刀裁剪流蘇，不用刻意精準，只要線段粗細均勻即可。

＊仿皮繩為粗0.2×長18公分

固定口金和袋身的蠟線

袋身
（正面）

固定仿皮繩
1　2

打兩個單結
第一個結綁住另一端線繩，被綁住的線繩尾端自己也打一個結，這樣可以均分結的厚度，也可預防脫落。

捲流蘇片

約3公分不上膠

頭　強力膠　尾

（正面）

反面整段都上膠

尾　強力膠

（反面）

頭

最後用蠟線細綁固定

Black Leather Shoulder Bag
黑革側肩背包

紙型檔名
no.71

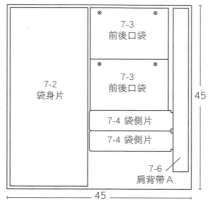

成品尺寸

寬 19× 高 16× 厚 5 公分

材　　料

一字形口金 * 寬 19 公分（1 組）

皮革 * 寬 45× 長 45× 厚 0.15 ～ 0.18
公分（1 片）寬 3.7× 長 80× 厚 0.12 ～
0.15 公分（1 片）

裡布 * 寬 27× 長 45 公分（1 片）

雞眼 * 直徑 1.7 公分（4 組）

固定釦 * 直徑 0.6 公分（4 組）

問號鉤 * 寬 1.5 公分（2 組）

皮帶頭 * 寬 1 公分（1 組）

排版方式

皮革

7-2 袋身片

7-3 前後口袋

7-3 前後口袋

7-4 袋側片

7-4 袋側片

7-6 肩背帶A

45

45

裡布

7-1 袋身片

7-5 袋側片

7-5 袋側片

45

27

皮革

7-7 肩背帶B

80

3.7

單位/公分

主要工具

丸斬（直徑 1 公分）

雞眼安裝工具（直徑 1.7 公分）

固定釦安裝工具（直徑 0.6 公分）

尖嘴鉗、木槌、膠板

強力膠、手縫蠟線適量

螺絲起子（尺寸符合塑膠框所附螺絲釘直徑）

四孔菱斬、單孔菱斬

做法流程

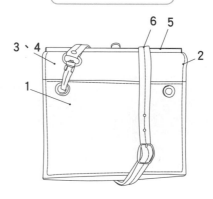

6　5

3、4

1

2

小叮嚀

此包較適合用皮革手縫方式完成。

做　　法

❶ **製作前後口袋**：將「前後口袋片」袋口處先縫一道裝飾線，
安裝雞眼，袋底對齊「底摺線」縫合固定在袋身片上。

❷ **製作外袋**：將皮革袋身片與袋側片縫合成袋型。

❸ **製作內袋**：將裡布袋身片、袋側片縫合成袋型。

❹ **組合袋身**：將裡袋正面朝內，套入正面朝外的皮革外袋中，袋口對齊後縫合。

❺ **安裝口金框**：使用丸斬打出安裝口金所需的螺絲釘及釦頭的孔位，安裝口金框。

❻ **製作肩背帶**：按照紙型摺疊虛線，分別將肩背帶A、B片長端兩布邊往反面中心摺疊，縫一條線固定，單邊
安裝問號鉤，肩背帶A另一端安裝皮帶頭與固定環，肩背帶B則用0.3公分丸斬打出皮帶孔位，大功告成囉！

①製作前後口袋

先在袋口縫一道裝飾線
＊皮革縫法參照p.28

按紙型位置標記，使用1公分丸斬在皮面打洞，然後安裝雞眼（參照p.33）。

對齊紙型標示的「底摺線」位置

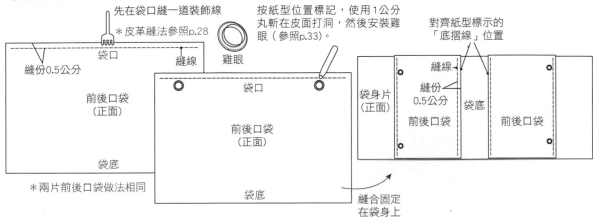

袋口
縫線
雞眼

縫份0.5公分

前後口袋
（正面）

袋底

前後口袋
（正面）

袋口

袋底

＊兩片前後口袋做法相同

袋身片
（正面）

縫線
縫份
0.5公分

袋底

前後口袋

前後口袋

縫合固定在袋身上

②製作外袋

照紙型標記，袋身、袋側片縫合起、迄點。

在反面貼合處塗強力膠，將袋身片與袋側片貼合後，從正面使用菱斬打線孔後縫合。

＊皮革縫法參照p.28

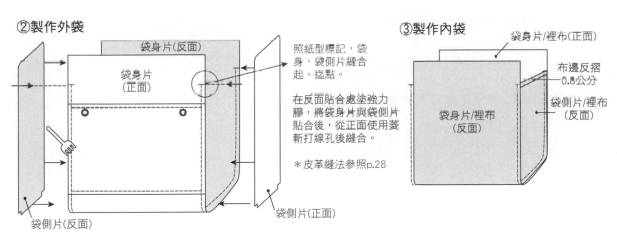

袋身片（反面）

袋身片
（正面）

袋側片（反面）

袋側片（正面）

③製作內袋

袋身片/裡布（正面）

布邊反摺
0.8公分

袋側片/裡布
（反面）

袋身片/裡布
（反面）

④組合袋身

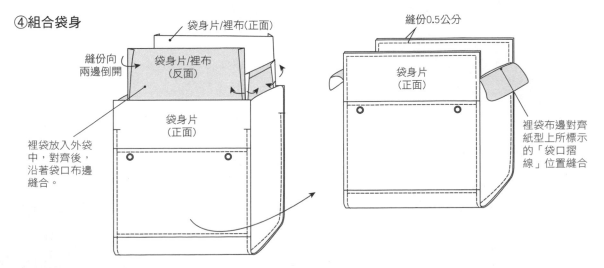

袋身片/裡布（正面）

縫份向兩邊倒開

袋身片/裡布
（反面）

袋身片
（正面）

裡袋放入外袋中，對齊後，沿著袋口布邊縫合。

縫份0.5公分

袋身片
（正面）

裡袋布邊對齊紙型上所標示的「袋口摺線」位置縫合

⑤安裝口金框

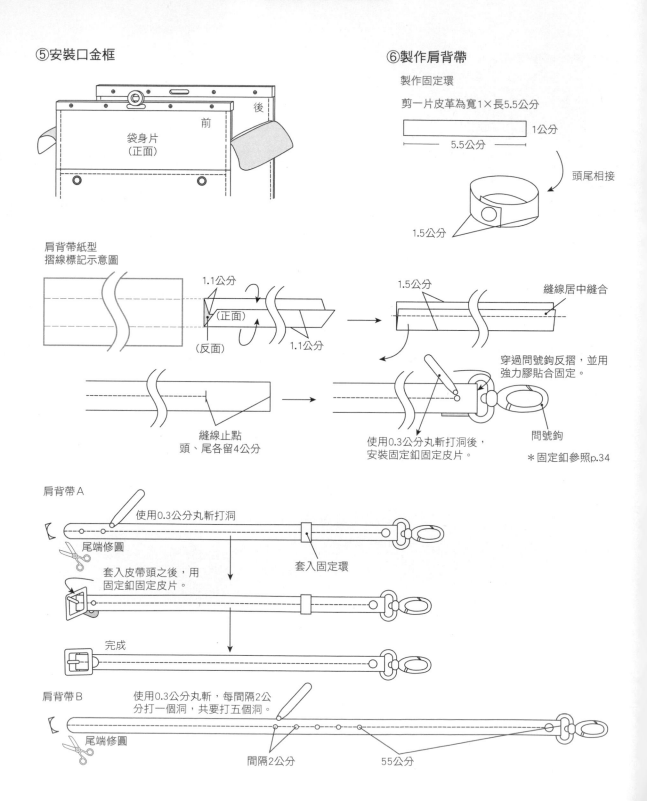

後

前

袋身片
（正面）

⑥製作肩背帶

製作固定環

剪一片皮革為寬1×長5.5公分

1公分

5.5公分

頭尾相接

1.5公分

肩背帶紙型
摺線標記示意圖

1.1公分

（正面）

（反面）

1.1公分

1.5公分

縫線居中縫合

穿過問號鉤反摺，並用
強力膠貼合固定。

縫線止點
頭、尾各留4公分

使用0.3公分丸斬打洞後，
安裝固定釦固定皮片。

問號鉤

＊固定釦參照p.34

肩背帶A

使用0.3公分丸斬打洞

尾端修圓

套入皮帶頭之後，用
固定釦固定皮片。

套入固定環

完成

肩背帶B

使用0.3公分丸斬，每間隔2公
分打一個洞，共要打五個洞。

尾端修圓

間隔2公分

55公分

Cameral Leather Bag
皮革相機包

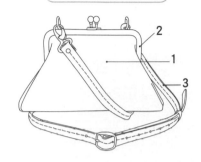

做 法 流 程

成 品 尺 寸

寬 21.5× 高 13× 厚 10 公分

材　　料

塞入式ㄇ形口金框＊寬 15.5× 腳長 10 公分（1 組，附左右肩鍊耳）

羊革＊寬 48× 長 37× 厚 0.12 ～ 0.15 公分（1 片）

寬 3.7× 長 80× 厚 0.08 ～ 0.14 公分（1 片）

裡布＊寬 48× 長 33 公分（1 片）

D 形環＊寬 2 公分（2 組）

小問號鉤＊寬 0.6× 高 2 公分（2 組）

固定釦＊直徑 0.6 公分（4 組）

問號鉤＊寬 1.5 公分（2 組）

皮帶頭＊寬 1 公分（1 組）

紙繩＊粗 0.3× 長 35 公分（2 條）

排 版 方 式

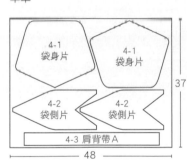

羊革

羊革
4-4 肩背帶 B

主 要 工 具

縫紉機或者手縫針、線

丸斬（直徑 0.3 公分）、一字鉗或口金鉗

固定釦安裝工具（直徑 0.6 公分）

強力膠適量、木槌、膠板

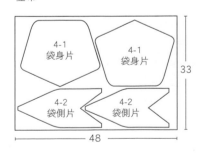

裡布

單位/公分

做　　法

❶ **縫合袋身片：**做法同 p.185「小花苞零錢包」的做法❶和❷。

❷ **安裝口金框：**參照 p.50 塞入式口金，組合口金框與袋身，並參照 p.43 將內裡返口以藏針縫收尾。

❸ **製作肩背帶：**做法同 p.266「黑革側肩背包」的做法❻，大功告成囉！

Double Frame Clutch Bag
雙層口金手拿包

排 版 方 式

成 品 尺 寸

寬 24× 高 12× 厚 5 公分

材　　　料

塞入式∩形口金框＊寬 20× 腳長 6.5 公分（大的 1 組）寬 15× 腳長 6.5 公分（小的 1 組）

羊革＊寬 47× 長 29× 厚 0.12～0.15 公分（1 片）

裡布＊寬 70× 長 38 公分（1 片）

紙繩＊粗 0.3× 長 30 公分（2 條）粗 0.3× 長 25 公分（2 條）

主 要 工 具

縫紉機、線
白膠適量、一字螺或口金鉗

做 法 流 程

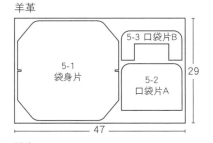

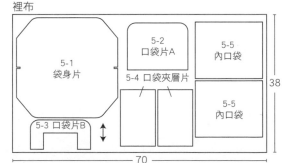

做　　　法

❶ **製作口袋夾層片**：將兩片口袋夾層片對摺後縫合，從返口翻到正面備用。

❷ **縫合口袋片A裡、外布**：口袋片A裡、外布正面相對，在反面縫合後，從預留的返口翻到正面，按紙型標記，將口袋夾層片放置在兩側並對齊，在距離邊緣 0.2 公分處，沿著邊緣縫線固定夾層片與縫份。

❸ **縫合口袋片B**：口袋片B裡、外片正面相對，從反面縫合，反面縫合後從預留的返口翻到正面，在距離邊緣 0.2 公分處，沿著邊緣再縫一次固定內部縫份。

❹ **固定口袋片A、B**：按紙型標記，依序將口袋片B、口袋片A縫合固定在前袋身片上。

❺ **製作、固定內口袋**：將內口袋正面朝內對摺後縫合，從返口翻到正面，按紙型內口袋位置標記，分別縫合固定在裡布袋身片上。圖解可參照 p.236「毛織布木框手拿包」的做法❶。

❻ **縫合袋身**：做法同 p.236「毛織布木框手拿包」的做法❷。

❼ **安裝口金框**：參照 p.51 塞入式口金（皮革），組合口金框與袋身，並參照 p.43 將內裡返口以藏針縫收尾，大功告成囉！

①製作口袋夾層片

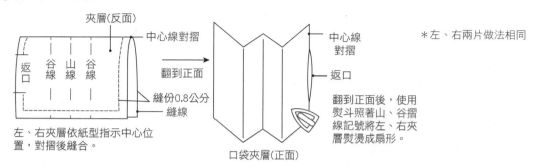

夾層(反面)
中心線對摺
翻到正面
返口
谷線
山線
谷線
縫份0.8公分
縫線
中心線對摺
返口

＊左、右兩片做法相同

左、右夾層依紙型指示中心位置，對摺後縫合。

口袋夾層(正面)

翻到正面後，使用熨斗照著山、谷摺線記號將左、右夾層熨燙成扇形。

②縫合口袋片A裡、外布

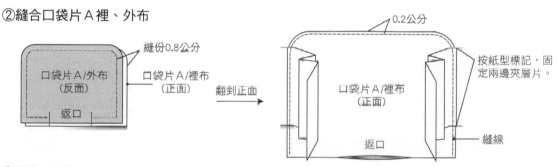

口袋片A/外布（反面）
縫份0.8公分
口袋片A/裡布（正面）
返口
翻到正面
0.2公分
口袋片A/裡布（正面）
返口
按紙型標記，固定兩邊夾層片。
縫線

③縫合口袋片B

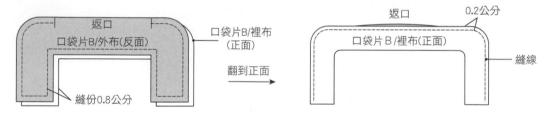

返口
口袋片B/外布（反面）
口袋片B/裡布（正面）
翻到正面
縫份0.8公分
返口
0.2公分
口袋片B/裡布（正面）
縫線

④固定口袋片A、B

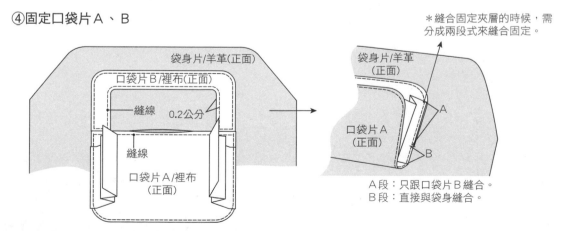

＊縫合固定夾層的時候，需分成兩段式來縫合固定。

袋身片/羊革(正面)
口袋片B/裡布(正面)
縫線
0.2公分
縫線
口袋片A/裡布（正面）

袋身片/羊革（正面）
A
口袋片A（正面）
B

A段：只跟口袋片B縫合。
B段：直接與袋身縫合。

Leather Doctor Shoulder Frame Bag

皮製醫生肩背包

成品尺寸

寬 25× 高 17× 厚 14 公分

材　　料

醫生口金框＊寬度 19× 腳長 7.5 公分，口金框片寬 2× 厚 0.12 公分（1 組）

醫生框固定軸螺絲釦＊直徑 1.2× 腳長 1.5 公分（2 組）

提把用螺絲釦＊直徑 1× 腳長 0.8 公分（4 組）

牛革＊寬 60× 長 60× 厚 0.15～0.18 公分（1 片）

厚帆布＊寬 65× 長 40 公分（1 片）

水桶釘＊直徑 1.2 公分（4 組）

方形環＊內徑 2 公分（2 組）

D 形環＊內徑 2 公分、1.5 公分（各 2 組）

固定釦＊直徑 0.8 公分（4 組）、直徑 0.6 公分（2 組）

皮帶頭＊內徑寬度 2.5 公分（1 組）

金屬鍊條＊粗約 0.5× 長 40 公分（頭、尾有附問號鉤頭，2 條）

超薄磁釦＊ 1.4 公分（1 組）

主要工具

縫紉機（縫合內裡袋）

四孔菱斬、單孔菱斬、刮刀

木槌、膠板、剪刀

雙面膠（寬 1.8 公分）適量

皮革用蠟線、強力膠適量

固定釦安裝工具（直徑 0.8 公分）

丸斬（直徑 0.5、0.3 公分）

做　　法

❶ **預先縫製手握把、釦耳、肩帶**：將手握把 B 套上方環貼合，然後與手握把 A 貼合、縫合。釦耳 A、B 背面相對貼合，肩帶 A、B 反面相對貼合，兩端套上內徑 1.5 公分的 D 形環，並以固定釦固定。

❷ **縫合帆布內裡袋身**：將內裡帆布縫上口袋，並且縫成袋型。

❸ **預先處理袋口線孔**：將雙面膠靠齊水平虛線貼黏後對摺，在距離邊緣 0.4 公分處，以菱斬預先打出一排線孔，線孔打完後再去除雙面膠。

❹ **安裝持手、釦耳、袋底片、手握把、D 形環、磁釦母釦**：在外袋身未縫成袋型前，先將各處零件、五金都依照紙型標記安裝縫合、固定。

❺ **縫合皮革袋身片兩側、袋底兩側**：將袋身片反面相對，前片兩側邊緣先塗薄膠，再和後片兩側對齊貼合，以菱斬沿著邊緣 0.4 公分打一排線孔，撕開剛剛貼合的部位，讓前片疊在後片且線孔對齊，再以膠貼牢後縫合固定。袋底兩側則從反面

沿著邊緣 0.5 公分縫合，將皮革袋翻到正面。

❻ **縫合固定內裡袋**：皮革外袋袋口兩側 U 形處，先以菱斬沿著邊緣 0.4 公分打一排線孔，將帆布 U 形布邊反摺 0.5 公分，與皮革 U 形處對齊，縫合固定。

❼ **縫合袋口、安裝口金框**：在預先打線孔的袋口處均勻塗抹一層強力膠，對應的口金框也要薄塗一層膠，確認線孔都有對齊，由中心線為起針點，往兩側縫合，縫到兩側再補膠貼合，並用指甲壓出口金框輪廓，以菱斬沿著輪廓打線孔並縫合。

❽ **用螺絲釦固定口金框和手握把**：最後使用 1 公分的螺絲釦金固定手握把 C 片，1.2 公分的螺絲釦固定口金兩端即可。

❾ **固定磁釦公片**：調整袋型後闔上袋口，依照實際袋身上的母釦位置，丈量磁釦耳上的公片安裝位置，裝上磁釦，反面均勻塗上強力膠對貼磁釦耳，大功告成囉！

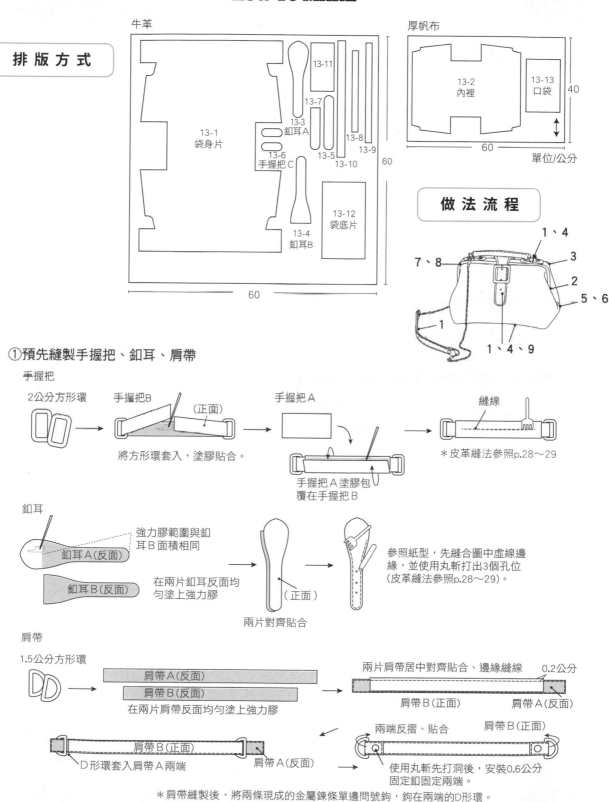

排版方式

牛革

13-11
13-7
13-3 釦耳A
13-1 袋身片
13-6 手握把C
13-5
13-10
13-8
13-9
13-4 釦耳B
13-12 袋底片

60
60

厚帆布

13-2 內裡
13-13 口袋
40
60
單位/公分

做法流程

1、4
3
7、8
2
5、6
1
1、4、9

①預先縫製手握把、釦耳、肩帶

手握把

2公分方形環 → 手握把B（正面）
將方形環套入，塗膠貼合。

手握把A
手握把A塗膠包覆在手握把B

縫線
*皮革縫法參照p.28〜29

釦耳

強力膠範圍與釦耳B面積相同
釦耳A（反面）
釦耳B（反面）
在兩片釦耳反面均勻塗上強力膠

（正面）
兩片對齊貼合

參照紙型，先縫合圖中虛線邊緣，並使用丸斬打出3個孔位（皮革縫法參照p.28〜29）。

肩帶

1.5公分方形環 →
肩帶A（反面）
肩帶B（反面）
在兩片肩帶反面均勻塗上強力膠

兩片肩帶居中對齊貼合、邊緣縫線 0.2公分
肩帶B（正面）
肩帶A（反面）

兩端反摺、貼合
肩帶B（正面）
使用丸斬先打洞後，安裝0.6公分固定釦固定兩端。

肩帶B（正面）
D形環套入肩帶A兩端
肩帶A（反面）

*肩帶縫製後，將兩條現成的金屬鍊條單邊問號鉤，鉤在兩端的D形環。

②縫合帆布內裡袋身

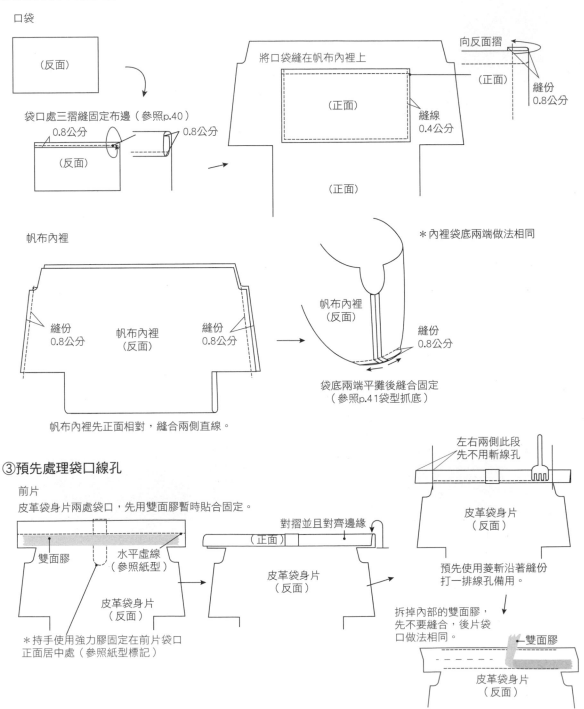

口袋

（反面）

袋口處三摺縫固定布邊（參照p.40）

0.8公分　　　　　0.8公分

（反面）

將口袋縫在帆布內裡上

（正面）

（正面）

向反面摺

（正面）

縫份
0.8公分

縫線
0.4公分

帆布內裡

縫份
0.8公分

帆布內裡
（反面）

縫份
0.8公分

帆布內裡先正面相對，縫合兩側直線。

＊內裡袋底兩端做法相同

帆布內裡
（反面）

縫份
0.8公分

袋底兩端平攤後縫合固定
（參照p.41袋型抓底）

③預先處理袋口線孔

前片
皮革袋身片兩處袋口，先用雙面膠暫時貼合固定。

雙面膠

水平虛線
（參照紙型）

皮革袋身片
（反面）

＊持手使用強力膠固定在前片袋口
正面居中處（參照紙型標記）

對摺並且對齊邊緣

（正面）

皮革袋身片
（反面）

左右兩側此段
先不用斬線孔

皮革袋身片
（反面）

預先使用菱斬沿著縫份
打一排線孔備用。

拆掉內部的雙面膠，
先不要縫合，後片袋
口做法相同。

雙面膠

皮革袋身片
（反面）

④安裝持手、釦耳、袋底片、手握把、D型環、磁釦母釦

持手、釦耳、手握把

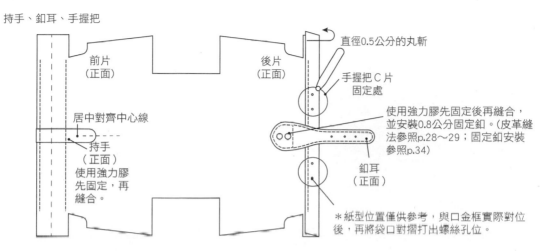

直徑0.5公分的丸斬

手握把C片
固定處

前片
（正面）

後片
（正面）

居中對齊中心線

持手
（正面）
使用強力膠
先固定，再
縫合。

使用強力膠先固定後再縫合，
並安裝0.8公分固定釦。（皮革縫
法參照p.28～29；固定釦安裝
參照p.34）

釦耳
（正面）

＊紙型位置僅供參考，與口金框實際對位
後，再將袋口對摺打出螺絲孔位。

袋底片、磁釦母釦

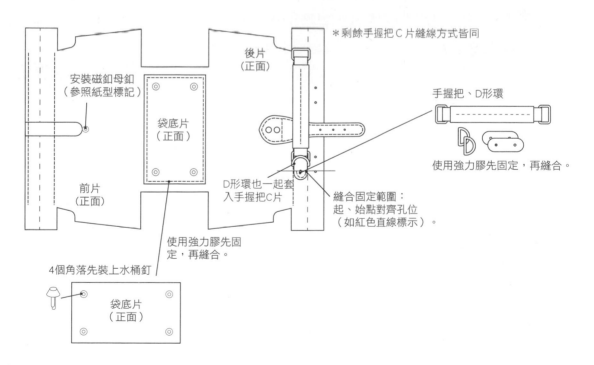

後片
（正面）

＊剩餘手握把C片縫線方式皆同

安裝磁釦母釦
（參照紙型標記）

袋底片
（正面）

手握把、D形環

使用強力膠先固定，再縫合。

前片
（正面）

D形環也一起套
入手握把C片

縫合固定範圍：
起、始點對齊孔位
（如紅色直線標示）。

使用強力膠先固
定，再縫合。

4個角落先裝上水桶釘

袋底片
（正面）

275

⑤縫合皮革袋身片兩側、袋底兩側

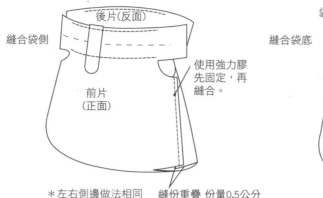

後片（反面）

縫合袋側

前片
（正面）

使用強力膠
先固定，再
縫合。

袋身反面朝外，從反面縫合袋底。

縫合袋底

後片（正面）

前片
（反面）

使用強力膠先固
定，再縫合。

＊左右側邊做法相同　縫份重疊 份量0.5公分

＊左右兩邊做法相同

⑥縫合固定內裡袋

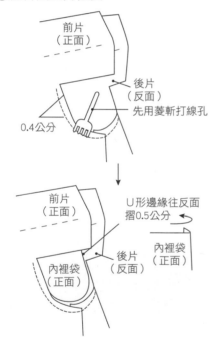

前片
（正面）

後片
（反面）

先用菱斬打線孔

0.4公分

前片
（正面）

U形邊緣往反面
摺0.5公分

內裡袋
（正面）

後片
（反面）

內裡袋
（正面）

⑦縫合袋口、安裝口金框

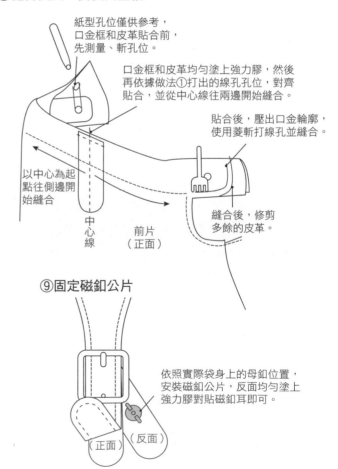

紙型孔位僅供參考，
口金框和皮革貼合前，
先測量、斬孔位。

口金框和皮革均勻塗上強力膠，然後
再依據做法①打出的線孔孔位，對齊
貼合，並從中心線往兩邊開始縫合。

貼合後，壓出口金輪廓，
使用菱斬打線孔並縫合。

以中心為起
點往側邊開
始縫合

中心線

前片
（正面）

縫合後，修剪
多餘的皮革。

⑨固定磁釦公片

依照實際袋身上的母釦位置，
安裝磁釦公片，反面均勻塗上
強力膠對貼磁釦耳即可。

（正面）　（反面）

⑧用螺絲釦固定口金框和手握把

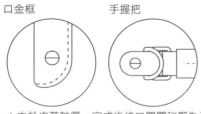

口金框　　手握把

＊由於皮革較厚，完成後袋口開闔稍緊為正常現象。

皮革與口金包的完美搭配

除了最常使用的布料之外，質感佳、耐用度高的皮革更是製作口金包的最佳材料。以下教大家認識皮革各部位和功用，方便大家選購。

皮革和布料一樣有方向性，但跟布料不同的是，布料是纖維交織而成，有所謂橫向、直向紋路，辨識紋路配合製作需求可達到最好的效果。而皮革要留意的是，動物體生長過程，不同部位因為活動習慣不同，而造成一張皮革在不同部位有不同的紋路和伸縮性，這些都是使用皮革製作包包前要注意的細節。以下簡單介紹皮革各部位的特性，當沿著紙型裁皮時，要依據想要製作的物品的功能和設計需求，選擇最適合的部位使用。

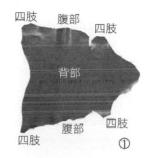
①

②

①**整片皮**：羊革等體型小的動物，多半能買到整片。若以台灣才數來算面積，市售羊革平均面積為 2～6 才（視動物的大小）。羊革、豬革等較適合柔軟質感的作品，如女性的皮包、衣料、有垂墜感的作品等。

②**半裁皮**：成牛革在鞣製時，是從背部將皮切一半來進行鞣製，所以我們所購買的一片牛革，多半是半隻成牛的大小。若以台灣才數來算面積，市售半裁牛革平均面積是 7～24 才不等（視牛的大小，美國牛較大，有時可達 24～35 才）。牛革等較堅韌、硬的皮料，適合製作粗獷、極剪風格的尖挺袋類。

背部
彈性較小、延展性不大、不容易變形，紋理也較為平整，可以裁剪需要大面積，或者需要耐重不能變形的作品，比如袋身，需要長度的背帶、腰帶等。

腹部
纖維較粗、鬆軟、較具彈性、具延展性，可以用來製作小物件，比如零錢包、皮夾等不需要承受重量的作品。

四肢
面積不大、不規則，因為是動物活動量較多的部位，所以肌理粗糙、皺紋最多，可以用來製作面積小、不必承受重量的作品。

本書中常用到的牛革、羊革如何購買呢？

在台灣材料市場，皮料面積計算多半以「才數」計算。每才是 10 英寸平方（25.4 平方公分），這是小才數的算法，也有以「30 平方公分」為 1 才的計法，價格上多少還是有差異，購買時要向店家問清楚。

> **皮料 1 才的計算法（以 30 平方公分計算）：**
> 1 才 = 30 公分 x 30 公分 = 900 平方公分
> 3 才 =900 平方公分 x 3 =2700 平方公分
> （小才 25 公分算法則以此類推）

因此，購買皮革時，多半是一片皮完整的購買，比較難要求店家在一片完整的皮料上，只裁下你所指定的面積，雖然有些店家有零售賣小片裁過的皮料，但多數可遇不可求。台灣的皮革手藝行所賣的皮料還有兩大類，一類是不管牛羊豬，都是已經做好表面處理、染好顏色的皮革，購買回來只需裁剪成自己所需的大小，即可製作成品。羊、牛都有厚度的差別，從 0.09～0.22 公分不等，本書中作品所需的牛、羊革，建議的恰好厚度範圍以 0.09～0.19 公分內為最佳，選購皮革時要留意想要製作的包包的材料說明。

Camel Fold-over Shoulder Bag
駝黃摺蓋肩背包

成品尺寸

寬 32× 高 18 ～ 23× 厚 5 公分

材　　料

塞入式弧形口金框＊寬度 19 公分（1 組）

軟牛革＊寬 32× 長 1002× 厚 0.12～0.15 公分（1 片）

裡布＊寬 35× 長 102 公分（1 片）

固定釦＊直徑 0.8 公分（2 組）

問號鉤＊寬 2 公分（2 組）

紙繩＊粗 0.3× 長 26 公分（2 條）

主要工具

縫紉機或手縫針、線

強力膠、白膠適量、木槌

膠板、一字螺或口金鉗

丸斬（直徑 0.3 公分）

固定釦安裝工具（直徑 0.8 公分）

做　　　法

❶ **固定袋底褶子**：按紙型標記，將裡、外袋身片的袋底褶子縫合固定備用。

❷ **製作 D 環耳**：將 D 形環耳片長邊兩段縫份往反面摺 0.8 公分後縫合，套入 D 形環耳後對摺，縫合固定在皮革袋身片正面、紙型標記的相對位置。

❸ **縫合袋身**：做法同 p.234「格紋 M 形口金包」的做法❸。

❹ **安裝口金框**：參照 p.51 塞入式口金，組合口金框與袋身，並參照 p.43 將內裡返口以藏針縫收尾。

❺ **製作肩帶**：將裡布肩帶長邊縫份反摺，以熨斗整平、定型之後，和皮革肩帶反面相對，沿著邊緣 0.2 公分雙邊縫合，肩帶頭、尾套上問號鉤，反摺 2 公分，使用固定釦固定即成，大功告成囉！

做 法 流 程

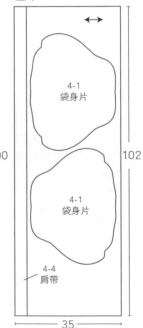

排 版 方 式

軟牛革

4-3 肩帶

4-1 袋身片

4-1 袋身片

100

4-2 D環耳

32

裡布

4-1 袋身片

4-1 袋身片

102

4-4 肩帶

35

單位/公分

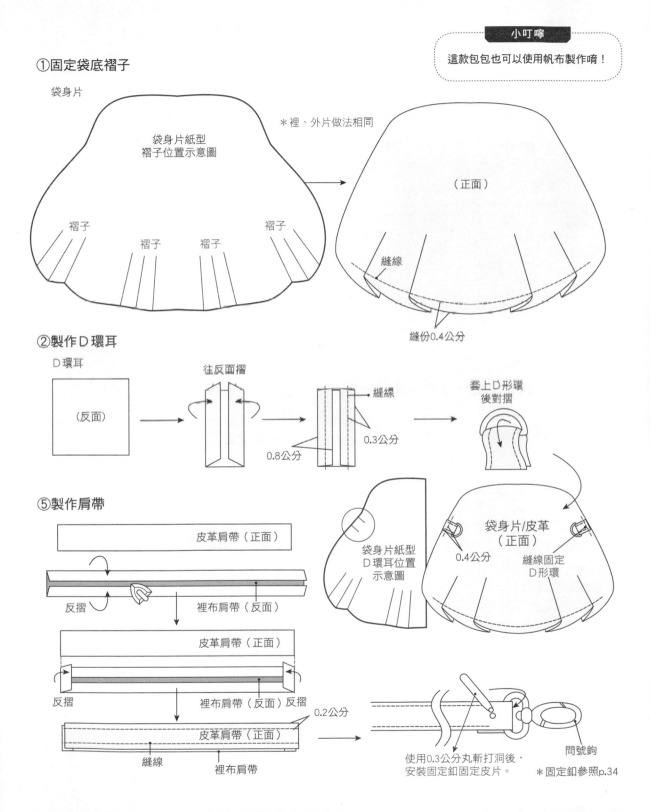

①固定袋底褶子

袋身片

袋身片紙型
褶子位置示意圖

＊裡、外片做法相同

（正面）

褶子 褶子 褶子 褶子

縫線

縫份0.4公分

②製作D環耳

D環耳

（反面）

往反面摺

0.8公分

縫線

0.3公分

套上D形環
後對摺

⑤製作肩帶

皮革肩帶（正面）

反摺

裡布肩帶（反面）

皮革肩帶（正面）

反摺

裡布肩帶（反面）反摺

0.2公分

皮革肩帶（正面）

縫線 裡布肩帶

袋身片紙型
D環耳位置
示意圖

袋身片/皮革
（正面）

0.4公分

縫線固定
D形環

使用0.3公分丸斬打洞後，
安裝固定釦固定皮片。

問號鉤

＊固定釦參照p.34

紙型檔名
no.76

Flower Print Croissant Handbag
花花可頌手提包

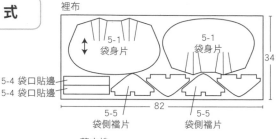

外布

| 5-1 袋身片 | 5-1 袋身片 | 24 |

76

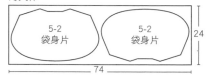

裡布

| 5-1 袋身片 | 5-1 袋身片 | 34 |

5-4 袋口貼邊
5-4 袋口貼邊

82

袋側襠片　　袋側襠片

5-5　　5-5

薄夾棉

| 5-2 袋身片 | 5-2 袋身片 | 24 |

74

皮革

5-3 芽條包布　2.4
45

單位/公分

成品尺寸

寬 32× 高 20× 厚 7 公分

排版方式

材　　料

平口手腕口金框＊寬 17 公分（1 組）

外布＊寬 76× 長 24 公分（1 片）

裡布＊寬 82× 長 34 公分（1 片）

薄夾棉＊寬 74× 長 24 公分（1 片）

皮革＊寬 45× 長 2.4× 厚 0.08～0.14 公分公分（1 片）

棉繩＊粗 0.3× 長 42 公分（1 條）

主要工具

縫紉機或者手縫針、線、熨斗、燙板、強力膠

做法流程

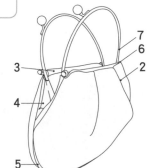

做　　法

❶ **貼合薄夾棉**：參照 p.44 貼夾棉，在兩片外布袋身片反面貼合薄夾棉。

❷ **縫合褶子**：按紙型標記，將裡、外袋身片的袋口褶子縫合固定。

❸ **固定裡布袋口貼邊**：將袋口貼邊短邊縫份反摺，長邊貼齊裡布袋身片袋口邊緣，下方長邊向反面摺 0.8 公分縫份，縫合固定。

❹ **製作袋側襠片**：將兩片襠片正面相對，按紙型標記，除了標示「接袋側片」的斜邊以外，從反面縫合固定剩餘的布邊，翻到正面後將「接袋側片」區段與外布袋身片縫合固定，縫份 0.8 公分。

❺ **製作、固定皮革芽條**：在芽條包布反面均勻塗一層強力膠，棉繩置於中心，芽條包布對摺包覆棉繩，頭、尾用剪刀修斜，然後沿著單片外布袋身片距離邊緣 0.4 公分，以縫線固定。

❻ **縫合裡、外袋身**：分別將裡、外布袋身片正面相對，從反面縫成袋型，裡袋底預留返口，然後將裡、外袋正面朝內，對齊袋口、袋側襠片位置，再沿著布邊距離 0.8 公分縫合固定兩袋，從返口翻到正面，然後參照 p.43 以藏針縫縫合裡袋返口。

❼ **安裝平口手腕口金框**：口金水平的支架穿過後，與口金架接合並鎖緊螺絲，兩袋側襠片包覆口金垂直支架，最後參照 p.43 以藏針縫縫合固定，大功告成囉！

②縫合褶子

裡、外袋身片

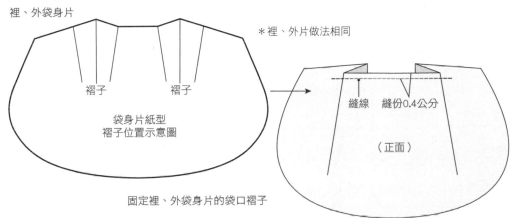

＊裡、外片做法相同

褶子　　褶子

袋身片紙型
褶子位置示意圖

縫線　　縫份0.4公分

（正面）

固定裡、外袋身片的袋口褶子

③固定裡布袋口貼邊

袋口貼邊

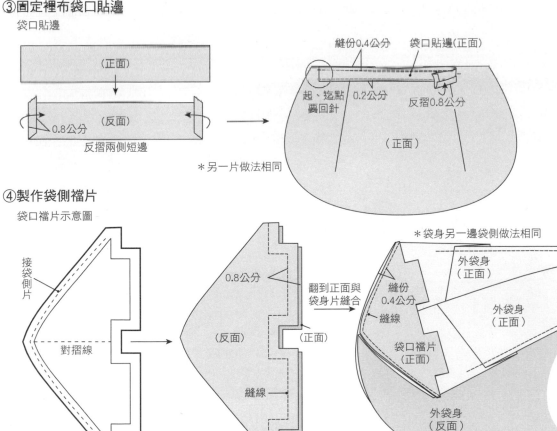

（正面）

0.8公分

（反面）

反摺兩側短邊

＊另一片做法相同

縫份0.4公分　　袋口貼邊（正面）

起、迄點
覆回針

0.2公分

反摺0.8公分

（正面）

④製作袋側襠片

袋口襠片示意圖

接袋側片

對摺線

0.8公分

（反面）

（正面）

縫線

翻到正面與
袋身片縫合

＊另一組做法相同

＊袋身另一邊袋側做法相同

外袋身
（正面）

縫份
0.4公分

縫線

外袋身
（正面）

袋口襠片
（正面）

外袋身
（反面）

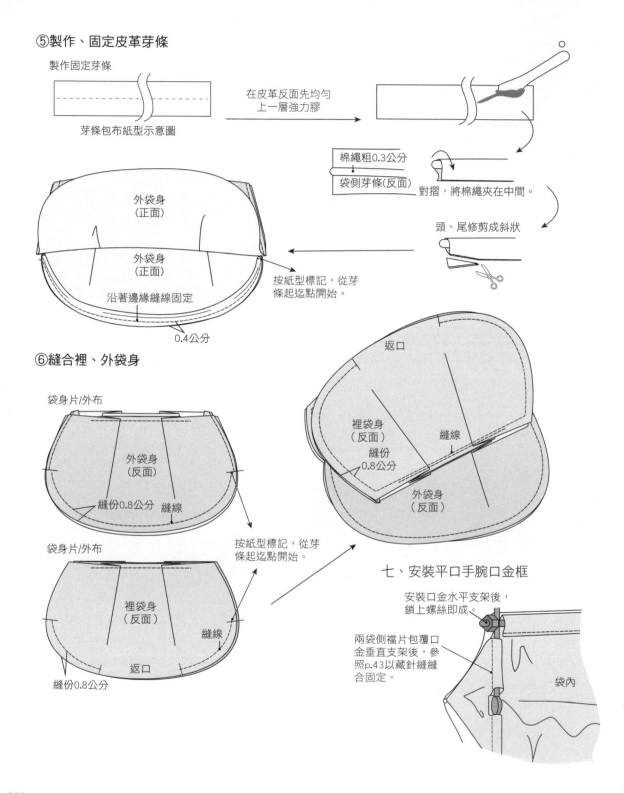

⑤製作、固定皮革芽條

製作固定芽條

芽條包布紙型示意圖

在皮革反面先均勻
上一層強力膠

棉繩粗0.3公分

袋側芽條(反面)

對摺,將棉繩夾在中間。

頭、尾修剪成斜狀

外袋身
(正面)

外袋身
(正面)

沿著邊緣縫線固定

按紙型標記,從芽
條起迄點開始。

0.4公分

⑥縫合裡、外袋身

袋身片/外布

外袋身
(反面)

縫份0.8公分　縫線

返口

裡袋身
(反面)

縫線

縫份
0.8公分

外袋身
(反面)

袋身片/外布

裡袋身
(反面)

縫線

返口

縫份0.8公分

按紙型標記,從芽
條起迄點開始。

七、安裝平口手腕口金框

安裝口金水平支架後,
鎖上螺絲即成。

兩袋側襠片包覆口
金垂直支架後,參
照p.43以藏針縫縫
合固定。

袋內

Flower Print Shell Handbag

花花貝殼手提包

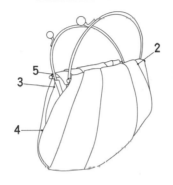

成品尺寸

寬 33 × 高 22.5 × 厚 5 公分

材　　料

平口手腕口金框 ＊ 寬 17 公分（1 組）
外布 ＊ 寬 94 × 長 36 公分（1 片）
裡布 ＊ 寬 94 × 長 42 公分（1 片）
薄夾棉 ＊ 寬 92 × 長 26 公分（1 片）

主要工具

縫紉機或者手縫針、線、熨斗、燙板

做　　法

❶ **貼合薄夾棉**：參照 p.44 貼夾棉，在
　兩片外布袋身片反面貼合薄夾棉。

❷ **縫合褶子**：按紙型標記，將裡、外
　袋身片的袋口、袋底褶子縫合固定。

❸ **製作袋側檔片**：做法同 p.280「花
　花可頌手提包」的做法❹。

❹ **縫合裡、外袋身**：做法同 p.280「花
　花可頌手提包」的做法❻。

❺ **安裝平口手腕口金框**：將袋口包覆
　水平支架後，照 p.43 以藏針縫縫
　合固定，並且參照 p.280「花花可
　頌手提包」的做法❼，縫合兩袋側
　檔片包覆垂直口金支架，大功告成
　囉！

做法流程

排版方式

外布
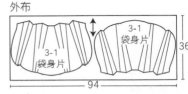
36
94

裡布
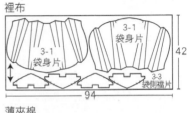
42
94

薄夾棉
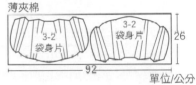
26
92

單位/公分

②縫合褶子

＊裡、外片做法相同

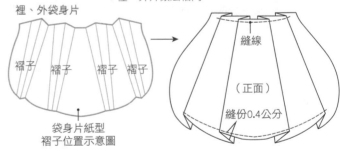

固定裡、外袋身片的袋口、袋底褶子

⑤安裝平口手腕口金框

兩袋側檔片包覆口金垂直
支架後，參照 p.43 以藏針
縫縫合固定。

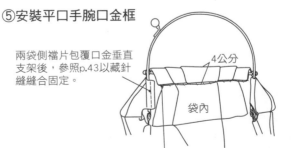

反摺袋口，並參照 p.43 以藏針縫縫合，然後安
裝口金水平支架，鎖上螺絲即成。

283

Light Aqua Blue Vintage Bag
湖水藍復古提包

成品尺寸

寬 30× 高 18× 厚 9 公分

主要工具

縫紉機或者手縫針、線
強力膠適量
丸斬（直徑 0.3 公分）、木槌、膠板
壓釦安裝工具（直徑 1 公分）

材　　料

手縫式弧形雙層口金框＊寬 24.5 公分（1 組，
附左右肩鍊耳為佳）
羊革＊寬 65× 長 56× 厚 0.12 ～ 0.15（1 片）
裡布＊寬 96× 長 52 公分（1 片）
壓釦＊直徑 1 公分（4 組）
棉繩＊粗 0.6× 長 39 公分（2 條）
粗 0.3× 長 52 公分（2 條）

做　　法

❶ **製作內口袋：**內口袋布片對摺，從反面縫合，預留返口翻到正面之後，固定在裡布袋身片。

❷ **縫合裡布袋身片、內隔間：**先將四片裡布袋身片袋底兩端縫合，兩片裡布袋身片反面朝外，正面相對，然後從反面縫合袋口處到兩端車縫止點，夾入剩下兩片正面相對的裡布袋身片後，從袋側縫合固定，預留返口，裡袋完成！

❸ **縫合外袋身片褶子：**固定外袋身片袋口的褶子。

❹ **組合袋側片與袋底片：**將袋側片正面相對，按紙型「袋側中心」區段沿著邊緣 0.8 公分縫線固定，然後將「接袋底片」區段和袋底片對齊縫合，縫份 0.8 公分。

❺ **製作芽條：**做法同 p.280「花花可頌手提包」的做法❺。

❻ **縫合外袋：**將兩片外袋身片、一片組合好的袋側、袋底片，正面相對，從反面縫合固定成袋型。

❼ **組合裡、外袋：**做法同 p.158「藍色草履蟲腕包」的做法❹。

❽ **安裝口金框：**參照 p.43 以藏針縫縫合返口之後，再參照 p.48 手縫式口金，組合口金框與袋身。

❾ **製作可卸式提把：**將兩片提把反面朝上，用強力膠將邊緣反摺 0.5 公分固定後，長邊對摺，從「縫線止點」回針後，開始沿著邊緣 0.2 公分以縫線固定，在另一端的「縫線止點」停止並回針，塞入棉繩。兩端安裝壓釦後，釦在口金框上的肩鍊耳就大功告成囉！

做 法 流 程

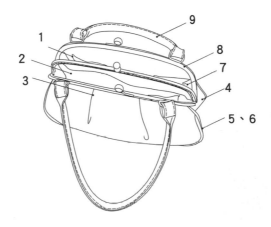

排 版 方 式

皮革

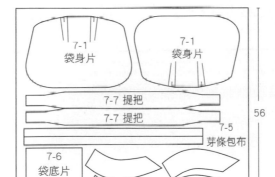

裡布

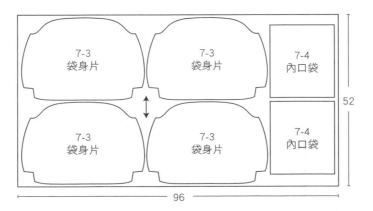

單位/公分

①製作內口袋

內口袋對摺後縫合

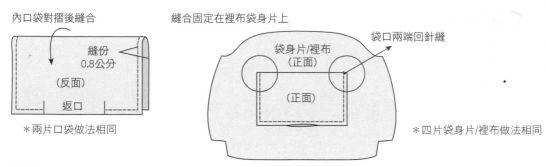

縫份
0.8公分

（反面）

返口

*兩片口袋做法相同

縫合固定在裡布袋身片上

袋身片/裡布
（正面）

袋口兩端回針縫

（正面）

*四片袋身片/裡布做法相同

②縫合裡布袋身片、內隔間

先縫合裡布袋底兩端

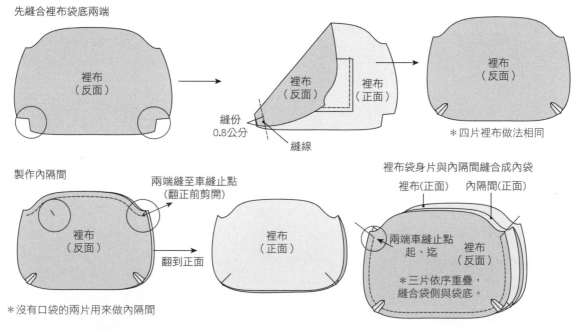

裡布
（反面）

裡布
（反面）

裡布
（正面）

縫份
0.8公分

縫線

裡布
（反面）

*四片裡布做法相同

製作內隔間

裡布
（反面）

兩端縫至車縫止點
（翻正前剪開）

翻到正面

裡布
（正面）

*沒有口袋的兩片用來做內隔間

裡布袋身片與內隔間縫合成內袋

裡布（正面）　內隔間（正面）

兩端車縫止點
起、迄

裡布
（反面）

*三片依序重疊，
縫合袋側與袋底。

③縫合外袋身片褶子

外袋身片

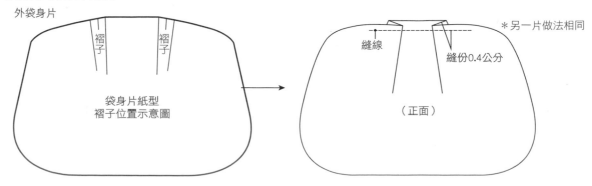

褶子

褶子

袋身片紙型
褶子位置示意圖

縫線

縫份0.4公分

*另一片做法相同

（正面）

④組合袋側片與袋底片

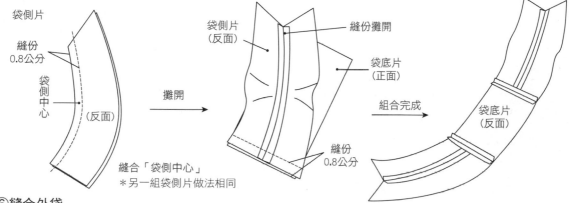

袋側片

縫份
0.8公分

袋側中心

(反面)

縫合「袋側中心」
*另一組袋側片做法相同

攤開

袋側片
(反面)

縫份攤開

袋底片
(正面)

組合完成

袋底片
(反面)

縫份
0.8公分

⑥縫合外袋

接合袋身片與袋側片成袋型

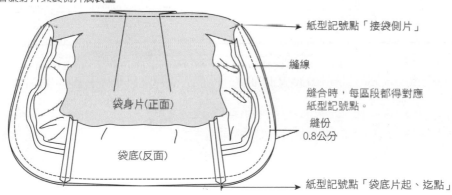

紙型記號點「接袋側片」

縫線

縫合時，每區段都得對應
紙型記號點。

縫份
0.8公分

袋身片(正面)

袋底(反面)

紙型記號點「袋底片起、迄點」

*另一片袋身片做法相同

⑨製作可卸式提把

接合袋身片與袋側片成袋型

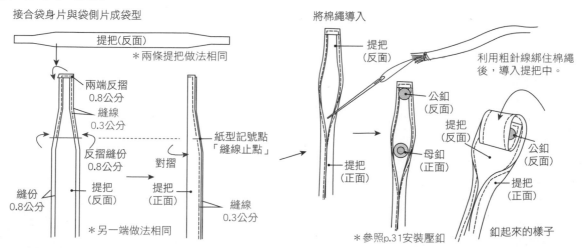

提把(反面)

*兩條提把做法相同

兩端反摺
0.8公分

縫線
0.3公分

反摺縫份
0.8公分

對摺

紙型記號點
「縫線止點」

縫份
0.8公分

提把
(反面)

提把
(正面)

縫線
0.3公分

*另一端做法相同

將棉繩導入

提把
(反面)

利用粗針線綁住棉繩
後，導入提把中。

提把
(正面)

公釦
(反面)

提把
(反面)

母釦
(正面)

公釦
(反面)

提把
(正面)

*參照p.31安裝壓釦

釦起來的樣子

Doctor Leather Backpack
皮革醫生後背包

成 品 尺 寸

寬 25× 高 28× 厚 14 公分

主 要 工 具

縫紉機（縫合內裡袋）
四孔菱斬、單孔菱斬
固定釦安裝工具（直徑 0.6、
0.8 公分）
刮刀、木槌、膠板、剪刀
雙面膠（寬 1.8 公分）適量
強力膠、皮革用蠟線適量

材 料

醫生口金框＊寬 19× 腳長 7.5 公分，
口金框片寬 2× 厚 0.12 公分（1 組）
醫生框固定軸螺絲釦＊直徑 1.2× 腳長
1.5 公分（2 組）
提把用螺絲釦＊直徑 1× 腳長 0.8 公分
（4 組）
牛革＊寬 72× 長 58× 厚 0.15 ～ 0.18
公分（1 片）
固定釦＊直徑 0.8 公分（4 組）、直徑 0.6
公分（8 組）

厚帆布＊寬 70× 長 62 公分（1 片）
水桶釘＊直徑 1.2 公分（4 組）
方形環＊內徑 2 公分（2 組）
D 形環＊內徑 2.5 公分（3 組）
調整環＊寬 2.5 公分（2 組）
問號鉤＊寬 2.5 公分（4 組）
皮帶頭＊內徑寬 2.5 公分（1 組）
超薄磁釦＊1.4 公分（1 組）
織帶＊寬 2.5× 長 60 公分（2 條）

做 法

❶ 預先縫製手握把、釦耳、肩帶：將手握把 B 套上方
形環貼合，然後與手握把 A 貼合、縫合。兩片釦耳
反面相對貼合、縫合，肩帶 A、B 反面相對，直角
端中間夾織帶 2 公分，貼合、縫合皮革部分，並在
圓端安裝問號鉤，使用 2 組 0.6 公分固定釦固定皮
片，織帶端依序套上調整環、問號鉤後，尾端與調
整環固定。

❷ 縫合帆布內裡袋身：同 p.272「皮製醫生肩背包」
的做法❷。

❸ 預先處理袋口線孔：將雙面膠靠齊水平虛線貼黏後
對摺，在距離邊緣 0.4 公分處，以菱斬預先打出一
排線孔，線孔打完後再去除雙面膠。

❹ 接合皮革袋身、釦耳、袋底片、手握把、磁釦母釦、
背帶 D 環耳：將前、後袋身片正面朝上，前袋身片
壓在後袋身片上，接合、縫合袋身片。在外袋身未
縫成袋型前，先將各處零件、五金都依照紙型標記

做 法 流 程

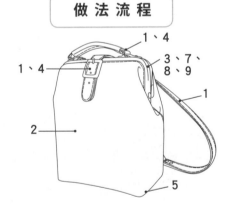

1、4
3、7、
8、9
1、4
1
2
5

安裝縫合、固定。

❺ 縫合皮革袋身片兩側、袋底兩側：同 p.272「皮
製醫生肩背包」的做法❺。

❻ 縫合固定內裡袋：同 p.272「皮製醫生肩背包」
的做法❻。

❼ 縫合袋口、安裝口金框：同 p.272「皮製醫生肩
背包」的做法❼。

❽ 用螺絲固定口金框和手握把：同 p.272「皮製醫
生肩背包」的做法❽。

排版方式

牛革

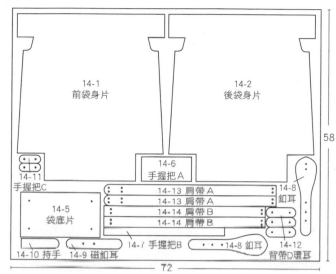

14-1
前袋身片

14-2
後袋身片

58

14-11
手握把C

14-6
手握把A

14-8
釦耳

14-13 肩帶A
14-13 肩帶A
14-14 肩帶B
14-14 肩帶B

14-5
袋底片

14-10 持手　14-9 磁釦耳　14-7 手握把B　14-8 釦耳　14-12

背帶D環耳

72

厚帆布

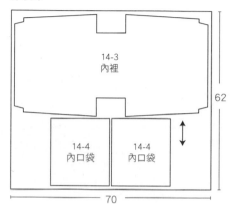

14-3
內裡

62

14-4
內口袋

14-4
內口袋

70

單位/公分

①預先縫製手握把、釦耳、肩帶

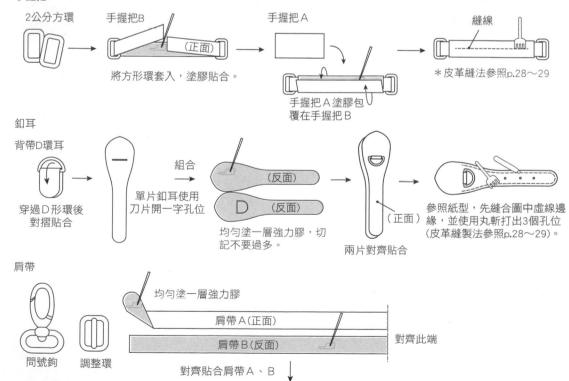

手握把

2公分方環

手握把B

（正面）

將方形環套入，塗膠貼合。

手握把A

手握把A塗膠包
覆在手握把B

縫線

＊皮革縫法參照p.28～29

釦耳

背帶D環耳

穿過D形環後
對摺貼合

單片釦耳使用
刀片開一字孔位

組合

（反面）

D（反面）

均勻塗一層強力膠，切
記不要過多。

（正面）

兩片對齊貼合

參照紙型，先縫合圖中虛線邊
緣，並使用丸斬打出3個孔位
（皮革縫製法參照p.28～29）。

肩帶

問號鈎

調整環

均勻塗一層強力膠

肩帶A（正面）

肩帶B（反面）

對齊此端

對齊貼合肩帶A、B

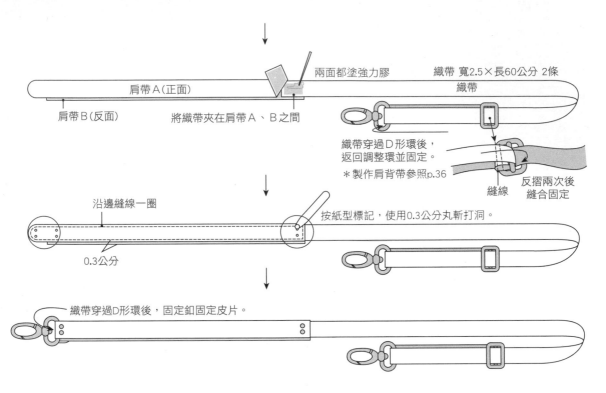

肩帶A（正面）

肩帶B（反面）

將織帶夾在肩帶A、B之間

兩面都塗強力膠

織帶 寬2.5×長60公分 2條

織帶

織帶穿過D形環後，
返回調整環並固定。

＊製作肩背帶參照p.36

縫線

反摺兩次後
縫合固定

沿邊縫線一圈

0.3公分

按紙型標記，使用0.3公分丸斬打洞。

織帶穿過D形環後，固定釦固定皮片。

③預先處理袋口線孔

使用雙面膠靠齊水平虛線貼黏後，對摺。

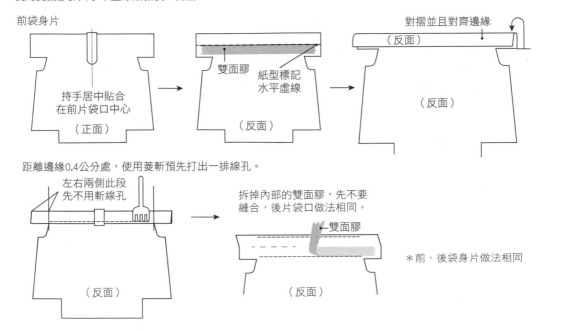

前袋身片

持手居中貼合
在前片袋口中心

（正面）

雙面膠

紙型標記
水平虛線

（反面）

對摺並且對齊邊緣

（反面）

（反面）

距離邊緣0.4公分處，使用菱斬預先打出一排線孔。

左右兩側此段
先不用斬線孔

（反面）

拆掉內部的雙面膠，先不要
縫合，後片袋口做法相同。

雙面膠

（反面）

＊前、後袋身片做法相同

④接合皮革袋身、釦耳、袋底片、手握把、磁釦母釦、背帶D環耳

縫合袋身片、釦耳

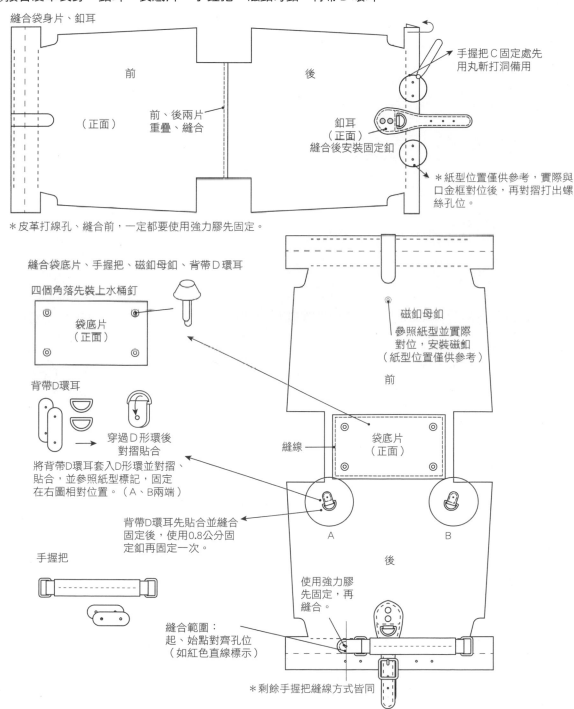

前

後

（正面）

前、後兩片
重疊、縫合

手握把C固定處先
用丸斬打洞備用

釦耳
（正面）
縫合後安裝固定釦

＊紙型位置僅供參考，實際與
口金框對位後，再對摺打出螺
絲孔位。

＊皮革打線孔、縫合前，一定都要使用強力膠先固定。

縫合袋底片、手握把、磁釦母釦、背帶D環耳

四個角落先裝上水桶釘

袋底片
（正面）

磁釦母釦

參照紙型並實際
對位，安裝磁釦
（紙型位置僅供參考）

前

背帶D環耳

穿過D形環後
對摺貼合

袋底片
（正面）

縫線

將背帶D環耳套入D形環並對摺、
貼合，並參照紙型標記，固定
在右圖相對位置。（A、B兩端）

背帶D環耳先貼合並縫合
固定後，使用0.8公分固
定釦再固定一次。

A

B

後

手握把

使用強力膠
先固定，再
縫合。

縫合範圍：
起、始點對齊孔位
（如紅色直線標示）

＊剩餘手握把縫線方式皆同

紙型檔名 no.80

Semicircle Frame Handbag
半圓手提包

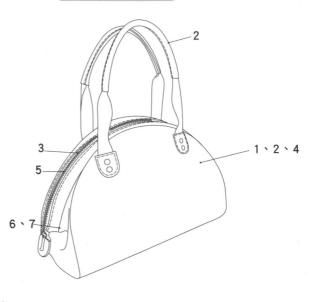

做 法 流 程

3
5
2
1、2、4
6、7

成 品 尺 寸

寬 35× 高 25× 厚 18 公分

材 料

支架弧形口金框＊寬 35× 總長 53 公分（1 組）

外布 A ＊寬 38× 長 70 公分（1 片）

外布 B ＊寬 62× 長 34 公分（1 片）

裡布＊寬 95× 長 70 公分（1 片）

牛革＊寬 12× 長 30× 厚 0.15 ～ 0.18 公分（1 片）

牛津襯＊寬 101× 長 38 公分（1 片）

織帶＊寬 2.5× 長 50 公分（2 條）

拉鍊＊長 60 公分（1 條）

固定釦＊直徑 0.8 公分（8 組）

水桶釘＊直徑 1.2 公分（4 組）

主 要 工 具

縫紉機或者手縫針、線　　丸斬（直徑 0.3 公分）

強力膠、手縫蠟線適量　　固定釦安裝工具 (直徑

木槌、膠板、熨斗、燙板　　0.8 公分

單孔菱斬、四孔菱斬

做 法

❶ **貼合牛津襯：** 參照 p.45 貼布襯，在外布 A 袋身片、外布 B 袋側片反面燙貼牛津襯。

❷ **製作、安裝提把與水桶釘：** 先將皮革握片四周用菱斬打線孔，再與長 50 公分的織帶居中重疊，使用強力膠貼合，長邊對摺縫合後，參照紙型標記，和提把固定片一起固定在袋身片上。

❸ **固定拉鍊：** 做法同 p.240「蝴蝶結肩背方包」的做法❷，將拉鍊織帶頭、尾分別用兩片皮革拉鍊尾片縫合固定。

❹ **製作內口袋：** 反面朝外對摺內口袋片，將三邊縫合並留返口，翻到正面，然後縫合固定在裡布袋身片上。

❺ **縫合袋身片、袋側片：** 分別將裡、外袋身片正面相對，從反面縫合，在裡袋預留返口。

❻ **組合袋身、拉鍊袋口：** 做法同 p.240「蝴蝶結肩背方包」的做法❺。

❼ **安裝支架口金框：** 從袋口兩端縫隙穿入口金框，參照 p.43 以藏針縫縫合口金框入口、裡袋返口，大功告成囉！

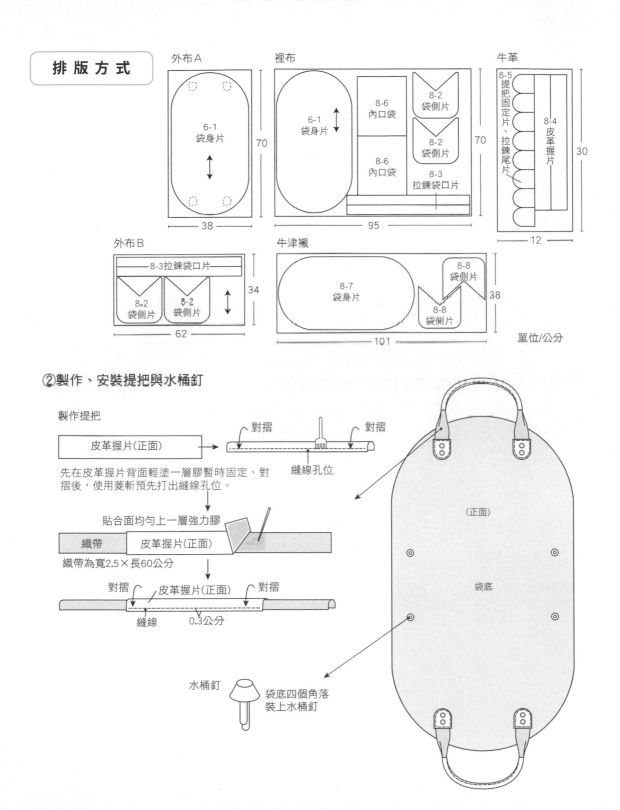

排版方式

外布A

6-1 袋身片

70

38

裡布

6-1 袋身片

8-6 內口袋

8-2 袋側片

8-2 袋側片

8-6 內口袋

8-3 拉鍊袋口片

70

95

牛革

8-5 提把固定片、拉鍊尾片

8-4 皮革握片

30

12

外布B

8-3拉鍊袋口片

8-2 袋側片

8-2 袋側片

34

62

牛津襯

8-7 袋身片

8-8 袋側片

8-8 袋側片

38

101

單位/公分

②製作、安裝提把與水桶釘

製作提把

皮革握片(正面)

對摺　　　對摺

縫線孔位

先在皮革握片背面輕塗一層膠暫時固定、對摺後，使用菱斬預先打出縫線孔位。

貼合面均勻上一層強力膠

織帶　皮革握片(正面)

織帶為寬2.5×長60公分

對摺　皮革握片(正面)　對摺

縫線　　0.3公分

水桶釘　　袋底四個角落裝上水桶釘

(正面)

袋底

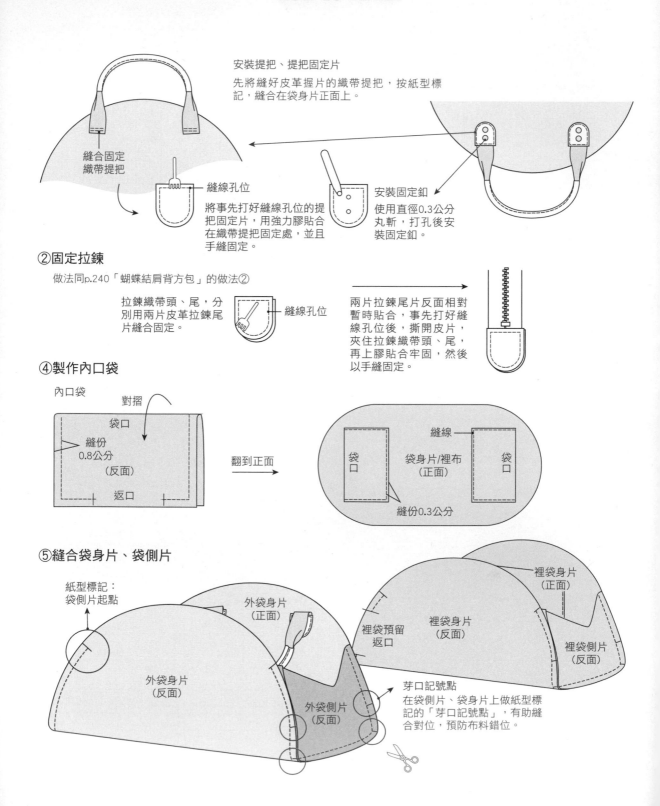

安裝提把、提把固定片

先將縫好皮革握片的織帶提把,按紙型標記,縫合在袋身片正面上。

縫合固定
織帶提把

縫線孔位

將事先打好縫線孔位的提把固定片,用強力膠貼合在織帶提把固定處,並且手縫固定。

安裝固定釦

使用直徑0.3公分丸斬,打孔後安裝固定釦。

②固定拉鍊

做法同p.240「蝴蝶結肩背方包」的做法②

拉鍊織帶頭、尾,分別用兩片皮革拉鍊尾片縫合固定。

縫線孔位

兩片拉鍊尾片反面相對暫時貼合,事先打好縫線孔位後,撕開皮片,夾住拉鍊織帶頭、尾,再上膠貼合牢固,然後以手縫固定。

④製作內口袋

內口袋

對摺

袋口

縫份
0.8公分
(反面)

返口

翻到正面

縫線

袋口

袋身片/裡布
(正面)

袋口

縫份0.3公分

⑤縫合袋身片、袋側片

紙型標記:
袋側片起點

外袋身片
(正面)

外袋身片
(反面)

外袋側片
(反面)

裡袋身片
(正面)

裡袋預留
返口

裡袋身片
(反面)

裡袋側片
(反面)

芽口記號點

在袋側片、袋身上做紙型標記的「芽口記號點」,有助縫合對位,預防布料錯位。

Designer's Stripe Bag
設計師的作品袋

紙型檔名 no.81

成品尺寸

寬 35× 高 24.5 公分

材　　料

支架ㄇ形口金框＊寬 35× 腳長 7 公分（1 組）
外布＊寬 38× 長 53 公分（1 片）
裡布＊寬 54× 長 53 公分（1 片）
牛革＊寬 32× 長 21× 厚 0.15～0.18 公分（1 片）
500 磅厚紙板＊寬 28× 長 13 公分（1 片）
固定釦＊直徑 0.8 公分（12 組）
方形環＊寬度 2.5 公分（4 組）

主要工具

縫紉機（縫合布袋身）
強力膠、手縫線適量
單孔菱斬、四孔菱斬、丸斬（直徑 0.3 公分）
木槌、膠板、刮刀、手縫針 2 支

做　　法

做法流程

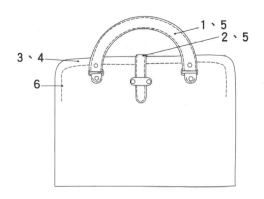

❶ **製作提把**：依序將提把皮片 A、提把片 A、提把皮片 B 三片圓弧裁片塗上適量強力膠，然後對齊、重疊貼合，用菱斬沿邊打上線孔，縫合固定，並在兩端套上方形環，打好線孔後以固定釦固定，方形環另一邊套上方環耳並縫合備用。

❷ **製作釦耳**：將兩片釦耳反面相對，用強力膠貼合，以菱斬打線孔縫合固定。

❸ **製作、安裝內口袋**：反面朝外，對摺內口袋片，然後縫合三邊，預留返口翻到正面，固定在袋身裡布上。

❹ **縫合袋身**：將裡、外袋身片袋口相對並縫合，接著縫合袋側，在裡布預留返口翻到正面。

❺ **固定提把、釦耳、固定片、方環耳**：按紙型標記，依序將配件以固定釦安裝固定在袋身上。

❻ **安裝支架口金框**：從袋口兩端縫隙穿入口金框，參照 p.43 以藏針縫縫合口金框入口、裡袋返口，大功告成囉！

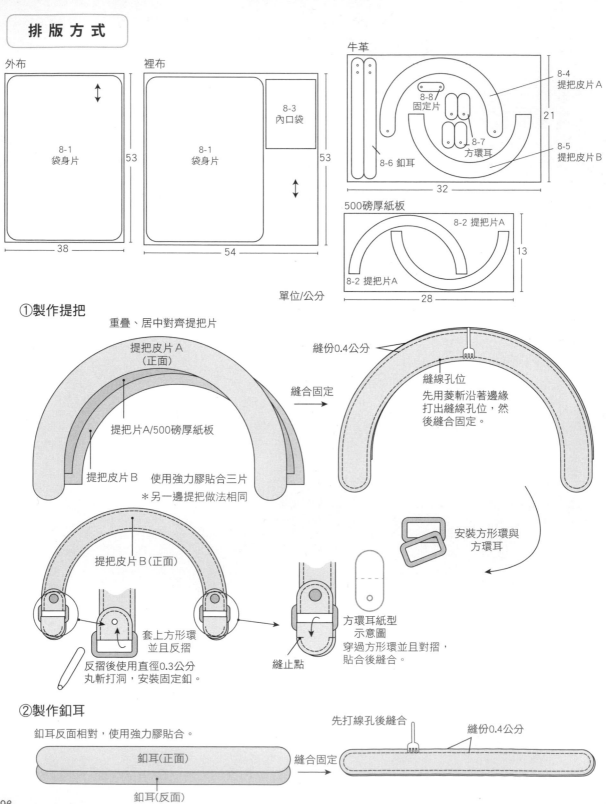

排版方式

外布

8-1
袋身片

53

38

裡布

8-1
袋身片

8-3
內口袋

53

54

牛革

8-8
固定片

8-7
方環耳

8-6 釦耳

8-4
提把皮片A

21

8-5
提把皮片B

32

500磅厚紙板

8-2 提把片A

8-2 提把片A

13

28

單位/公分

① 製作提把

重疊、居中對齊提把片

提把皮片A
（正面）

提把片A/500磅厚紙板

提把皮片B　使用強力膠貼合三片
＊另一邊提把做法相同

縫合固定

縫份0.4公分

縫線孔位
先用菱斬沿著邊緣
打出縫線孔位，然
後縫合固定。

安裝方形環與
方環耳

提把皮片B（正面）

套上方形環
並且反摺

反摺後使用直徑0.3公分
丸斬打洞，安裝固定釦。

縫止點

方環耳紙型
示意圖
穿過方形環並且對摺，
貼合後縫合。

② 製作釦耳

釦耳反面相對，使用強力膠貼合。

釦耳（正面）

釦耳（反面）

縫合固定

先打線孔後縫合

縫份0.4公分

③製作、安裝內口袋

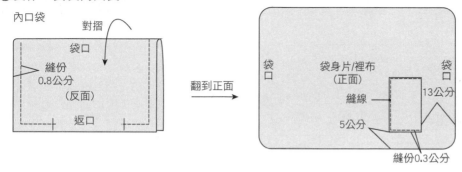

內口袋

對摺

袋口

縫份
0.8公分
（反面）

返口

翻到正面 →

袋口

袋身片/裡布
（正面）

縫線

5公分

13公分

縫份0.3公分

袋口

④縫合袋身

＊先縫合袋口裡、外布，再各自縫合袋側。

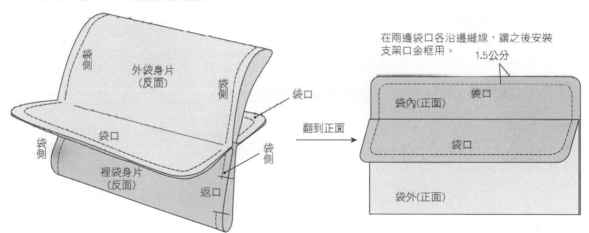

袋側

外袋身片
（反面）

袋側

袋口

袋側

裡袋身片
（反面）

袋口

袋側

返口

翻到正面 →

在兩邊袋口各沿邊縫線，讓之後安裝
支架口金框用。
1.5公分

袋內(正面)

袋口

袋口

袋外(正面)

⑤固定提把、釦耳、固定片、方環耳

＊按紙型標記，用固定釦固定所有配件。

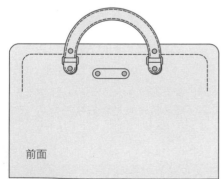

前面

後面

Casual Two-way Bag
率性風兩用包

外布

5-1 袋身片

↕

100

50

5-3 方環耳　5-4 肩背帶

鋪棉布

5-2 袋身片

↑

65

41

單位/公分

皮革

5-5 提把

5-5 提把

10

38

成品尺寸

寬 34× 高 26× 厚 16 公分

材　料

鋁管醫生口金框＊寬 25× 腳長 7.5 公分（1 組）

外布＊寬 50× 長 100 公分（1 片）

鋪棉布＊寬 41× 長 65 公分（1 片）

皮革＊寬 38× 長 10× 厚 0.15 ～ 0.18 公分（1 片）

方形環＊寬 2 公分（2 組）

調整環＊寬 2 公分（1 組）

棉繩＊粗 0.6× 長 26 公分（2 條）

主要工具

縫紉機或者手縫針 2 支、手縫蠟線

四孔菱斬、單孔菱斬

強力膠適量、木槌、膠板

做法流程

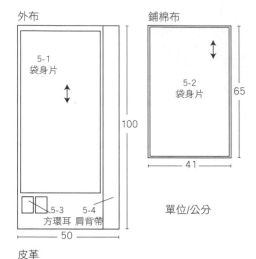

做　法

❶ **製作提把：**在皮革提把片反面塗一層強力膠，將棉繩居中擺放，使用菱斬打線孔後縫合固定。

❷ **製作方環耳：**將方環耳布片長邊往反面中心摺兩次，從正面縫合固定，套上方形環後，按紙型位置標記，對摺縫合固定在外袋身片兩側。

❸ **縫成袋型、安裝提把：**縫合袋身兩側邊與袋底，並在外布袋口兩側預留 4 公分不縫合、袋底抓底 8 公分，裡袋預留返口，翻到正面，然後整理袋型，將皮革提把縫合在袋口。

❹ **製作肩背帶：**將肩背帶布長邊往反面中心對摺兩次，縫合固定成布條，並參照 p.36 可調肩背帶做法，安裝調整環且固定在袋身方環上。

❺ **安裝口金框：**將鋁管口金框兩側的插梢卸下，鋁管從袋身左右兩端預留的入口導入，再插上插銷固定兩支鋁管，並參照 p.43 以藏針縫封住入口，縫合返口，大功告成囉！

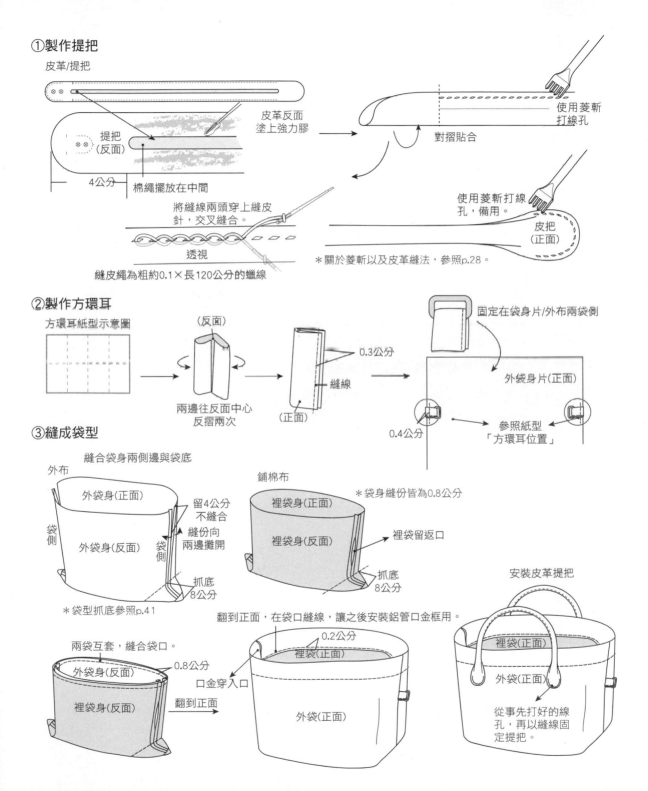

①製作提把

皮革/提把

提把
(反面)

4公分　棉繩擺放在中間

皮革反面
塗上強力膠

將縫線兩頭穿上縫皮
針，交叉縫合。

透視

縫皮繩為粗約0.1×長120公分的蠟線

對摺貼合

使用菱斬
打線孔

使用菱斬打線
孔，備用。

皮把
(正面)

＊關於菱斬以及皮革縫法，參照p.28。

②製作方環耳

方環耳紙型示意圖

(反面)

兩邊往反面中心
反摺兩次

(正面)

0.3公分

縫線

固定在袋身片/外布兩袋側

外袋身片(正面)

0.4公分

參照紙型
「方環耳位置」

③縫成袋型

縫合袋身兩側邊與袋底

外布

外袋身(正面)

袋側

外袋身(反面)

袋側

留4公分
不縫合

縫份向
兩邊攤開

抓底
8公分

＊袋型抓底參照p.41

鋪棉布

裡袋身(正面)

裡袋身(反面)

＊袋身縫份皆為0.8公分

裡袋留返口

抓底
8公分

安裝皮革提把

裡袋(正面)

外袋(正面)

從事先打好的線
孔，再以縫線固
定提把。

兩袋互套，縫合袋口。

外袋身(反面)

裡袋身(反面)

0.8公分

口金穿入口

翻到正面

翻到正面，在袋口縫線，讓之後安裝鋁管口金框用。

0.2公分

裡袋(正面)

外袋(正面)

Circular Frame Backpack
弧形口金後背包

做法流程

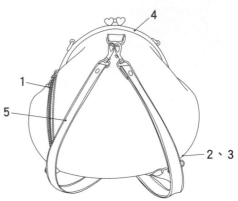

成品尺寸

寬 33× 高 30× 厚 6 公分

主要工具

縫紉機或者手縫針、線
丸斬（直徑 0.18 公分）
固定釦安裝工具（直徑 0.6 公分）
強力膠適量、木槌、膠板

材 料

手縫式弧形口金框＊寬 20 公分（線孔內藏，1 組）
牛革＊寬 80× 長 38× 厚 0.12 ～ 0.15 公分（1 片）
帆布＊寬 80× 長 70 公分（1 片）
織帶＊寬 2.5× 長 60 公分（2 條）
拉鍊＊長 16 公分（1 條）
固定釦＊直徑 0.6 公分（10 組）
問號鉤＊寬 2.5 公分（4 組）
D 形環＊寬 2.5 公分（3 組）
調整環＊寬 2.5 公分（2 組）

做 法

❶ **固定拉鍊：**按紙型標記，將拉鍊固定在外袋身片後
面外拉鍊位置。

❷ **縫合褶子、D 環耳：**將袋身片袋底褶子縫合。

❸ **縫合袋身片：**先縫合拉鍊裡袋，再分別將外袋、裡袋
縫合成型，最後外袋正面朝外，裡袋正面朝內，將
裡袋袋口布邊反摺 0.8 公分，從袋口縫合固定兩袋。

❹ **安裝口金框：**參照 p.48 手縫式口金（布料），組合
口金框與袋身。

❺ **製作肩帶：**肩帶做法同 p.288「皮革醫生後背包」的
做法❶製作肩帶。

排版方式

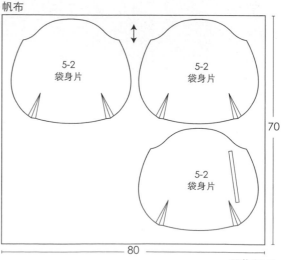

皮革

|5-1 袋身片|5-1 袋身片|5-3 D環耳|
38

5-5 肩帶A　　5-4 肩帶B
80

帆布

5-2 袋身片　　5-2 袋身片

5-2 袋身片
70

80

單位/公分

①固定拉鍊

先從裡布開始

取三片裡布的其中一片,安裝拉鍊。

裡布
(正面)

按袋身片/裡布紙型標記「拉鍊位置」,用消失筆或粉圖筆在裡布正面畫出記號線,並用剪刀將雙Y線段剪開。

縫份
0.4公分

裡布
(正面)

拉鍊織帶邊緣對剪開的布邊,縫合、固定。

拉鍊
(正面)

拉鍊
(正面)

裡布
(反面)

裡布
(正面)

縫完一邊後將拉鍊整個翻到裡布反面,並將剩下的三邊都縫合固定。

拉鍊
(正面)

裡布
(反面)

裡布
(反面)

皮革/外布
(正面)

將皮革外袋身重疊在裡布上方,拉鍊四周再縫一圈固定外袋身和裡袋身片。

縫份
0.3公分

拉鍊
(正面)

②縫合褶子、D環耳

裡、外紙型褶子、D環耳位置示意圖

D環耳位置
(後片)

雙

雙

雙

雙

褶子

褶子

皮革袋身片裡布袋身片

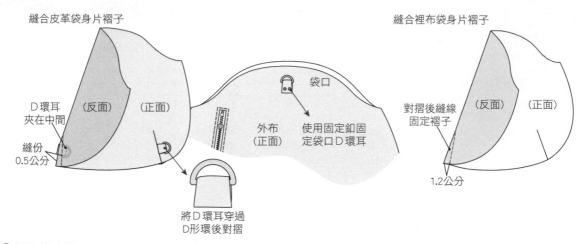

縫合皮革袋身片褶子

D環耳
夾在中間

（反面）　（正面）

縫份
0.5公分

袋口

外布
（正面）

使用固定釦固
定袋口D環耳

將D環耳穿過
D形環後對摺

縫合裡布袋身片褶子

對摺後縫線
固定褶子

（反面）　（正面）

1.2公分

③縫合袋身片

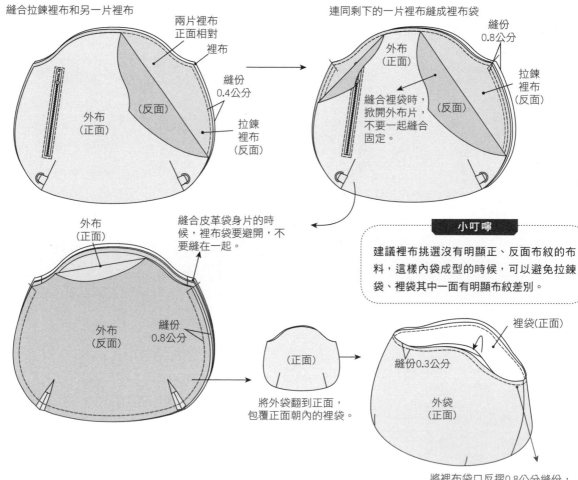

縫合拉鍊裡布和另一片裡布

兩片裡布
正面相對

裡布

縫份
0.4公分

外布
（正面）

（反面）

拉鍊
裡布
（反面）

連同剩下的一片裡布縫成裡布袋

縫份
0.8公分

外布
（正面）

縫合裡袋時，
掀開外布片，
不要一起縫合
固定。

（反面）

拉鍊
裡布
（反面）

縫合皮革袋身片的時
候，裡布袋要避開，不
要縫在一起。

外布
（正面）

外布
（反面）

縫份
0.8公分

小叮嚀

建議裡布挑選沒有明顯正、反面布紋的布
料，這樣內袋成型的時候，可以避免拉鍊
袋、裡袋其中一面有明顯布紋差別。

（正面）

將外袋翻到正面，
包覆正面朝內的裡袋。

裡袋（正面）

縫份0.3公分

外袋
（正面）

將裡布袋口反摺0.8公分縫份，
並縫合固定裡、外袋袋口。

Square Frame Backpack
方形口金後背包

紙型檔名 no.84

成 品 尺 寸

寬 27× 高 30× 厚 12 公分

材 料

手縫式ㄇ形口金框＊寬 25× 腳長 7 公分（1 組）

牛革＊寬 90× 長 54× 厚 0.12～0.15 公分（1 片）

帆布＊寬 92× 長 52 公分（1 片）

織帶＊寬 2.5× 長 60 公分（2 條）

拉鍊＊長 16 公分（1 條）

固定釦＊直徑 0.6 公分（10 組）

問號鉤＊寬 2.5 公分（4 組）

D 形環＊寬 2.5 公分（3 組）

調整環＊寬 2.5 公分（2 組）

主 要 工 具

縫紉機或者手縫針、線

丸斬（直徑 0.18 公分）

固定釦安裝工具（直徑 0.6 公分）

強力膠適量、木槌、膠板

排 版 方 式

皮革

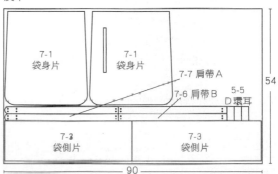

帆布

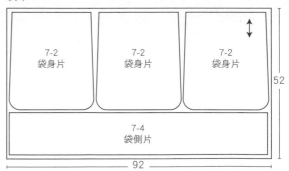

單位/公分

做 法

❶ **固定拉鍊**：做法同 p.300「弧形口金後背包」的做法❶。

❷ **縫合袋身與袋側片**：先將兩片皮革袋側片相接縫合，再與兩片皮革袋側片縫合成袋型。縫合拉鍊裡布和
另一片裡布，做法同 p.300「弧形口金後背包」的做法❸。

❸ **安裝口金框**：參照 p.48 手縫式口金（布料），組合口金框與袋身。

❹ **製作肩帶**：做法同 p.288「皮革醫生後背包」做法❶製作肩帶。

做法流程

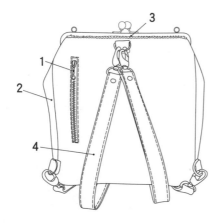

3

1

2

4

②縫合袋身與袋側片

皮革後片袋身拉鍊與拉鍊裡布縫合後，接著將袋身與袋側片縫成袋型。

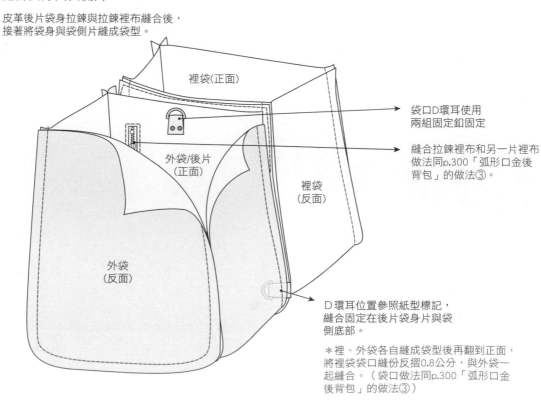

裡袋(正面)

袋口D環耳使用
兩組固定釦固定

外袋/後片
(正面)

縫合拉鍊裡布和另一片裡布
做法同p.300「弧形口金後
背包」的做法③。

裡袋
(反面)

外袋
(反面)

D環耳位置參照紙型標記，
縫合固定在後片袋身片與袋
側底部。

＊裡、外袋各自縫成袋型後再翻到正面，
將裡袋袋口縫份反摺0.8公分，與外袋一
起縫合。（袋口做法同p.300「弧形口金
後背包」的做法③）

Polka dots Purse-string Backpack
水玉束口後背包

成品尺寸

寬 32× 高 30× 厚 11.5 公分

材　　料

塞入式弧形口金框＊寬度 19 公分（1 組）

外布 A＊寬 86× 長 82 公分（1 片）

外布 B＊寬 74× 長 40 公分（1 片）

鋪棉布＊寬 86× 長 50 公分（1 片）

裡布＊寬 76× 長 48 公分（1 片）

拉鍊＊長 15 公分（1 條）

轉釦＊寬度 3.2 公分（1 組）

棉繩＊粗 0.5× 長 80 公分（1 條）

方形環＊寬 2.5 公分（2 組）

調整環＊寬 2.5 公分（2 組）

雞眼＊直徑 1.7 公分（8 組）

主要工具

縫紉機或者手縫針、線

丸斬（直徑 0.8 公分）

雞眼安裝工具（直徑 1.7 公分）

做法流程

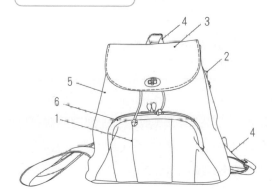

做　　法

❶ **製作前外口袋**：摺疊口袋外片褶子並縫合固定，按紙型位置標記，將口袋底片外布 B 與外布 A 袋身片前片正面相對，縫合固定，再將口袋底片與底片裡布單邊袋口正面相對，從反面縫合，剩下的口袋外片裡、外也依序縫合，組成袋型。

❷ **製作後暗袋片**：在外布 A 的後暗袋片正面左邊，排放一條長 15 公分的拉鍊，正面相對，再重疊裡布後暗袋片，縫合固定，接著上方和右邊袋側也一起縫合，縫份 0.8 公分，從袋底翻到正面，按紙型標記，先將剩下的拉鍊織帶固定在外布 A 袋身片後片正面，再從正面縫合，將整個後暗袋固定在袋身片上。

❸ **製作袋蓋片**：將外布 B、裡布袋蓋片正面相對，從反面縫合 U 形邊，翻到正面，並沿著邊緣 0.3 公分再壓一條線固定內部縫份。

❹ **製作背帶與提把**：將布條長邊向中心對摺四等份後縫成長條狀，背帶 A、B 組合成可調長短背帶（參照 p.36），與提把、袋蓋一起連同袋蓋固定片，全都縫合固定在外布 A 袋身片後片上紙型所標記的位置。

❺ **縫合袋身**：將裡、外袋身、袋底片分別縫成袋型，裡袋預留返口，翻到正面，然後安裝轉釦和雞眼。

❻ **安裝口金框**：參照 p.50 塞入式口金（布料），組合口金框與袋身，並參照 p.43 將袋身內裡返口以藏針縫收尾。

排版方式

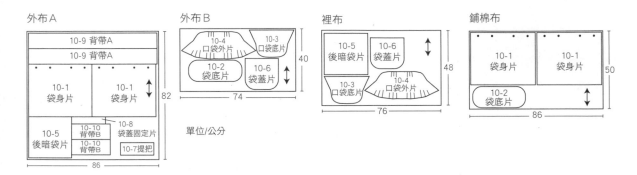

外布A
- 10-9 背帶A
- 10-9 背帶A
- 10-1 袋身片 / 10-1 袋身片
- 10-5 後暗袋片 / 10-10 背帶B / 10-10 背帶B / 10-8 袋蓋固定片 / 10-7提把
- 82 / 86

外布B
- 10-4 口袋外片 / 10-3 口袋底片
- 10-2 袋底片 / 10-6 袋蓋片
- 40 / 74

裡布
- 10-5 後暗袋片 / 10-6 袋蓋片
- 10-3 口袋底片 / 10-4 口袋外片
- 48 / 76

鋪棉布
- 10-1 袋身片 / 10-1 袋身片
- 10-2 袋底片
- 50 / 86

單位/公分

①製作前外口袋

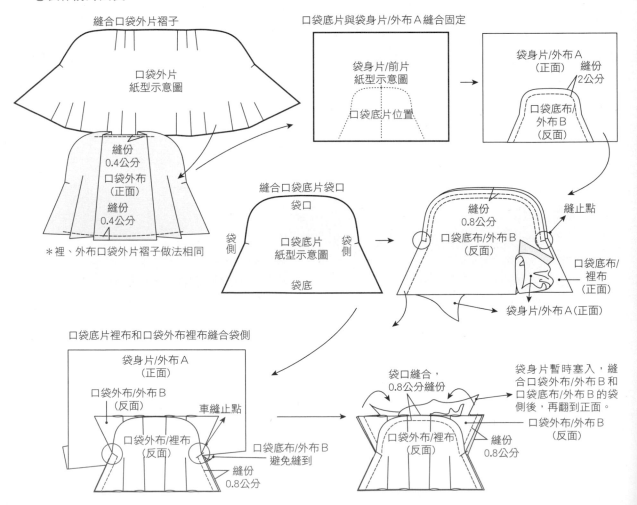

縫合口袋外片褶子

口袋外片
紙型示意圖

縫份
0.4公分
口袋外布
（正面）
縫份
0.4公分

＊裡、外布口袋外片褶子做法相同

口袋底片與袋身片/外布A縫合固定

袋身片/前片
紙型示意圖

口袋底片位置

袋身片/外布A
（正面） 縫份
2公分

口袋底布/
外布B
（反面）

縫合口袋底片袋口

袋口

袋側 口袋底片 袋側
紙型示意圖

袋底

縫份
0.8公分
口袋底布/外布B
（反面）

縫止點

口袋底布/
裡布
（正面）

袋身片/外布A（正面）

口袋底布/外布B 袋側

口袋底片裡布和口袋外布裡布縫合袋側

袋身片/外布A
（正面）

口袋外布/外布B
（反面）

車縫止點

口袋外布/裡布
（反面）

口袋底布/外布B
避免縫到

縫份
0.8公分

袋口縫合，
0.8公分縫份

口袋外布/裡布
（反面）

縫份
0.8公分

袋身片暫時塞入，縫
合口袋外布/外布B和
口袋底布/外布B的袋
側後，再翻到正面。

口袋外布/外布B
（反面）

②製作後暗袋片

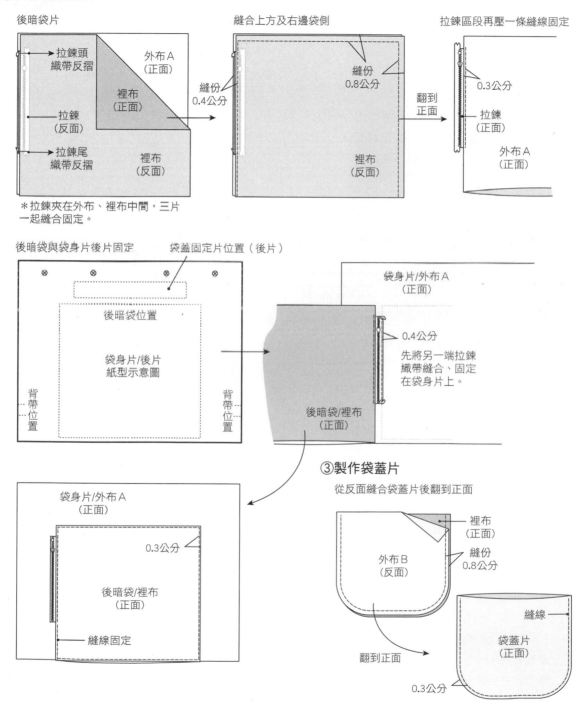

後暗袋片

拉鍊頭
織帶反摺

外布A
（正面）

裡布
（正面）

拉鍊
（反面）

拉鍊尾
織帶反摺

裡布
（反面）

＊拉鍊夾在外布、裡布中間，三片
一起縫合固定。

縫合上方及右邊袋側

縫份
0.4公分

縫份
0.8公分

裡布
（反面）

翻到
正面

拉鍊區段再壓一條縫線固定

0.3公分

拉鍊
（正面）

外布A
（正面）

後暗袋與袋身片後片固定　　袋蓋固定片位置（後片）

後暗袋位置

袋身片/後片
紙型示意圖

背帶位置

背帶位置

袋身片/外布A
（正面）

0.4公分

先將另一端拉鍊
織帶縫合、固定
在袋身片上。

後暗袋/裡布
（正面）

③製作袋蓋片

袋身片/外布A
（正面）

0.3公分

後暗袋/裡布
（正面）

縫線固定

從反面縫合袋蓋片後翻到正面

裡布
（正面）

縫份
0.8公分

外布B
（反面）

翻到正面

縫線

袋蓋片
（正面）

0.3公分

紙型檔名 no.86

Pink Pocket Shopping Bag
粉紅購物子母包

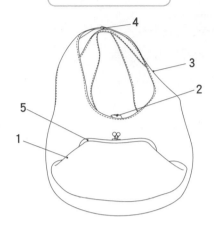

成 品 尺 寸

寬 40× 高 45×
厚約 4～5 公分

主 要 工 具

縫紉機或者手縫針、線
撞釘磁釦安裝工具（1.4 公分）
白膠適量、一字螺或口金鉗

材 料

塞入式M形口金框＊寬 18.5× 腳長 6.5 公分（1 組）
外布＊寬 85× 長 68 公分（1 片）
裡布＊寬 85× 長 68 公分（1 片）
撞釘磁釦＊直徑約 1.4 公分（1 組）
紙繩＊粗 0.3× 長 26 公分（2 條）

做 法

❶ **縫合口金袋身片**：按紙型位置標記，將一片口金袋身片外布與袋身片前片正面相對，縫合固定，再與一片口金袋身片裡布單邊袋口正面相對，從反面縫合，剩下的口金袋身片外布、裡布也依序縫合袋口，裡布預留返口，組成袋型。

❷ **製作、固定磁釦耳**：將磁釦耳縫份往中心反摺兩次，分別固定磁釦公、母釦之後，縫合並固定在袋身片的袋口處。

❸ **縫合袋身片**：將單片外袋身片對應一片裡袋身片，從紙型袋側標示的「車縫止點」往提把方向開始縫合到另一端「車縫止點」，再依序固定裡布袋側、外布袋側，並在裡布預留返口。

❹ **接合袋身提把**：將提把重疊、縫合固定。

❺ **安裝口金框**：參照 p.50 塞入式口金（布料），組合口金框與袋身，並參照 p.43 將內裡返口以藏針縫收尾。

排 版 方 式

外布

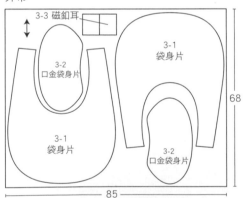

裡布

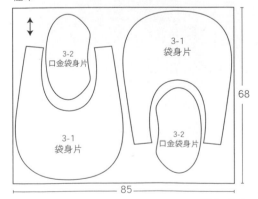

單位/公分

①縫合口金袋身片

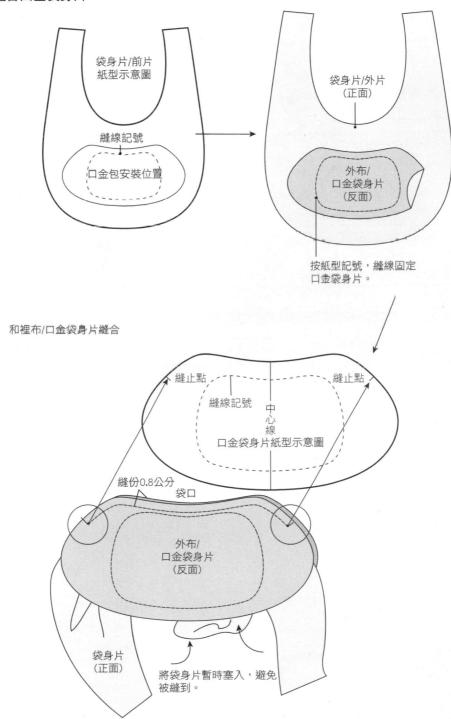

袋身片/前片
紙型示意圖

縫線記號

口金包安裝位置

袋身片/外片
（正面）

外布/
口金袋身片
（反面）

按紙型記號，縫線固定
口金袋身片。

和裡布/口金袋身片縫合

縫止點

縫線記號

中
心
線

縫止點

口金袋身片紙型示意圖

縫份0.8公分

袋口

外布/
口金袋身片
（反面）

袋身片
（正面）

將袋身片暫時塞入，避免
被縫到。

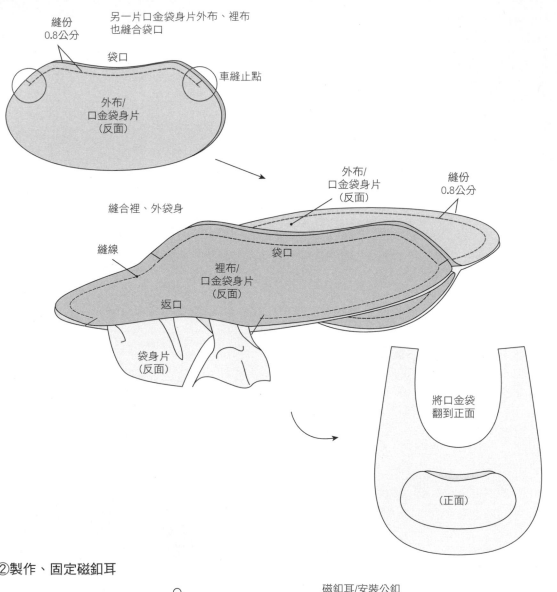

縫份
0.8公分

另一片口金袋身片外布、裡布
也縫合袋口

袋口

車縫止點

外布/
口金袋身片
（反面）

縫合裡、外袋身

外布/
口金袋身片
（反面）

縫份
0.8公分

縫線

袋口

裡布/
口金袋身片
（反面）

返口

袋身片
（反面）

將口金袋
翻到正面

（正面）

②製作、固定磁釦耳

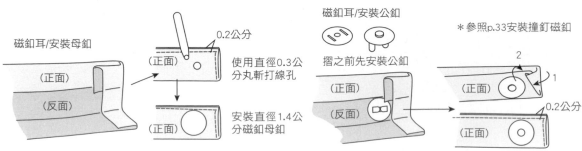

磁釦耳/安裝母釦

（正面）

（反面）

（正面）

0.2公分

使用直徑0.3公
分丸斬打線孔

（正面）

安裝直徑1.4公
分磁釦母釦

磁釦耳/安裝公釦

摺之前先安裝公釦

（正面）

（反面）

＊參照p.33安裝撞釘磁釦

2

（正面）

1

0.2公分

（正面）

③縫合袋身片

先縫合提把袋口

兩片磁釦耳分別先固定
在兩片外袋身袋口處

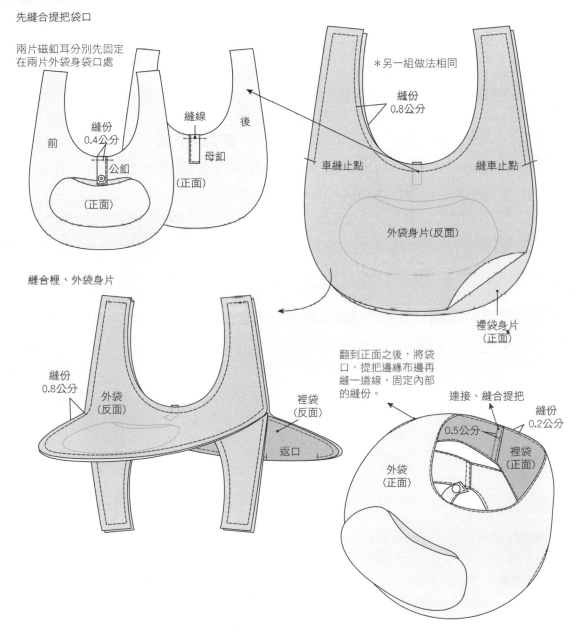

縫份
0.4公分

公釦

前

(正面)

縫線

後

母釦

(正面)

*另一組做法相同

縫份
0.8公分

車縫止點

縫車止點

外袋身片(反面)

裡袋身片
(正面)

縫合裡、外袋身片

縫份
0.8公分

外袋
(反面)

裡袋
(反面)

返口

翻到正面之後,將袋
口、提把邊緣布邊再
縫一道線,固定內部
的縫份。

連接、縫合提把

縫份
0.2公分

0.5公分

裡袋
(正面)

外袋
(正面)

Polka Dots plastic Shoulder Bag
水玉大膠框肩背包

紙型檔名 no.87

做 法 流 程

成 品 尺 寸

寬 28× 高 23× 厚 12 公分

材　　　料

塞入式方形塑膠口金框＊外徑寬 30.5× 腳長 11.5 公分，
內徑寬 27.5× 腳長 11 公分（1 組）

外布＊寬 110× 長 72 公分（1 片）

裡布＊寬 53× 長 63 公分（1 片）

皮革＊寬 20× 長 2.5 厚約 0.15 ～ 0.18 公分（1 片）

薄夾棉＊寬 42× 長 62 公分（1 片）

撞釘磁釦＊直徑約 1.4 公分（1 組）

問號鉤＊寬 2 公分（2 組）

固定釦＊直徑 0.8 公分（2 組）

排 版 方 式

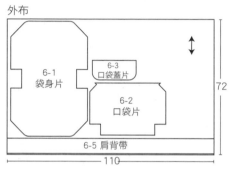

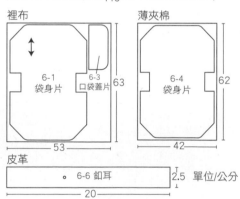

主 要 工 具

縫紉機或者手縫針、線　　　熨斗、燙板、木槌、膠板

壓釦安裝工具（直徑 1 公分）　固定釦安裝工具（直徑 0.6

丸斬（直徑 0.3 公分）　　　公分）

做　　　法

❶ **貼薄夾棉**：參考 p.44 貼夾棉，在袋身片反面貼合薄夾棉。

❷ **製作、固定口袋片**：袋口以三摺縫縫合，然後固定在袋身片上。

❸ **固定口袋蓋片**：將口袋蓋片裡、外布正面相對縫合，翻到正面，皮革釦耳摺疊並與撞釘磁釦公釦一起安裝在
口袋片上，將口袋蓋片固定在外袋身片正面，並安裝撞釘磁釦母釦。

❹ **縫合袋身片**：由袋口對齊裡、外袋身片，然後縫合，再各自從袋側片縫合並抓底，在裡布袋側預留返口，翻
到正面。

❺ **安裝口金框**：參照 p.50 塞入式口金，組合口金框與袋身，並參照 p.43 將內裡返口以藏針縫收尾。

❻ **製作、安裝肩背帶**：將布片長邊摺四等份後縫合，兩端套上問號鉤，使用固定釦固定布片即成。（肩背帶做
法可參照 p.37 長形條狀物做法 1、布邊直角縫法）

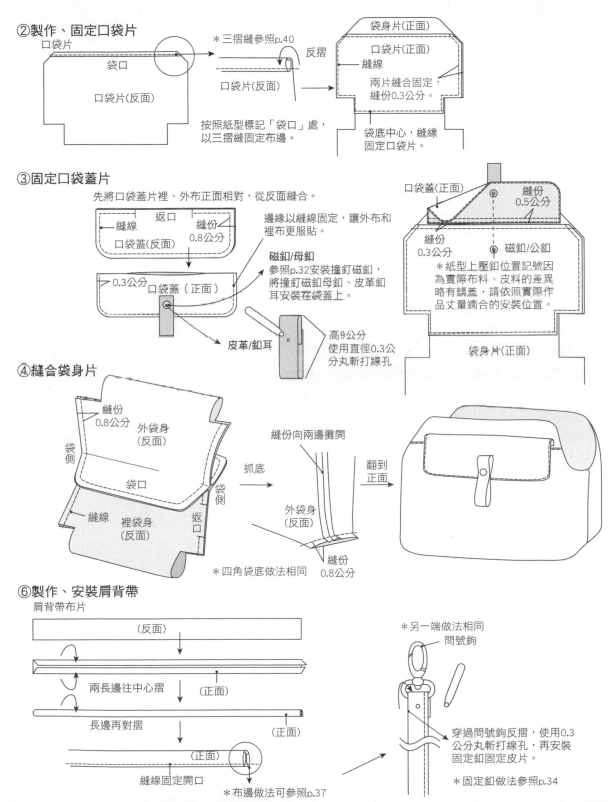

②製作、固定口袋片

口袋片

袋口

口袋片(反面)

＊三摺縫參照p.40

口袋片(反面)

反摺

按照紙型標記「袋口」處，
以三摺縫固定布邊。

袋身片(正面)

口袋片(正面)

縫線

兩片縫合固定，
縫份0.3公分。

袋底中心，縫線
固定口袋片。

③固定口袋蓋片

先將口袋蓋片裡、外布正面相對，從反面縫合。

返口

縫線

縫份
0.8公分

口袋蓋(反面)

邊緣以縫線固定，讓外布和
裡布更服貼。

磁釦/母釦

參照p.32安裝撞釘磁釦，
將撞釘磁釦母釦、皮革釦
耳安裝在袋蓋上。

0.3公分

口袋蓋（正面）

皮革/釦耳

高9公分
使用直徑0.3公
分丸斬打線孔

口袋蓋(正面)

縫份
0.5公分

縫份
0.3公分

磁釦/公釦

＊紙型上壓釦位置記號因
為實際布料、皮料的差異
略有誤差，請依照實際作
品丈量適合的安裝位置。

袋身片(正面)

④縫合袋身片

縫份
0.8公分

外袋身
(反面)

袋側

袋口

縫線

裡袋身
(反面)

袋側

返口

抓底

縫份向兩邊攤開

外袋身
(反面)

縫份
0.8公分

翻到
正面

＊四角袋底做法相同

⑥製作、安裝肩背帶

肩背帶布片

(反面)

兩長邊往中心摺

(正面)

長邊再對摺

(正面)

(正面)

縫線固定開口

＊布邊做法可參照p.37

＊另一端做法相同

問號鉤

穿過問號鉤反摺，使用0.3
公分丸斬打線孔，再安裝
固定釦固定皮片。

＊固定釦做法參照p.34

Casual Travel Backpack
悠閒旅行後背包

成品尺寸

寬 27× 高 30× 厚 15.5 公分

材　　料

支架∩形口金框＊寬 25× 腳長 7.5 公分（1 組）

外布 A＊寬 88× 長 55 公分（1 片）

外布 B＊寬 40× 長 28 公分（1 片）

皮革＊寬 17× 長 18x 厚 0.15～0.18 公分（1 片）

裡布＊寬 96× 長 64 公分（1 片）

牛津襯＊寬 82× 長 47 公分（1 片）

提把織帶＊寬 2.5× 長 30 公分（2 條）

肩背織帶＊寬 2.5× 長 110 公分（2 條）

銅拉鍊＊長 40 公分（1 條）

書包釦＊直徑 5 公分（1 組）

調整環＊內徑寬 2.5 公分（2 組）

D 形環＊內徑寬 2.5 公分（3 組）

問號鉤＊內徑寬 2.5 公分（4 組）

固定釦＊直徑 0.8 公分（8 組）

主要工具

縫紉機或者手縫針、線

固定釦安裝工具（直徑 0.8 公分）

熨斗、燙板

排版方式

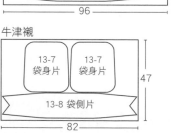

外布 A
- 13-1 袋身片
- 13-1 袋身片
- 13-5 口袋蓋
- 13-13 D 環耳
- 13-3 袋側片
- 88
- 55

裡布
- 13-1 袋身片
- 13-1 袋身片
- 13-12 內口袋
- 13-4 口袋片
- 13-2 拉鍊袋口片
- 13-3 袋側片
- 96
- 64

外布 B
- 13-2 拉鍊袋口片
- 13-4 口袋片
- 40
- 28

牛津襯
- 13-7 袋身片
- 13-7 袋身片
- 13-8 袋側片
- 82
- 47

皮革
- 13-6 釦具持手
- 13-9 拉鍊尾片
- 13-10 提把固定片
- 13-11 皮革握片
- 13-11 皮革握片
- 17
- 18

單位/公分

做　　法

❶ **貼牛津襯**：參照 p.45 貼布襯，在兩片外布 B 袋身片、一片外布 B 袋側片反面燙貼牛津襯。

❷ **製作內口袋、提把、D 環耳**：將內口袋布片袋口布邊以三摺縫縫合，固定在裡布袋身片上。先將皮革握片四周使用菱斬打線孔，再與長 30 公分的織帶居中重疊，用強力膠貼合，長邊對摺縫合，再參照紙型標記，與提把固定片一起固定在袋身片上。D 環耳布片長邊縫份 0.8 公分往反面摺，縫合固定，套上 D 形環後對摺，依序固定在袋口、袋底兩側上。

❸ **固定拉鍊**：做法同 p.240「蝴蝶結肩背方包」的做法❷，將拉鍊織帶頭、尾分別用兩片皮革拉鍊尾片縫合固定。

❹ **製作、固定口袋蓋與口袋片**：做法同 p.246「休閒風旅行包」的做法❸。

❺ **縫合袋身片、袋側片**：做法同 p.240「蝴蝶結肩背方包」的做法❹。

❻ **組合袋身、拉鍊袋口**：做法同 p.240「蝴蝶結肩背方包」的做法❺。

❼ **安裝支架口金框**：從袋口兩端縫隙穿入口金框，參照 p.43 以藏針縫縫合口金框入口、裡袋返口。

❽ **安裝肩背織帶**：參照 p.36 製作可調肩背帶即可。大功告成囉！

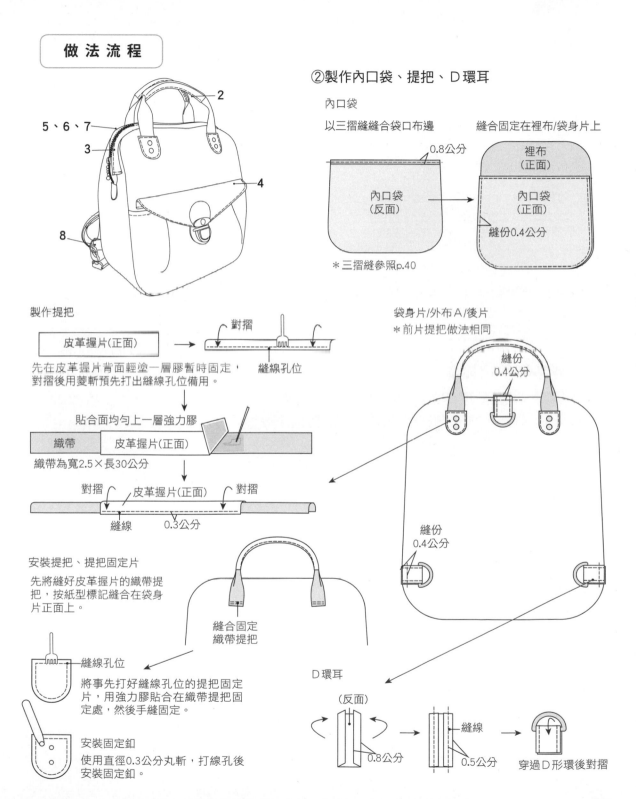

做 法 流 程

②製作內口袋、提把、D環耳

內口袋

以三摺縫縫合袋口布邊

縫合固定在裡布/袋身片上

0.8公分

裡布
（正面）

內口袋
（反面）

內口袋
（正面）

縫份0.4公分

*三摺縫參照p.40

製作提把

皮革握片(正面)

對摺

縫線孔位

先在皮革握片背面輕塗一層膠暫時固定，
對摺後用菱斬預先打出縫線孔位備用。

貼合面均勻上一層強力膠

織帶　皮革握片(正面)

織帶為寬2.5×長30公分

對摺　皮革握片(正面)　對摺

縫線　0.3公分

安裝提把、提把固定片

先將縫好皮革握片的織帶提
把，按紙型標記縫合在袋身
片正面上。

縫線孔位

將事先打好縫線孔位的提把固定
片，用強力膠貼合在織帶提把固
定處，然後手縫固定。

安裝固定釦

使用直徑0.3公分丸斬，打線孔後
安裝固定釦。

縫合固定
織帶提把

袋身片/外布A/後片
*前片提把做法相同

縫份
0.4公分

縫份
0.4公分

D環耳

(反面)

縫線

0.8公分　0.5公分　穿過D形環後對摺

Blue Polka Dots ∏ Design Two-way Bag

藍色水玉∏形兩用背包

成品尺寸

寬 24× 高 30× 厚 7 公分

材　料

手縫式∏形口金框＊寬 25× 腳長 7 公分
（1 組）

外布＊寬 86× 長 76 公分（1 片）

裡布＊寬 57× 長 23 公分（1 片）

鋪棉布＊寬 37× 長 75 公分（1 片）

轉釦＊寬度 3.2 公分（1 組）

固定釦＊直徑 0.8 公分（1 組）

問號鉤＊內徑寬度 2 公分（4 組）

D 形環＊內徑寬度 2 公分（3 組）

調整環＊內徑寬度 2 公分（2 組）

主要工具

縫紉機或者手縫針、線、丸斬（直徑 0.3 公分）
固定釦安裝工具（直徑 0.8 公分）、木槌、膠板

做　　法

做法流程

排版方式

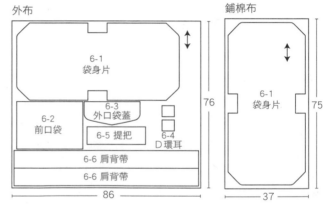

單位/公分

❶ **製作提把、D 環耳**：將提把反面朝上，長邊往中心反摺兩次後縫合，以紙型標記「D 環耳端」中心線為中心，套上 D 環耳套，兩端摺疊後在中心線縫合固定。

❷ **製作前口袋、外口袋蓋、安裝轉釦**：前口袋片袋口使用三摺縫縫合，按照紙型標記固定轉釦下片，將外口袋蓋裡、外片正面相對，縫合後翻到正面，固定在袋身片上，依照實際轉釦下片位置，安裝袋蓋轉釦上片。

❸ **縫合袋身片**：將外布、裡布分別縫成袋型。做法同 p.320「桃色水玉兩用後背包」的做法❸。

❹ **組合裡、外袋**：將外袋正面朝外，裡袋正面朝內，兩袋正面相對互套，然後從袋口處沿著縫份 0.8 公分縫合，再從返口翻到正面。

❺ **安裝口金框**：參照 p.48 手縫式口金（布料），將袋身和口金框縫合即可。

❻ **製作、安裝肩背帶**：做法同 p.320「桃色水玉兩用後背包」的做法❻。大功告成囉！

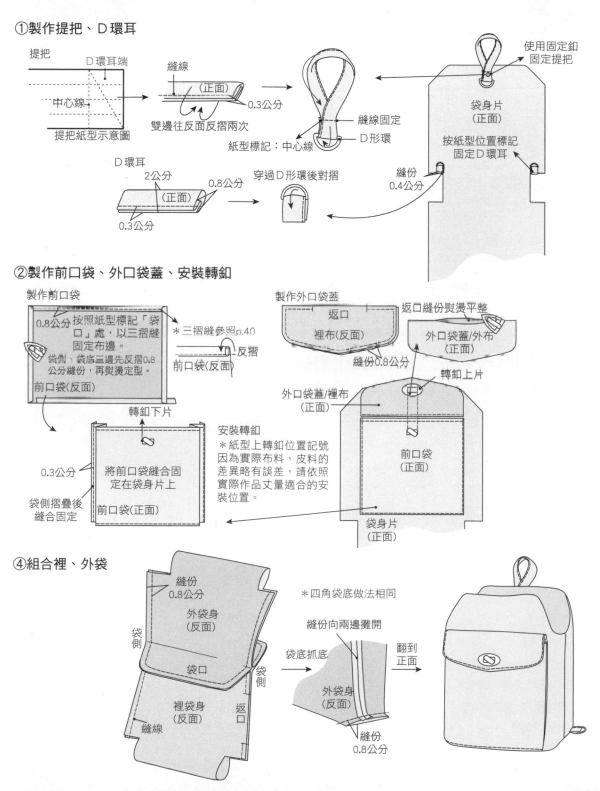

①製作提把、D環耳

提把

D環耳端

中心線

提把紙型示意圖

縫線

（正面）

0.3公分

雙邊往反面反摺兩次

紙型標記：中心線

縫線固定

D形環

使用固定釦
固定提把

袋身片
（正面）

按紙型位置標記
固定D環耳

縫份
0.4公分

D環耳

2公分

0.8公分

（正面）

0.3公分

穿過D形環後對摺

②製作前口袋、外口袋蓋、安裝轉釦

製作前口袋

0.8公分 按照紙型標記「袋
口」處，以三摺縫
固定布邊。
袋側、袋底三邊先反摺0.8
公分縫份，再熨燙定型。

前口袋（反面）

＊三摺縫參照p.40

反摺

前口袋（反面）

轉釦下片

0.3公分

袋側摺疊後
縫合固定

將前口袋縫合固
定在袋身片上

前口袋（正面）

製作外口袋蓋

返口

裡布（反面）

縫份0.8公分

返口縫份熨燙平整

外口袋蓋/外布
（正面）

轉釦上片

外口袋蓋/裡布
（正面）

安裝轉釦
＊紙型上轉釦位置記號
因為實際布料、皮料的
差異略有誤差，請依照
實際作品丈量適合的安
裝位置。

前口袋
（正面）

袋身片
（正面）

④組合裡、外袋

縫份
0.8公分

外袋身
（反面）

袋側

袋口

袋側

裡袋身
（反面）

返口

縫線

＊四角袋底做法相同

縫份向兩邊攤開

袋底抓底

外袋身
（反面）

縫份
0.8公分

翻到
正面

Red Stripe M Design Frame Bag

紅色直紋 M 形口金提包

成品尺寸

寬 30×高 20×厚 8 公分

材　　料

手縫式 M 形口金框＊寬 27 公分（1 組）
外布＊寬 100×長 50 公分（1 片）
鋪棉布＊寬 62×長 42 公分（1 片）
棉繩＊粗 0.3×長 52 公分（2 條）

主要工具

縫紉機或者手縫針、線

排版方式

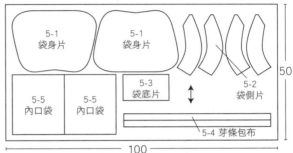

外布

鋪棉布

單位/公分

做　　法

❶ **製作內口袋**：分別將兩片內口袋布片對摺，各自從反面縫合，預留返口翻到正面後，固定在裡布袋身片。

❷ **組合袋側片與袋底片**：將袋側片正面相對，按紙型「袋側中心」區段，沿著邊緣 0.8 公分縫線固定，然後將「接袋底片」區段和袋底片對齊縫合，縫份也是 0.8 公分。

❸ **製作芽條**：做法同 p.280「花花可頌手提包」的做法❺。

❹ **縫合外袋**：將兩片外袋身片、一片組合好的袋側、袋底片正面相對，從反面縫合固定成袋型。

❺ **組合裡、外袋**：做法同 p.130「愛心水玉零錢包」的做法❷和❸。

❻ **安裝口金框**：參照 p.43 以藏針縫縫合返口，再參照 p.48 手縫式口金（布料），組合口金框與袋身，大功告成囉！

做法流程

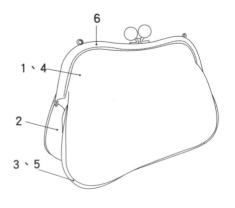

①製作內口袋

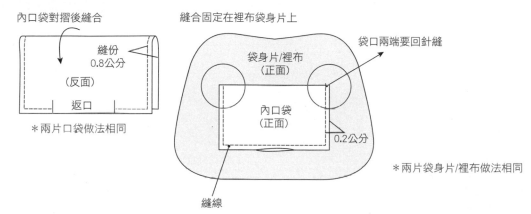

內口袋對摺後縫合

縫份
0.8公分

（反面）

返口

*兩片口袋做法相同

縫合固定在裡布袋身片上

袋口兩端要回針縫

袋身片/裡布
（正面）

內口袋
（正面）

0.2公分

縫線

*兩片袋身片/裡布做法相同

②組合袋側片與袋底片

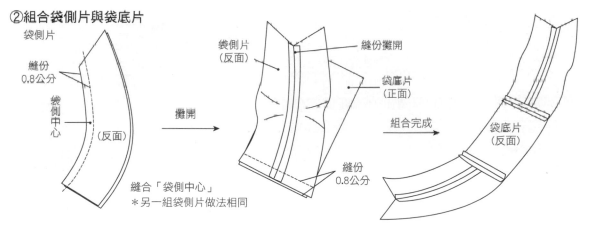

袋側片

縫份
0.8公分

袋側中心

（反面）

攤開

縫合「袋側中心」
*另一組袋側片做法相同

袋側片
（反面）

縫份攤開

袋底片
（正面）

縫份
0.8公分

組合完成

袋底片
（反面）

④縫合外袋

接合袋身片與袋側片成袋型

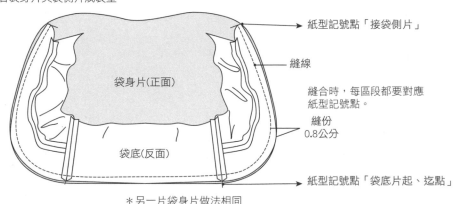

袋身片（正面）

袋底（反面）

*另一片袋身片做法相同

紙型記號點「接袋側片」

縫線

縫合時，每區段都要對應
紙型記號點。

縫份
0.8公分

紙型記號點「袋底片起、迄點」

Pink Polka Dots Two-way Backpack
桃色水玉二用後背包

紙型檔名
no.91

主 要 工 具

縫紉機或者手縫針、線
固定釦安裝工具（直徑 0.8 公分）
壓釦安裝工具（直徑 1 公分）

丸斬（直徑 0.3 公分）
木槌、膠板

材　　　料

手縫式弧形口金框＊寬 20 公分
（線孔內藏，1 組）
外布＊寬 86× 長 66 公分（1 片）
裡布＊寬 22× 長 8 公分（1 片）
鋪棉布＊寬 30× 長 50 公分（1 片）
壓釦＊直徑 1 公分（2 組）
固定釦＊直徑 0.8 公分（1 組）
問號鉤＊寬度 2 公分（4 組）
D 形環＊寬度 2 公分（3 組）
調整環＊寬度 2 公分（2 組）

排 版 方 式

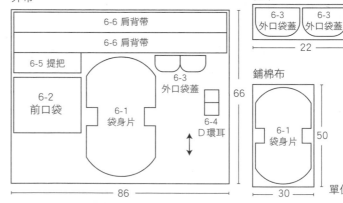

做　　　法

❶ **製作提把、D環耳**：將提把反面朝上，長邊往中心反摺兩次後縫合，以紙型標記「D環耳端」中心線為中心，套上D環耳套，兩端摺疊後在中心線縫合固定。

❷ **製作前口袋、外口袋蓋、安裝壓釦**：前口袋片袋口使用三摺縫縫合，按照紙型標記固定壓釦公片，將外口袋蓋裡、外片正面相對，縫合並翻到正面固定在袋身片上，依照實際壓釦公片的位置，安裝袋蓋母釦。

❸ **縫合袋身片**：將外布和裡布，分別縫成袋型。

❹ **組合裡、外袋**：將外袋正面朝外，裡袋正面朝內，兩袋正面相對互套，然後從袋口處沿著縫份 0.8 公分縫合，從返口翻到正面。

❺ **安裝口金框**：參照 p.48 手縫式口金（布料），將袋身和口金框縫合。

❻ **製作、安裝肩背帶**：參照 p.36 製作可調肩背帶。

做 法 流 程

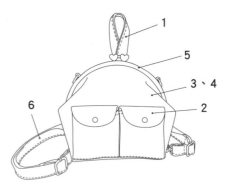

①製作提把、D環耳

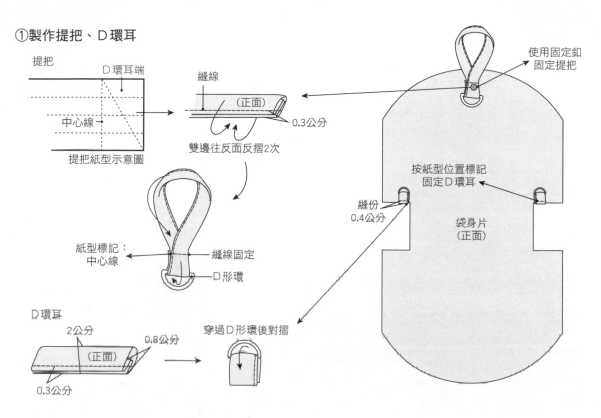

提把

D環耳端

中心線

提把紙型示意圖

縫線

（正面）

0.3公分

雙邊往反面反摺2次

紙型標記：
中心線

縫線固定

D形環

D環耳

2公分

（正面）

0.8公分

0.3公分

穿過D形環後對摺

使用固定釦
固定提把

按紙型位置標記
固定D環耳

縫份
0.4公分

袋身片
（正面）

②製作前口袋、外口袋蓋、安裝壓釦

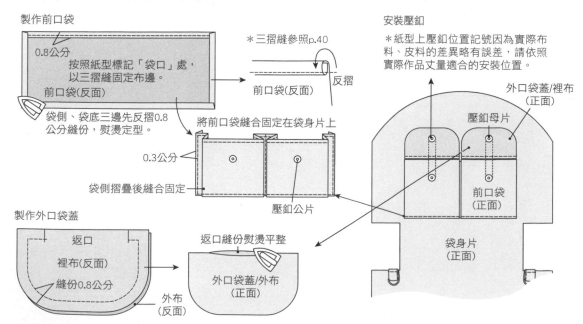

製作前口袋

0.8公分

按照紙型標記「袋口」處，
以三摺縫固定布邊。

前口袋（反面）

袋側、袋底三邊先反摺0.8
公分縫份，熨燙定型。

*三摺縫參照p.40

前口袋（反面）

反摺

安裝壓釦

*紙型上壓釦位置記號因為實際布
料、皮料的差異略有誤差，請依照
實際作品丈量適合的安裝位置。

將前口袋縫合固定在袋身片上

0.3公分

袋側摺疊後縫合固定

壓釦公片

製作外口袋蓋

返口

裡布（反面）

縫份0.8公分

外布
（反面）

返口縫份熨燙平整

外口袋蓋/外布
（正面）

外口袋蓋/裡布
（正面）

壓釦母片

前口袋
（正面）

袋身片
（正面）

③縫合袋身片

裡、外袋身片

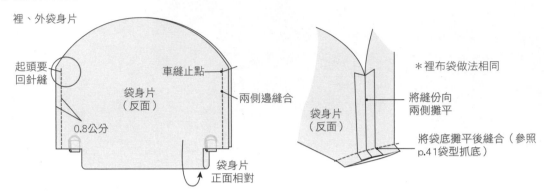

起頭要
回針縫

車縫止點

袋身片
（反面）

兩側邊縫合

0.8公分

袋身片
正面相對

＊裡布袋做法相同

袋身片
（反面）

將縫份向
兩側攤平

將袋底攤平後縫合（參照
p.41袋型抓底）

④組合裡、外袋

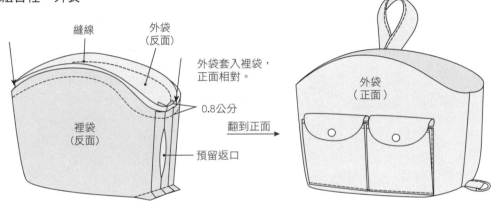

縫線

外袋
（反面）

外袋套入裡袋，
正面相對。

0.8公分

裡袋
（反面）

翻到正面

預留返口

外袋
（正面）

⑥製作、安裝肩背帶

兩條肩背帶

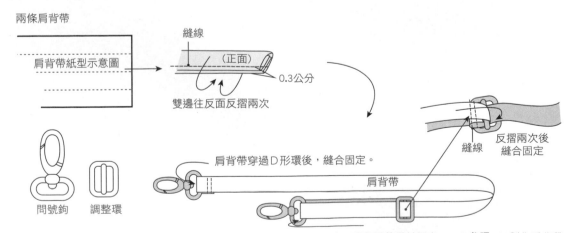

肩背帶紙型示意圖

縫線

（正面）

0.3公分

雙邊往反面反摺兩次

反摺兩次後
縫合固定

縫線

肩背帶穿過D形環後，縫合固定。

肩背帶

問號鉤　調整環

肩背帶穿過D形環後，返回調整環並固定。　＊參照p.36製作肩背帶

Blue Stripe ∏ Design Frame Bag

藍色直紋∏型單釦口金包

成品尺寸

寬 29× 高 16× 厚 8.5 公分

材　　料

塞入式∏形單釦口金＊寬 23× 腳長 6 公分（1 組）

外布＊寬 95× 長 45 公分（1 片）

鋪棉布＊寬 64× 長 38 公分（1 片）

棉繩＊粗 0.3× 長 52 公分（2 條）

紙繩＊粗 0.3× 長 34 公分（2 條）

主要工具

縫紉機或者手縫針、線

強力膠適量、白膠適量

一字螺或口金鉗

排版方式

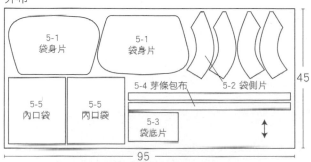

外布

5-1 袋身片　5-1 袋身片　5-2 袋側片　5-4 芽條包布

5-5 內口袋　5-5 內口袋　5-3 袋底片

95　45

鋪棉布

5-1 袋身片　5-1 袋身片

5-2 袋側片　5-2 袋側片　5-3 袋底片

5-2 袋側片　5-2 袋側片

64　38

單位/公分

做　　法

❶ **製作內口袋：**做法同 p.318「紅色直紋 M 形口金提包」的做法❶。

❷ **組合袋側片與袋底片：**做法同 p.318「紅色直紋 M 形口金提包」的做法❷。

❸ **製作芽條：**做法同 p.280「花花可頌手提包」的做法❺。

❹ **縫合外袋：**做法同 p.318「紅色直紋 M 型口金提包」的做法❹。

❺ **組合裡、外袋：**做法同 p.130「愛心水玉零錢包」的做法❷和❸。

❻ **安裝口金框：**參照 p.50 塞入式口金（布料），組合口金框與袋身，參照 p.43 將內裡返口以藏針縫收尾。

做法流程

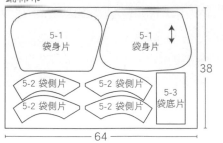
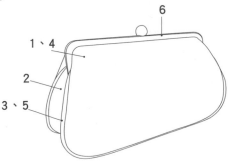

1、4　2　3、5　6

紙型檔名 no.93

Woolen Wood Frame Handbag
毛料手提木架包

成品尺寸

寬 39× 高 23× 厚 14 公分

材　　料

塞入式木架口金框＊外徑寬 32× 腳長 12
公分，內徑寬 29.5× 腳長 10 公分（1 組）
外布＊寬 95× 長 28 公分（1 片）
裡布＊寬 95× 長 55 公分（1 片）
牛津襯＊寬 92× 長 26 公分（1 片）

主要工具

縫紉機或者手縫針、線
白膠適量、熨斗、燙板、一字螺
螺絲起子（尺寸符合口金所附螺絲釘直徑）

做　　法

❶ **貼牛津襯**：參照 p.45 貼布襯，在兩片外布袋身片反面燙貼牛津襯。

❷ **固定袋底褶子**：按紙型標記，將裡、外袋身片的袋底褶子縫合固定。

❸ **製作內口袋、縫合袋身**：將內口袋布片對摺，從反面縫合，預留返口翻到正面，固定在裡布袋身片；再分別將裡、外袋身片縫成袋型，裡袋底部預留返口，將外袋正面朝外，裡袋正面朝內，兩袋互套，然後從袋口處縫合兩袋。

❹ **安裝口金框**：首先在木架口金框軌道中均勻塗上一層白膠，將袋身塞填入木架框軌道中，調整好位置，再用口金框附的螺絲釘固定框與袋身。參照 p.43 將返口以藏針縫縫合，大功告成囉！

排版方式

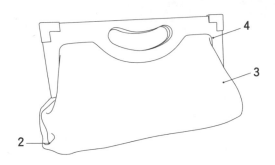

做法流程

外布

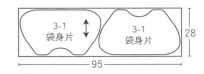

裡布

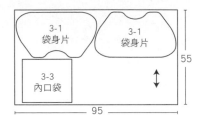

牛津襯

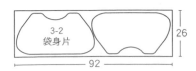

單位/公分

②固定袋底褶子

縫合裡、外袋身片的袋底褶子

外袋身片
紙型標記

褶子　　　　　褶子

袋身片/外布
（反面）

＊摺疊方向示意圖，
裡、外袋身片摺法相同。

③製作內口袋、縫合袋身

縫合內口袋
內口袋對摺後縫合

縫份
0.8公分

（反面）

返口

縫合固定在裡布袋身片上

袋身片/裡布
（正面）

袋口兩端要回針縫

內口袋
（正面）

0.2公分

縫線

縫合裡、外袋身

車縫止點
回針固定

袋身片/外布
（反面）

車縫止點
回針固定

＊裡袋做法相同

將裡、外袋身片縫成袋型

＊兩片袋身片/裡布做法相同

外袋正面套入裡袋反面

外袋（正面）

裡袋
（反面）

裡袋袋底預留返口

兩袋互套

縫線

縫份0.8公分

外袋（反面）

裡袋
（反面）

Black Polka Dots Clutch Bag
水玉大框手拿包

寬 34× 高 20× 厚 14 公分

材　　料

塞入式冂形木架口金框＊外徑寬 32× 腳長
9.5 公分，內徑寬 29× 腳長 5.5 公分（1 組）
外布＊寬 88× 長 25 公分（1 片）
裡布＊寬 88× 長 52 公分（1 片）
牛津襯＊寬 84× 長 23 公分（1 片）

主 要 工 具

縫紉機或者手縫針、線
白膠適量、熨斗、燙板、一字螺
螺絲起子（尺寸符合口金所附螺絲釘直徑）

做　　法

❶ 貼牛津襯：參照 p.45 貼布襯，在兩片外布袋身片反面燙貼
　牛津襯。

❷ 固定袋底褶子：按紙型標記，將裡、外袋身片的袋底褶子縫
　合固定。

❸ 製作內口袋、縫合袋身：將內口袋布片對摺，從反面縫合，
　預留返口翻到正面，固定在裡布袋身片；再分別將裡、外袋
　身片縫成袋型，裡袋底部預留返口，將外袋正面朝外，裡袋
　正面朝內，兩袋互套，然後從袋口處縫合兩袋。

❹ 安裝口金框：首先在木架口金框軌道中均勻塗上一層白膠，
　將袋身塞填入木架口金框軌道中，調整好位置，再用口金框附的
　螺絲釘固定框與袋身。參照 p.43 將返口以藏針縫縫合，大
　功告成囉！

排 版 方 式

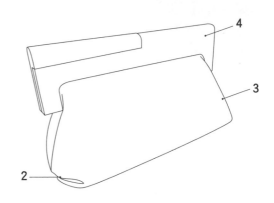

做 法 流 程

外布

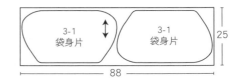

| 3-1 袋身片 | 3-1 袋身片 | 25 |

88

裡布

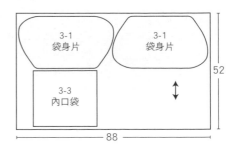

| 3-1 袋身片 | 3-1 袋身片 |
| 3-3 內口袋 | | 52 |

88

牛津襯

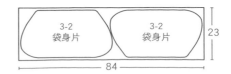

| 3-2 袋身片 | 3-2 袋身片 | 23 |

84

單位/公分

②固定袋底褶子

縫合裡、外袋身片的袋底褶子

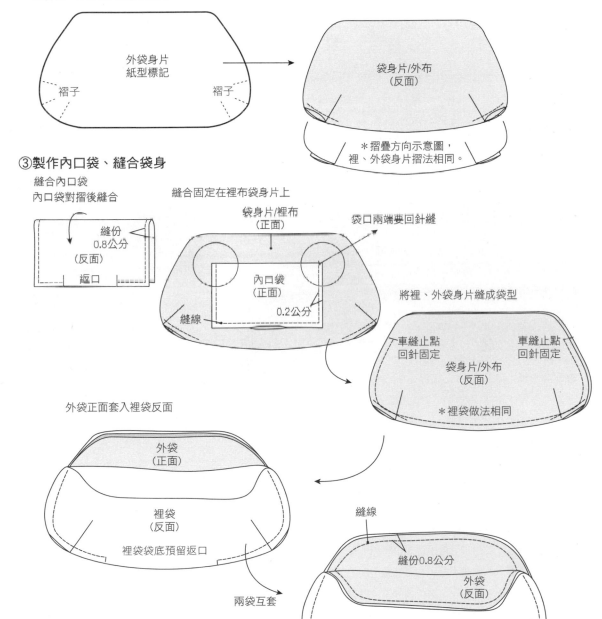

外袋身片
紙型標記

褶子

褶子

袋身片/外布
（反面）

＊摺疊方向示意圖，
裡、外袋身片摺法相同。

③製作內口袋、縫合袋身

縫合內口袋
內口袋對摺後縫合

縫份
0.8公分
（反面）

返口

縫合固定在裡布袋身片上

袋身片/裡布
（正面）

袋口兩端要回針縫

內口袋
（正面）

0.2公分

縫線

將裡、外袋身片縫成袋型

車縫止點
回針固定

車縫止點
回針固定

袋身片/外布
（反面）

＊裡袋做法相同

外袋正面套入裡袋反面

外袋
（正面）

裡袋
（反面）

裡袋袋底預留返口

兩袋互套

縫線

縫份0.8公分

外袋
（反面）

裡袋
（反面）

Mushroom Print Wood Frame Bag

蘑菇布花木框包

成 品 尺 寸

寬 30× 高 22× 厚 14 公分

主 要 工 具

縫紉機或者手縫針、線

熨斗、燙板、木槌、膠板

固定釦安裝工具（直徑 0.6

公分）丸斬（直徑 0.3 公

分）、一字螺

螺絲起子（尺寸符合口金

所附螺絲釘直徑）

材 料

塞入式冂形木架口金框＊外徑寬 25.5×

腳長 13 公分，內徑寬 22× 腳長 10.5

公分（1 組）

外布＊寬 110× 長 68 公分（1 片）

裡布＊寬 90× 長 38 公分（1 片）

牛津襯＊寬 60× 長 38 公分（1 片）

問號鉤＊寬 2 公分（2 組）

固定釦＊直徑 0.6 公分（2 組）

D 形環＊寬 1.5 公分（2 組）

排 版 方 式

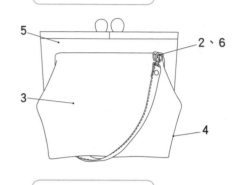

做 法 流 程

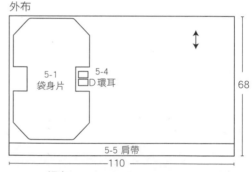

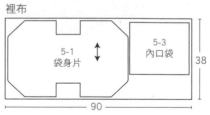

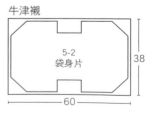

單位/公分

做 法

❶ **貼牛津襯**：參照 p.45 貼布襯，在一片外布袋身片反面燙

貼牛津襯。

❷ **製作 D 環耳**：將 D 環耳片長邊兩端縫份往反面摺 0.8 公

分後縫合，套入 D 形環後反摺短邊縫份 0.8 公分，縫合

固定在袋身片前、後正面右上角紙型標記的相對位置。

❸ **製作內口袋**：將內口袋布片對摺，從反面縫合，預留返口翻到正

面，固定在裡布袋身片。

❹ **縫合袋身片**：由袋口對齊裡、外袋身片並縫合，再各自從袋側片

縫合並抓底，在裡布袋側預留返口翻到正面。

❺ **安裝口金框**：首先在木架口金框軌道中均勻塗上一層白膠，將袋身塞填入

木架框軌道中，調整好位置，再用口金框附的螺絲釘固定框與袋身。參照

p.43 將返口以藏針縫縫合，大功告成囉！

❻ **製作、安裝肩背帶**：將布片長邊摺四等份後縫合，兩端套上問號鉤，使用

固定釦固定布片就大功告成囉！（肩背帶做法可參照 p.37 長形條狀物做

法❶、布邊直角縫法）

②製作D環耳

製作D環耳

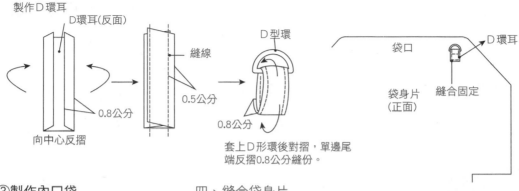

D環耳(反面)

縫線

0.5公分

D型環

0.8公分

0.8公分

向中心反摺

套上D形環後對摺，單邊尾端反摺0.8公分縫份。

袋口

D環耳

袋身片
(正面)

縫合固定

③製作內口袋

縫合內口袋
內口袋對摺後縫合

縫份
0.8公分

(反面)

返口

縫合固定在裡布袋身片上

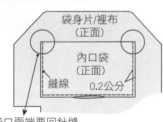

袋身片/裡布
(正面)

內口袋
(正面)

縫線　0.2公分

袋口兩端要回針縫

四、縫合袋身片

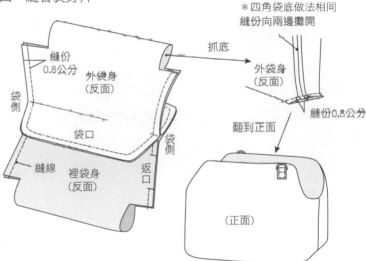

縫份
0.8公分

外袋身
(反面)

袋側

袋口

縫線

裡袋身
(反面)

袋側

返口

抓底

外袋身
(反面)

縫份0.8公分

＊四角袋底做法相同
縫份向兩邊攤開

翻到正面

(正面)

⑥製作、安裝肩背帶

肩背帶布片

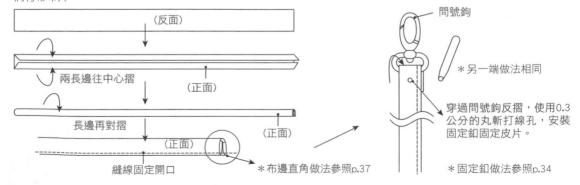

(反面)

兩長邊往中心摺

(正面)

長邊再對摺

(正面)

(正面)

縫線固定開口

＊布邊直角做法參照p.37

問號鉤

＊另一端做法相同

穿過問號鉤反摺，使用0.3
公分的丸斬打線孔，安裝
固定釦固定皮片。

＊固定釦做法參照p.34

American Style Shell-shape Tote Bag
美式風格弧形手提行李包

紙型檔名 no.96

成 品 尺 寸

寬 28.5 × 高 20 × 厚 14 公分

材 料

弧形鋁管醫生口金框＊寬 27 公分（1 組）

外布 A ＊寬 45 × 長 45 公分（1 片）

外布 B ＊寬 45 × 長 25 公分（1 片）

鋪棉布＊寬 45 × 長 65 公分（1 片）

調整環＊寬 2.5 公分（1 組）

pp 板＊寬 26 × 長 14 公分（1 片）

織帶＊寬 2.5 × 長 57 公分（2 條）

寬 2.5 × 長 8 公分（1 條）、寬 2.5 × 長 12 公分（1 條）

主 要 工 具

縫紉機或者手縫針、線

做 法

❶ **接縫上、下袋身片**：將上、下袋身片正面相對，從反面縫合、接合，並在袋口處縫合固定織帶提把和袋口織帶。

❷ **縫合袋身片**：將外片、內裡分別縫成袋型。

❸ **組合裡、外袋**：將外袋反面朝外，裡袋正面朝外，兩袋正面相對互套，從袋口處沿著縫份 0.8 公分縫合，裡袋袋口兩側按照紙型標記，預留 2.5 公分不縫合，讓之後安裝口金框使用，留返口翻到正面，沿著袋口邊緣 2.5 公分車縫一圈。

❹ **安裝口金框**：將鋁管口金框兩側的插梢卸下，鋁管從袋身左右兩端預留的入口導入，再插上插梢固定兩支鋁管，並參照 p.43 以藏針縫封住入口，並縫合返口就大功告成囉！

做 法 流 程

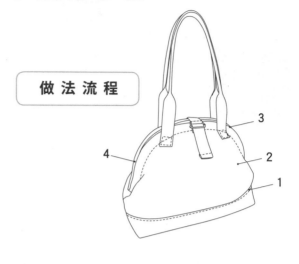

3
4
2
1

排 版 方 式

外布 A

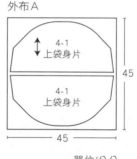

4-1
上袋身片

4-1
上袋身片

45

45

單位/公分

外布 B

4-2
下袋身片

25

45

pp板

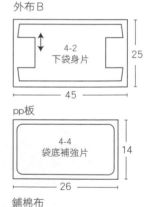

4-4
袋底補強片

14

26

鋪棉布

4-3
袋身片

65

45

①接縫上、下袋身片

外袋身片接合

縫份0.8公分　縫線

上袋身片
（反面）

下袋身片(正面)

上、下袋身片從反面縫合

調整環

需挑選中間橫桿
可以活動的調整
環才適用

織帶　織帶穿過調整環，反
摺兩次縫合固定。

提把織帶對摺、縫合

對摺

縫線

織帶頭、尾
11公分不縫合

織帶

所有織帶頭、尾都反摺0.8公分，固
定在袋身片上。

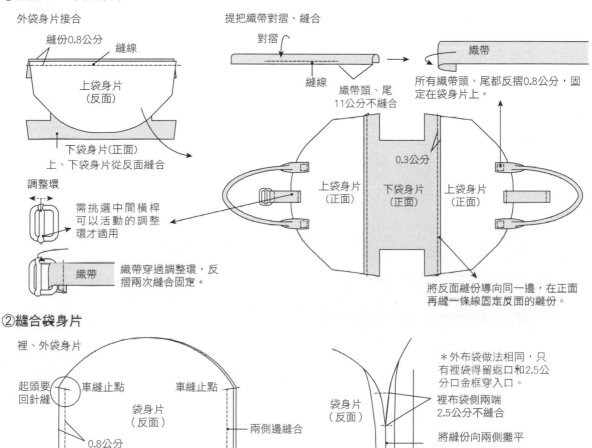

0.3公分

上袋身片
（正面）

下袋身片
（正面）

上袋身片
（正面）

將反面縫份導向同一邊，在正面
再縫一條線固定反面的縫份。

②縫合袋身片

裡、外袋身片

起頭要
回針縫

車縫止點

車縫止點

袋身片
（反面）

0.8公分

兩側邊縫合

袋身片
正面相對

袋身片
（反面）

0.8公分

＊外布袋做法相同，只
有裡袋得留返口和2.5公
分口金框穿入口。

裡布袋側兩端
2.5公分不縫合

將縫份向兩側攤平

將袋底攤平後縫合（參
照p.41袋型抓底）

③組合裡、外袋

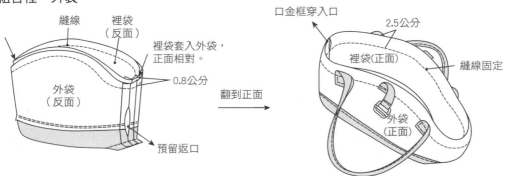

縫線　裡袋
（反面）

裡袋套入外袋，
正面相對。

0.8公分

外袋
（反面）

預留返口

翻到正面

口金框穿入口

2.5公分

裡袋(正面)

縫線固定

外袋
（正面）

Blue Stripe Two-way Doctor Bag

條紋兩用醫生包

成 品 尺 寸

寬 25 × 高 35 × 厚 18 公分

主 要 工 具

縫紉機或者手縫針、線
四孔菱斬、單孔菱斬、膠板
固定釦安裝工具（直徑 0.8 公分）
丸斬（直徑 0.3 公分）、木槌
手縫蠟線、強力膠適量

材 料

ㄇ形鋁管醫生口金框＊寬 25 × 腳長約 8.5 公分（1 組）
外布＊寬 44 × 長 88 公分（1 片）
裡布＊寬 68 × 長 87 公分（1 片）
牛革＊寬 63 × 長 31 × 厚 0.12 ～ 0.15 公分（1 片）
織帶＊寬 2.5 × 長 30 公分（2 條）寬 2 × 長 65 公分（1 條）
固定釦＊直徑 0.8 公分（8 組）
問號鉤＊寬 2 公（2 組）
調整環＊寬 2 公分（1 組）
300 磅牛奶板＊寬 25 × 長 14 公分（1 張）
D 形環＊寬 2.5 公分（4 組）、寬 2 公分（2 組）
皮帶頭＊寬 1.9 公分（1 組）
方形環＊寬 2 公分（1 組）

做 法

❶ **製作提帶：**先將皮革握片四周使用菱斬打線孔，再與長 30 公分的織帶居中重疊，用強力膠貼合，長邊對摺縫合後，兩端固定 D 形環與 D 環耳。

❷ **釦耳、釦固定片：**釦耳套上皮帶頭後對摺，使用強力膠貼合後縫合，用兩組固定釦固定在外袋身片袋口處。兩片釦固定片反面相對，用強力膠貼合後縫合，使用丸斬打線孔，固定在外袋身片與釦耳相對的另一邊袋口，同樣使用固定釦固定。

❸ **固定 D 環耳、袋口、袋底包角、袋底補強片：**和提把連結的 D 環耳，按紙型位置標記，與袋口包角貼合，再用強力膠將包角貼合在袋身片的各個角落，縫合固定，然後依序將牛奶板袋底補強片、皮革袋底補強片，也用強力膠貼合在袋身片袋底位置，縫合固定。

❹ **製作內口袋、縫合袋身片、袋側片：**兩片內口袋分別將袋口縫份以三摺縫縫合，再將剩下的三布邊往反面摺 0.8 公分，固定在如紙型標示的裡布袋身片

上，將裡、外袋身片袋側縫合到「醫生框起迄點」停止，在裡袋預留返口，先將袋底、袋口抓底縫合，再分別將裡、外袋身片正面相對，從反面縫合袋口。

❺ **安裝鋁管口金框：**先將口金框兩端的插梢卸下，從返口將口金框放入袋口內層，兩邊口金框架都調整好後，用四組固定釦將袋口固定，確保內層口金框不會因使用而位移，再參照 p.43 以藏針縫將內裡返口縫合。

❻ **製作肩背帶：**將肩背帶 A 套上方形環後對摺，用強力膠貼合，邊緣縫合固定後另一端套上問號鉤，使用固定釦固定。肩背帶 B、肩背帶 C 反面相對，平口端接織帶，使用強力膠貼合固定後縫合，弧形端套上問號鉤，使用固定釦固定，織帶部分穿過調整環，在穿過肩背帶 A 的方形環後，再繞回調整環固定。大功告成囉！

HOW TO MAKE

做 法 流 程

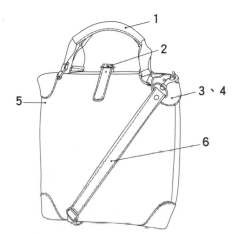

1
2
3、4
5
6

排 版 方 式

外布

裡布

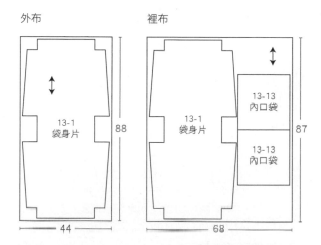

13-1
袋身片

88

44

13-1
袋身片

13-13
內口袋

13-13
內口袋

87

68

牛革

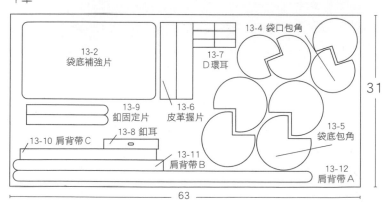

13-2
袋底補強片

13-7
D環耳

13-6
皮革握片

13-4 袋口包角

13-9
釦固定片

13-8 釦耳

13-10 肩背帶C

13-11
肩背帶B

13-5
袋底包角

13-12
肩背帶A

31

63

牛奶板

13-3
袋底補強片

14

25

單位/公分

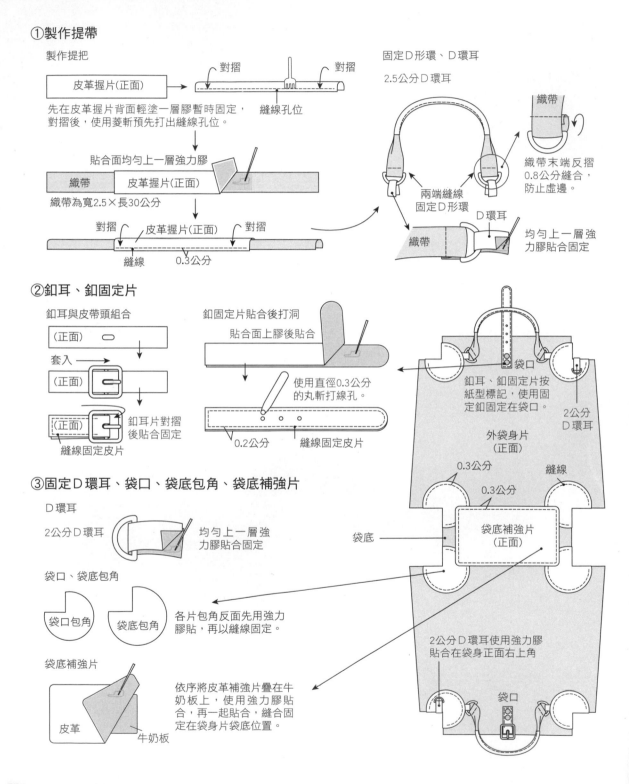

①製作提帶

製作提把

皮革握片(正面) → 對摺 對摺 縫線孔位

先在皮革握片背面輕塗一層膠暫時固定，對摺後，使用菱斬預先打出縫線孔位。

貼合面均勻上一層強力膠

織帶 皮革握片(正面)

織帶為寬2.5×長30公分

對摺 皮革握片(正面) 對摺

縫線 0.3公分

固定D形環、D環耳

2.5公分D環耳

織帶

織帶末端反摺0.8公分縫合，防止虛邊。

兩端縫線固定D形環

織帶 D環耳

均勻上一層強力膠貼合固定

②釦耳、釦固定片

釦耳與皮帶頭組合

(正面)

套入 →

(正面)

(正面)

釦耳片對摺後貼合固定

縫線固定皮片

釦固定片貼合後打洞

貼合面上膠後貼合

使用直徑0.3公分的丸斬打線孔。

0.2公分 縫線固定皮片

③固定D環耳、袋口、袋底包角、袋底補強片

D環耳

2公分D環耳

均勻上一層強力膠貼合固定

袋口、袋底包角

袋口包角 袋底包角

各片包角反面先用強力膠貼，再以縫線固定。

袋底補強片

皮革 牛奶板

依序將皮革補強片疊在牛奶板上，使用強力膠貼合，再一起貼合，縫合固定在袋身片袋底位置。

袋口

釦耳、釦固定片按紙型標記，使用固定釦固定在袋口。

外袋身片(正面)

2公分D環耳

0.3公分

0.3公分

縫線

袋底

袋底補強片(正面)

2公分D環耳使用強力膠貼合在袋身正面右上角

袋口

④製作內口袋、縫合袋身片、袋側片

固定內口袋

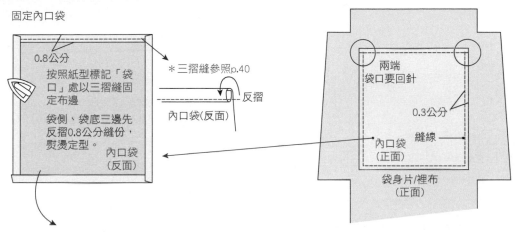

0.8公分

按照紙型標記「袋口」處以三摺縫固定布邊

＊三摺縫參照p.40

反摺

內口袋(反面)

袋側、袋底三邊先反摺0.8公分縫份，熨燙定型。

內口袋(反面)

兩端袋口要回針

0.3公分

縫線

內口袋(正面)

袋身片/裡布(正面)

縫合裡、外袋身片袋側

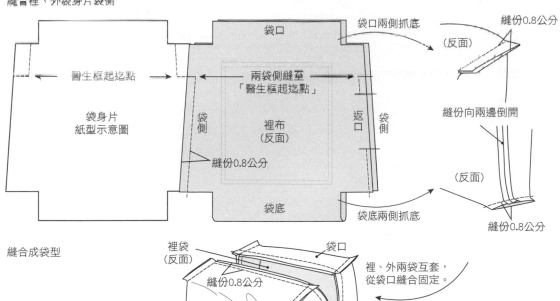

袋口

袋口兩側抓底

縫份0.8公分

(反面)

醫生框起迄點

兩袋側縫至「醫生框起迄點」

返口

袋側

袋側

裡布(反面)

袋身片紙型示意圖

縫份向兩邊倒開

縫份0.8公分

(反面)

袋底

袋底兩側抓底

縫份0.8公分

縫合成袋型

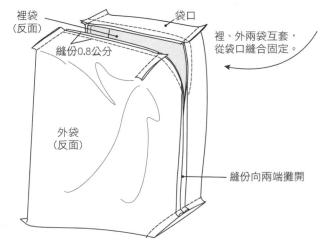

裡袋(反面)

袋口

縫份0.8公分

裡、外兩袋互套，從袋口縫合固定。

外袋(反面)

縫份向兩端攤開

⑥製作肩背帶

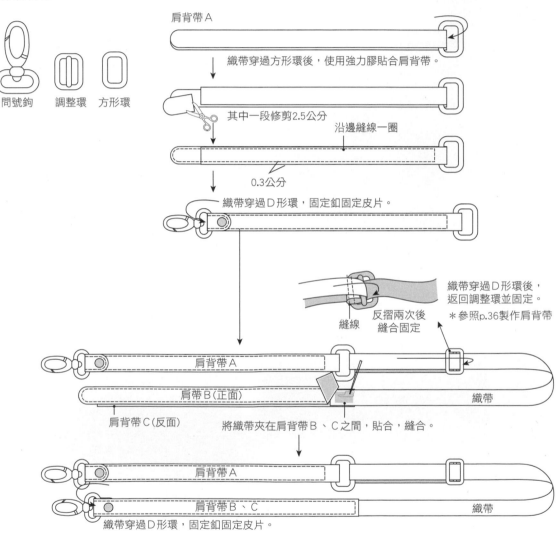

問號鉤　調整環　方形環

肩背帶A

織帶穿過方形環後,使用強力膠貼合肩背帶。

其中一段修剪2.5公分

沿邊縫線一圈

0.3公分

織帶穿過D形環,固定釦固定皮片。

縫線　反摺兩次後縫合固定

織帶穿過D形環後,返回調整環並固定。

＊參照p.36製作肩背帶

肩背帶A

肩帶B(正面)

肩背帶C(反面)

織帶

將織帶夾在肩背帶B、C之間,貼合,縫合。

肩背帶A

肩背帶B、C

織帶

織帶穿過D形環,固定釦固定皮片。

紙型檔名 no.98

Doctor Leather Frame Bag
皮革醫生手提包

成 品 尺 寸

寬 50× 高 17× 厚 21 公分

主 要 工 具

縫紉機（縫合內裡袋）、縫皮針 2 支

四孔菱斬、單孔菱斬

固定釦安裝工具（直徑 0.8 公分）

丸斬（直徑 0.3 公分）、細菱錐

刮刀 、木槌 、膠板 、剪刀

強力膠、皮革用蠟線適量

雙面膠（寬 1.8 公分）適量

材 料

醫生口金框＊寬 30× 腳長 10 公分，口金框片寬 1.8× 厚約 0.12 公分（1 組）

醫生框固定軸螺絲釦＊直徑 1.2× 腳長 1.5 公分（2 組）

提把用螺絲釦＊直徑 1 公分、腳長 0.8 公分（4 組）

牛革＊寬 90× 長 55× 厚 0.15～0.18 公分（1 片）

厚帆布＊寬 86× 長 43 公分（1 片）

pp 板＊寬 40× 長 21 公分（1 片）

水桶釘＊直徑 1.2 公分（4 組）

方形環＊寬 2 公分（2 組）

固定釦＊直徑 0.8 公分（4 組）

皮帶頭＊內徑寬 2.5 公分（1 組）

超薄磁釦＊1.8 公分（1 組）

做 法

❶ **預先縫製提把、釦耳：**將提把 A、B 反面均勻塗一層強力膠，提把 C 雙面塗強力膠，夾在提把 A、B 中間，三片居中對齊貼合，使用菱斬沿著提把邊緣打線孔，縫合，縫份 0.4 公分，兩端套上方形環反摺，使用固定釦固定。釦耳 A、B 反面塗強力膠，相對貼合後，按照紙型標記，使用菱斬打線孔並縫合。

❷ **安裝釦耳、持手、磁釦母片在袋身片：**將前、後袋身片正面朝上，在外袋身未縫成袋型前，照紙型，記將釦耳、持手、磁釦母片縫合固定在相對位置。

❸ **處理皮袋口線孔與固定提把：**皮袋口線孔處理同 p.346「經典醫生書包」的做法❸。提把則需單獨將提把固定片直線邊緣，以菱斬打好線孔，單弧邊先貼合固定在皮袋口相對位置，再用單孔菱斬打出弧形線孔，縫合固定片在皮袋口上；中間

直線邊線孔則單片縫合後放入提把和方形環，繼續將弧邊縫合固定在皮袋口片上。

❹ **縫合裡、外袋身、袋底片：**在兩片皮革外袋身片正面朝上的袋側位置，先使用菱斬沿著袋側邊緣 0.4 公分打線孔，然後反面縫份範圍塗一層強力膠，袋側片的相對位置縫份也一樣塗強力膠，將袋身、袋側片一致正面朝上，有線孔的袋身片疊在袋側上，重疊面積 0.8 公分，貼合，使用細菱錐沿著線孔穿刺，讓下層的袋側片穿出對應的線孔後開始縫合固定。袋底片預先在反面貼合 pp 板，正面四角安裝水桶釘後，正面朝上，沿著邊緣 0.4 公分使用菱斬打線孔，反面縫份範圍塗一層強力膠，袋身接袋底縫份處也在正面上一層強力膠後，組合袋底和袋身。此時正面都朝外，袋底片縫份疊在袋身片縫份上，貼合牢固後，使用細菱錐沿著原有的袋底線孔穿刺，再縫合固定袋

接 338

身、袋底。裡袋身做法是將縫合的各片皆正面朝內、相對，縫份 0.8 公分從反面縫合，兩袋完成袋型後，裡袋反面朝外，套入正面朝外的外袋中，袋口對齊，此時裡袋口縫份會稍微多於外袋（正常的），只要調整後修剪裡袋袋口即可。兩側 U 形邊的處理，將裡袋的 U 形邊縫份反摺 0.8 公分，對齊外袋 U 形邊緣縫合固定。

❺ **接縫皮袋口、安裝醫生口金框**：做法同 p.346「經典醫生書包」的做法❺。

❻ **用螺絲固定口金框和手握把**：做法同 p.272「皮製醫生肩背包」的做法❽。

❼ **固定磁釦公片**：做法同 p.272「皮製醫生肩背包」的做法❾。

小叮嚀

這個包包因為一般家用縫紉機車不過去，機器容易壞掉，所以建議手縫製作。

排 版 方 式

牛革

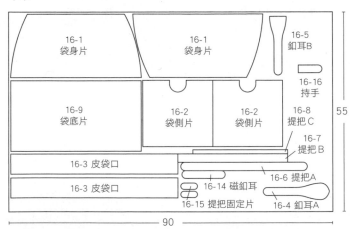

裡布

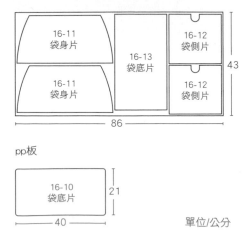

做 法 流 程

pp板

單位/公分

①預先縫製提把、釦耳

製作提把

提把A、B、C紙型示意圖

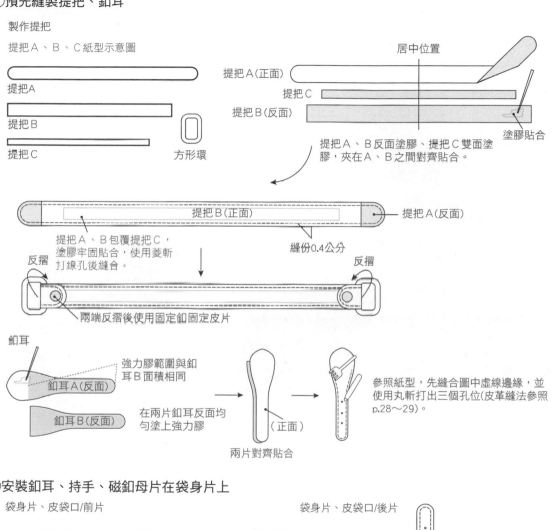

提把A

提把B

提把C

方形環

居中位置

提把A(正面)

提把C

提把B(反面)

塗膠貼合

提把A、B反面塗膠、提把C雙面塗膠,夾在A、B之間對齊貼合。

提把B(正面)

提把A(反面)

提把A、B包覆提把C,塗膠牢固貼合,使用菱斬打出線孔後縫合。

縫份0.4公分

反摺

反摺

兩端反摺後使用固定釦固定皮片

釦耳

強力膠範圍與釦耳B面積相同

釦耳A(反面)

釦耳B(反面)

在兩片釦耳反面均勻塗上強力膠

(正面)

兩片對齊貼合

參照紙型,先縫合圖中虛線邊緣,並使用丸斬打出三個孔位(皮革縫法參照p.28〜29)。

②安裝釦耳、持手、磁釦母片在袋身片上

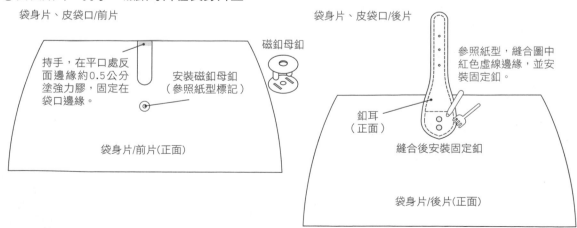

袋身片、皮袋口/前片

袋身片、皮袋口/後片

磁釦母釦

持手,在平口處反面邊緣約0.5公分塗強力膠,固定在袋口邊緣。

安裝磁釦母釦(參照紙型標記)

參照紙型,縫合圖中紅色虛線邊緣,並安裝固定釦。

釦耳(正面)

袋身片/前片(正面)

縫合後安裝固定釦

袋身片/後片(正面)

③預先處理皮袋口線孔與固定提把

皮袋口線孔處理同p.346「經典醫生書包」的做法③

在後片皮袋口上縫合固定提把

提把

使用強力膠先固定
後,再縫合。

皮袋口後片
(正面)

裡

外

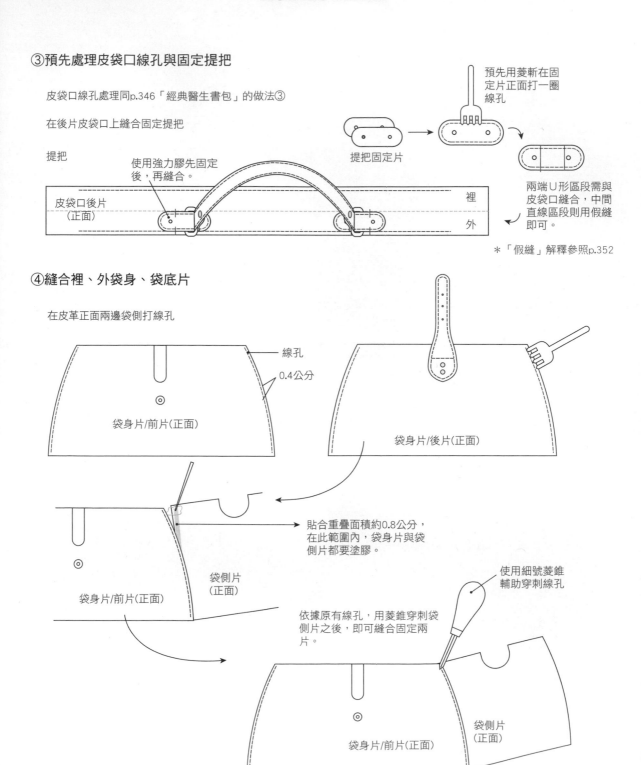

預先用菱斬在固
定片正面打一圈
線孔

提把固定片

兩端U形區段需與
皮袋口縫合,中間
直線區段則用假縫
即可。

＊「假縫」解釋參照p.352

④縫合裡、外袋身、袋底片

在皮革正面兩邊袋側打線孔

線孔

0.4公分

袋身片/前片(正面)

袋身片/後片(正面)

貼合重疊面積約0.8公分,
在此範圍內,袋身片與袋
側片都要塗膠。

袋側片
(正面)

袋身片/前片(正面)

使用細號菱錐
輔助穿刺線孔

依據原有線孔,用菱錐穿刺袋
側片之後,即可縫合固定兩
片。

袋身片/前片(正面)

袋側片
(正面)

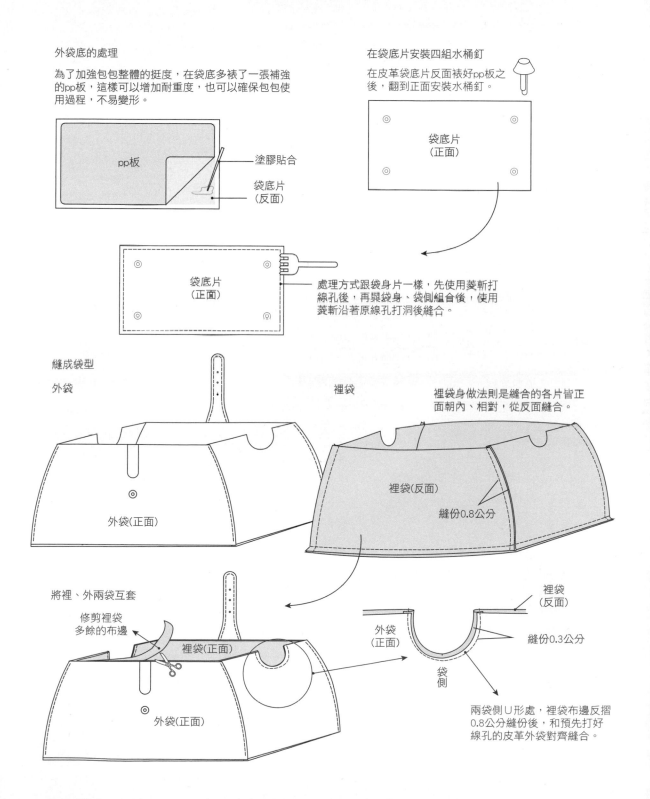

外袋底的處理

為了加強包包整體的挺度，在袋底多裱了一張補強的pp板，這樣可以增加耐重度，也可以確保包包使用過程，不易變形。

pp板

塗膠貼合

袋底片
（反面）

在袋底片安裝四組水桶釘

在皮革袋底片反面裱好pp板之後，翻到正面安裝水桶釘。

袋底片
（正面）

袋底片
（正面）

處理方式跟袋身片一樣，先使用菱斬打線孔後，再與袋身、袋側組合後，使用菱斬沿著原線孔打洞後縫合。

縫成袋型

外袋

裡袋

裡袋身做法則是縫合的各片皆正面朝內、相對，從反面縫合。

外袋(正面)

裡袋(反面)

縫份0.8公分

將裡、外兩袋互套

修剪裡袋多餘的布邊

裡袋(正面)

外袋(正面)

裡袋
（反面）

外袋
（正面）

縫份0.3公分

袋側

兩袋側U形處，裡袋布邊反摺0.8公分縫份後，和預先打好線孔的皮革外袋對齊縫合。

Canvas Leather Doctor Tote Bag
帆布皮革醫生托特包

寬 35×高 39×厚 14 公分

主要工具

縫紉機（縫合裡袋、布料外袋）、四孔菱斬、單孔菱斬、固定釦安裝工具（直徑 0.8 公分）、丸斬（直徑 0.3 公分）、刮刀、木槌、膠板、剪刀、強力膠、手縫蠟線、雙面膠（寬 1.8 公分）適量

材 料

醫生口金框＊寬 35×腳長 8.5 公分，口金框片寬約 2×厚 0.06～0.1 公分（1 組）

醫生框固定軸螺絲釘＊直徑 1.2×腳長 1.5 公分（2 組）

皮革＊寬 63×長 47×厚 0.15～0.18 公分（1 片）

外布＊寬 52×長 55 公分（1 片）

厚帆布＊寬 110×長 87 公分（1 片）

固定釦＊直徑 0.8 公分（10 組）

皮帶頭＊內徑寬 2.5 公分（1 組）

超薄磁釦＊直徑 1.8 公分（1 組）

織帶＊寬 2.5×長 50 公分（2 條）

拉鍊＊長 28 公分（1 條）

做法流程

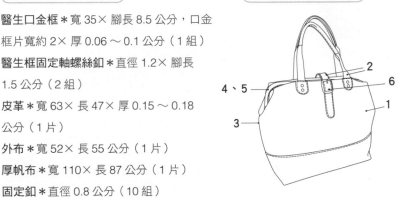

做 法

❶ **製作拉鍊內袋：**按紙型標記，將拉鍊單邊織帶固定在拉鍊內口袋標示「接拉鍊」布邊，從反面縫合兩邊袋側，並留返口翻到正面，然後先將拉鍊剩下的單邊織帶，固定在對應紙型標記的裡布「內口袋拉鍊位置」後，內口袋左、右、袋底三邊也一起縫合固定（參照 p.47 暗袋拉鍊做法）。

❷ **製作、安裝提把與釦耳、安裝磁釦母釦：**先將皮革握片四周使用菱斬打好線孔，再與長 50 公分的織帶居中重疊，使用強力膠貼合，長邊對摺縫合後，按照紙型標記，和提把固定片一起固定在袋身片上。釦耳反面相對塗一層強力膠貼合後，使用菱斬沿著邊緣 0.3 公分打線孔後縫合，以 0.3 公分的丸斬打孔，再用固定釦將釦耳固定在袋身片後片正面，裝磁釦母釦在前袋身上。

❸ **縫合裡、外袋身：**裡布袋身片正面相對後對摺，先縫合兩袋側直線邊，再縫合袋底兩側，保持正面朝內、反面朝外，按紙型標記，皮革下袋身正面朝上，疊在正面朝上的外布上袋身片「接下袋身片」布邊，重疊約 1.3 公分，先用少量強力膠接合重疊處，再縫合（這裡上、下袋身的縫合也可以使用縫紉機，使用縫皮方式縫製亦可，但順序上要先將皮革部分以菱斬打線孔，再與布料縫份重疊後手縫），接合上、下袋身片後，做法同裡袋做法，正面相對，對摺後從反面縫合兩袋側，以及袋底抓底，成為袋型後裡袋套入正面朝內的外袋，袋口對齊，縫合 U 形區段，接著翻到正面。

❹ **預先處理袋口線孔：**用雙面膠靠齊水平虛線貼黏後對摺，距離邊緣 0.4 公分處，使用菱斬預先打出一排線孔，線孔打完後，再去除雙面膠。

❺ **縫合袋口、安裝口金：**做法同 p.272「皮製醫生肩背包」的做法❼，完成後用螺絲釦固定口金框兩端。

❻ **固定磁釦公片：**做法同 p.272「皮製醫生肩背包」的做法❾。大功告成囉！

排版方式

皮革

9-6 皮袋口	9-4 釦耳
9-6 皮袋口	9-5 皮革握片
9-2 下袋身	9-3 提把固定片
9-9 磁釦耳	

47
63

厚帆布

9-7 袋身片
9-8 內袋

87
110

外布

9-1 上袋身
9-1 上袋身

55
52

單位/公分

①製作拉鍊內袋

固定內袋拉鍊

拉鍊內口袋（正面）

接拉鍊
接拉鍊

拉鍊正面　　拉鍊夾在中間，對齊縫合。

接拉鍊
縫份0.5公分

拉鍊內口袋（反面）

拉鍊內口袋（反面）

對摺

剩下的拉鍊織帶頭、尾兩端反摺，確保縫合兩袋側時不會縫到。

預留返口

將內口袋固定在裡布袋身片上

袋身片/裡布（正面）　　袋口兩端要回針

拉鍊內口袋（正面）

＊內袋拉鍊做法圖解參照 p.47

②製作、安裝提把與釦耳、安裝磁釦母釦

製作提把

皮革握片（正面）

對摺　　對摺

縫線孔位

先在皮革握片背面輕塗一層膠暫時固定，對摺，使用菱斬預先打出縫線孔位。

貼合面均勻上一層強力膠

織帶　　皮革握片（正面）

織帶為寬2.5×長50公分

對摺　　皮革握片（正面）　　對摺

縫線　　0.3公分

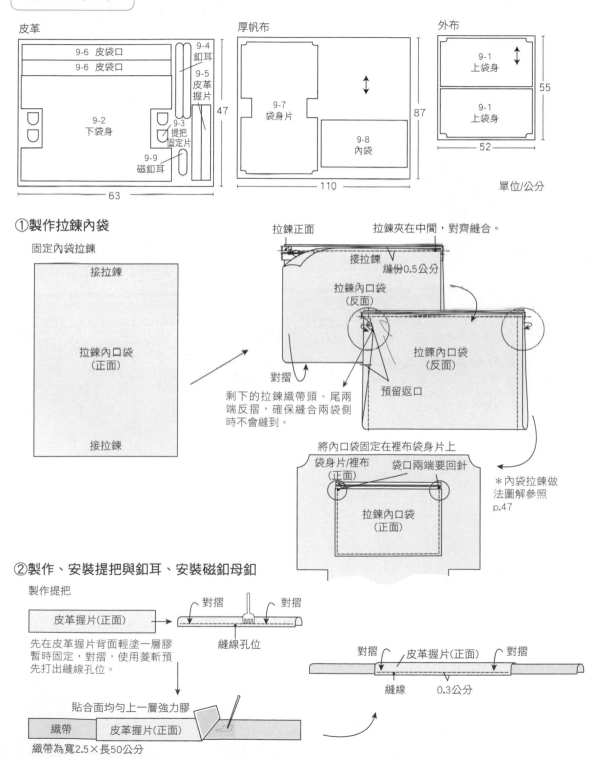

安裝提把、提把固定片

先將縫好皮革握片的織帶提把按紙型標記，
縫合在袋身片正面上。

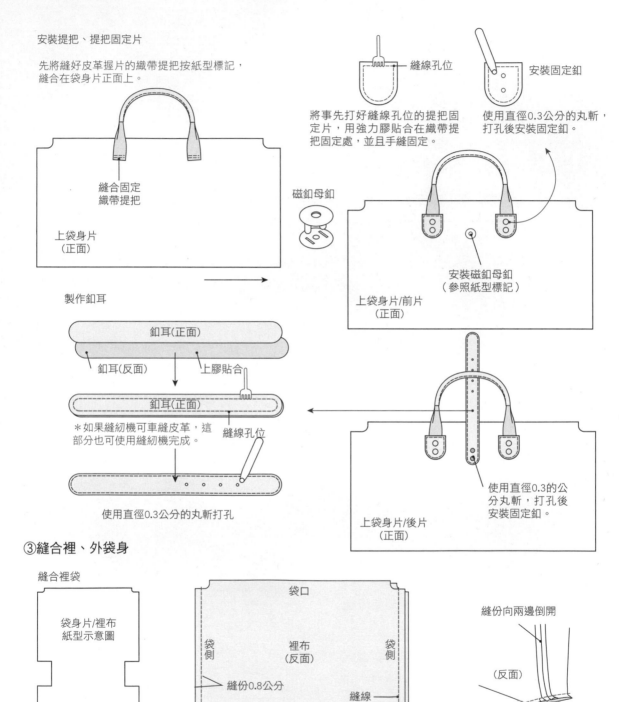

縫合固定
織帶提把

上袋身片
（正面）

縫線孔位

安裝固定釦

將事先打好縫線孔位的提把固
定片，用強力膠貼合在織帶提
把固定處，並且手縫固定。

使用直徑0.3公分的丸斬，
打孔後安裝固定釦。

磁釦母釦

安裝磁釦母釦
（參照紙型標記）

上袋身片/前片
（正面）

製作釦耳

釦耳(正面)

釦耳(反面)　　　　上膠貼合

釦耳(正面)

＊如果縫紉機可車縫皮革，這
部分也可使用縫紉機完成。

縫線孔位

使用直徑0.3公分的丸斬打孔

使用直徑0.3的公
分丸斬，打孔後
安裝固定釦。

上袋身片/後片
（正面）

③縫合裡、外袋身

縫合裡袋

袋身片/裡布
紙型示意圖

袋口

袋
側

裡布
（反面）

袋
側

縫份0.8公分

縫線

袋底

縫份向兩邊倒開

（反面）

縫份0.8公分

將袋底攤平後縫合
（參照p.41袋型抓底）

縫合外袋

皮革手縫前，要預先使用菱斬打線孔，避免與布料貼合時才斬線孔，這樣會破壞纖維結構，布料容易脫線、虛邊。

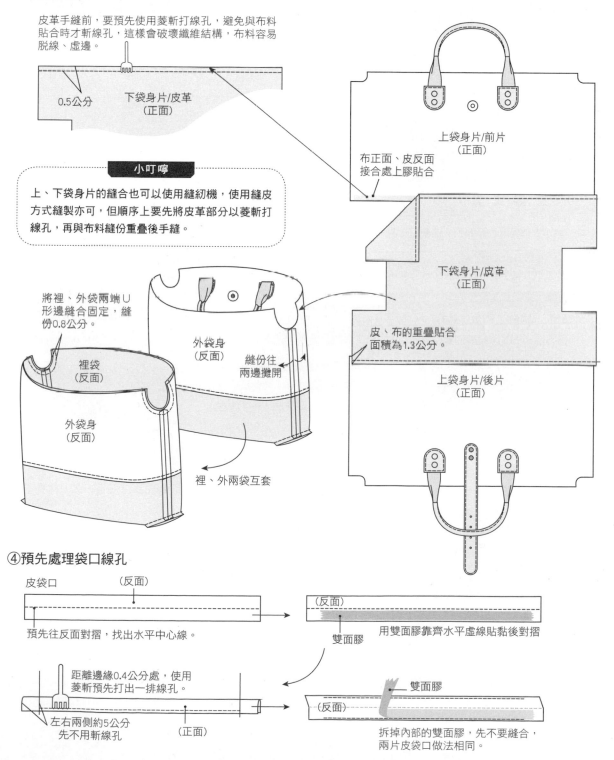

0.5公分

下袋身片/皮革
（正面）

小叮嚀

上、下袋身片的縫合也可以使用縫紉機，使用縫皮方式縫製亦可，但順序上要先將皮革部分以菱斬打線孔，再與布料縫份重疊後手縫。

將裡、外袋兩端U形邊縫合固定，縫份0.8公分。

外袋身
（反面）

縫份往兩邊攤開

裡袋
（反面）

外袋身
（反面）

裡、外兩袋互套

上袋身片/前片
（正面）

布正面、皮反面接合處上膠貼合

下袋身片/皮革
（正面）

皮、布的重疊貼合面積為1.3公分。

上袋身片/後片
（正面）

④預先處理袋口線孔

皮袋口　　　（反面）

預先往反面對摺，找出水平中心線。

（反面）

雙面膠

用雙面膠靠齊水平虛線貼黏後對摺

距離邊緣0.4公分處，使用菱斬預先打出一排線孔。

左右兩側約5公分先不用斬線孔

（正面）

雙面膠

（反面）

拆掉內部的雙面膠，先不要縫合，兩片皮袋口做法相同。

Classic Doctor Two-way Bag
經典醫生書包

成 品 尺 寸

寬 45× 高 30× 厚 20 公分

主 要 工 具

縫紉機（縫合內裡袋）、縫皮針 2 支
四孔菱斬、單孔菱斬
固定釦安裝工具（直徑 0.8 公分）
丸斬（直徑 0.3 公分）
刮刀、木槌、膠板、剪刀
強力膠、皮革用蠟線適量
雙面膠（寬 1.8 公分）適量

材 料

醫生口金框＊寬 35× 腳長 10 公分，口金框片寬約 1.8× 厚約 0.12 公分（1 組）

醫生框固定軸螺絲釦＊直徑 1× 腳長 0.8（4 組）

牛革＊寬 82× 長 80× 厚 0.15～0.18 公分（1 片）

厚帆布＊寬 105× 長 70 公分（1 片）

水桶釘＊直徑 1.2 公分（5 組）

方形環＊寬 2 公分（3 組）

D 形環＊寬 2 公（2 組）

調整環＊寬 2 公分（1 組）

問號鉤＊寬 2 公分（2 組）

固定釦＊直徑 0.8 公分（2 組）

書包釦＊直徑寬 4.5 公分（1 組）

織帶＊寬 2× 長 65 公分（1 條）

pp 版＊寬 42× 長 20 公分（1 片）

小叮嚀

此包包建議手縫製作

做 法

❶ 預先縫製提把、釦耳、肩背帶、提把固定片：將手握把 B 套上方形環貼合，再與手握把 A 貼合、縫合。兩片釦耳反面相對，貼合、縫合。肩帶 A、B 反面相對，直角端中間夾織帶 2 公分，貼合、縫合皮革部分，並在圓端安裝問號鉤，使用兩組 0.8 公分固定釦固定皮片，織帶端依序套上調整環、問號鉤後，固定尾端與調整環。

❷ 安裝釦耳、持手在袋身片上：將前、後袋身片正面朝上，在外袋身未縫成袋型前，依照紙型標記，將釦耳、持手縫合固定在相對位置。

❸ 預先處理皮袋口線孔與固定提把：先在皮袋口反面用雙面膠暫時對摺貼合，在距離邊緣 0.4 公分處，使用菱斬預先打出一排線孔，線孔打完後，

對照購買的醫生口金框上的提把孔位，使用對應尺寸的丸斬在皮袋口相對位置上打洞，再去除雙面膠，並將提把縫合固定在皮袋口上。

❹ 縫合裡、外袋身：兩片內口袋分別將袋口縫份以三摺縫縫合後，剩下的三布邊往反面摺 0.8 公分，固定在如紙型標記的裡布袋身片上，將袋身片兩側縫合，然後接縫袋底，外袋身除了袋底片需與 pp 板裱貼後再縫合外，其餘做法與裡袋相同。

❺ 接縫皮袋口、安裝醫生口金框：將皮袋口與袋身袋口居中對齊，貼合，使用細菱錐沿著原先打過的線孔，再穿刺一次，開始縫合。

❻ 用螺絲釦固定口金框和手握把：做法同 p.272「皮製醫生肩背包」的做法❽。大功告成囉！

排版方式

牛革

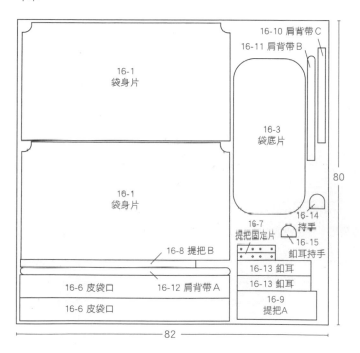

16-10 肩背帶C
16-11 肩背帶B

16-1
袋身片

16-3
袋底片

16-1
袋身片

80

16-14
持手
16-7
提把固定片
16-15
釦耳持手

16-8 提把B

16-6 皮袋口　16-12 肩背帶A

16-13 釦耳

16-13 釦耳

16-6 皮袋口

16-9
提把A

82

厚帆布

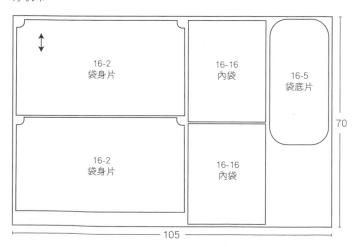

16-2
袋身片

16-16
內袋

16-5
袋底片

16-2
袋身片

16-16
內袋

70

單位/公分

PP板

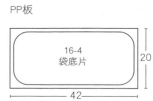

16-4
袋底片

20

105

42

做法流程

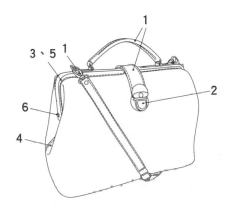

1

3、5　1

2

6

4

①預先縫製提把、釦耳、肩背帶、提把固定片

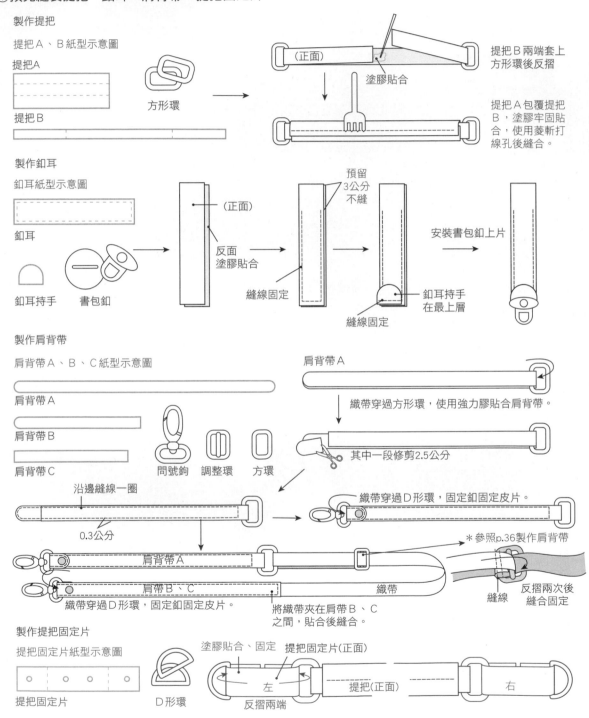

製作提把

提把A、B紙型示意圖

提把A

提把B

方形環

（正面）

塗膠貼合

提把B兩端套上方形環後反摺

提把A包覆提把B，塗膠牢固貼合，使用菱斬打線孔後縫合。

製作釦耳

釦耳紙型示意圖

釦耳

釦耳持手　書包釦

（正面）

反面塗膠貼合

縫線固定

預留3公分不縫

縫線固定

安裝書包釦上片

釦耳持手在最上層

製作肩背帶

肩背帶A、B、C紙型示意圖

肩背帶A

肩背帶B

肩背帶C

問號鉤　調整環　方環

肩背帶A

織帶穿過方形環，使用強力膠貼合肩背帶。

其中一段修剪2.5公分

沿邊縫線一圈

0.3公分

織帶穿過D形環，固定釦固定皮片。

肩背帶A

肩帶B、C

織帶

織帶穿過D形環，固定釦固定皮片。

將織帶夾在肩帶B、C之間，貼合後縫合。

＊參照p.36製作肩背帶

縫線

反摺兩次後縫合固定

製作提把固定片

提把固定片紙型示意圖

提把固定片

D形環

塗膠貼合、固定

提把固定片（正面）

左

提把（正面）

右

反摺兩端

②安裝釦耳、持手在袋身片上

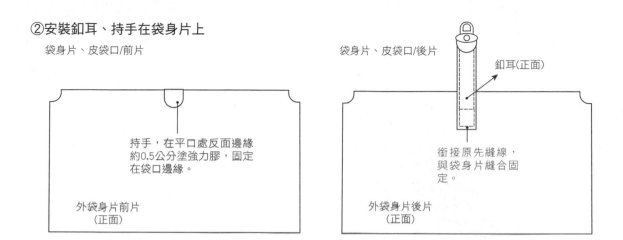

袋身片、皮袋口/前片

持手，在平口處反面邊緣
約0.5公分塗強力膠，固定
在袋口邊緣。

外袋身片前片
（正面）

袋身片、皮袋口/後片

釦耳(正面)

銜接原先縫線，
與袋身片縫合固
定。

外袋身片後片
（正面）

③預先處理皮袋口線孔與固定提把

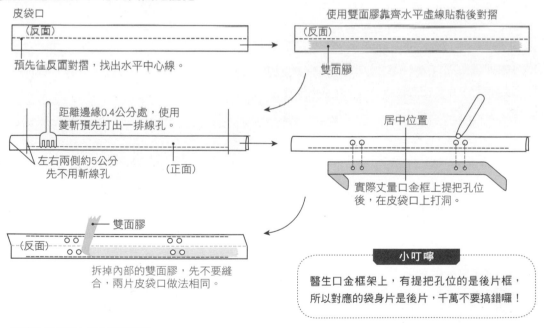

皮袋口
（反面）
預先往反面對摺，找出水平中心線。

使用雙面膠靠齊水平虛線貼黏後對摺
（反面）
雙面膠

距離邊緣0.4公分處，使用
菱斬預先打出一排線孔。
左右兩側約5公分
先不用斬線孔
（正面）

居中位置
實際丈量口金框上提把孔位
後，在皮袋口上打洞。

雙面膠
（反面）
拆掉內部的雙面膠，先不要縫
合，兩片皮袋口做法相同。

小叮嚀

醫生口金框架上，有提把孔位的是後片框，
所以對應的袋身片是後片，千萬不要搞錯囉！

在後片皮袋口上縫合固定提把

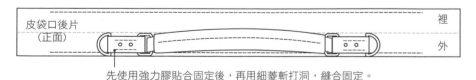

皮袋口後片
（正面）
裡
外

先使用強力膠貼合固定後，再用細菱斬打洞，縫合固定。

④縫合裡、外袋身

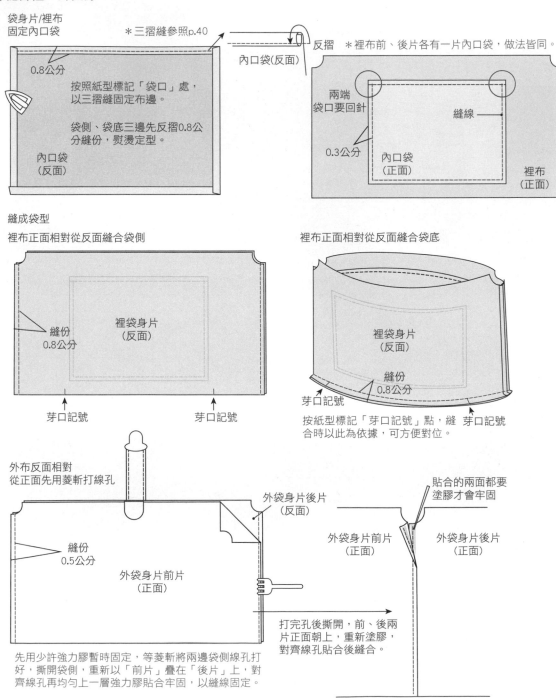

袋身片/裡布
固定內口袋

＊三摺縫參照p.40

內口袋(反面)

反摺　＊裡布前、後片各有一片內口袋，做法皆同。

0.8公分

按照紙型標記「袋口」處，
以三摺縫固定布邊。

袋側、袋底三邊先反摺0.8公
分縫份，熨燙定型。

內口袋
(反面)

兩端
袋口要回針

縫線

0.3公分

內口袋
(正面)

裡布
(正面)

縫成袋型

裡布正面相對從反面縫合袋側

縫份
0.8公分

裡袋身片
(反面)

芽口記號

芽口記號

裡布正面相對從反面縫合袋底

裡袋身片
(反面)

縫份
0.8公分

芽口記號

芽口記號

按紙型標記「芽口記號」點，縫
合時以此為依據，可方便對位。

外布反面相對
從正面先用菱斬打線孔

外袋身片後片
(反面)

縫份
0.5公分

外袋身片前片
(正面)

先用少許強力膠暫時固定，等菱斬將兩邊袋側線孔打
好，撕開袋側，重新以「前片」疊在「後片」上，對
齊線孔再均勻上一層強力膠貼合牢固，以縫線固定。

貼合的兩面都要
塗膠才會牢固

外袋身片前片
(正面)

外袋身片後片
(正面)

打完孔後撕開，前、後兩
片正面朝上，重新塗膠，
對齊線孔貼合後縫合。

外袋底的處理

為了加強包包整體的挺度，在袋底多裱了一張補強的pp板，這樣可以增加耐重度，也可以確保包包使用過程，不易變形。

pp板

袋底片
（反面）

塗膠貼合

在袋底片安裝五組水桶釘

在皮革袋底片反面裱好pp板之後，翻到正面安裝水桶釘。

袋底片
（正面）

縫合袋身、袋底

外袋身與袋底的縫合同裡袋做法，從反面縫合即可。

將裡、外兩袋互套

外袋身片
（反面）

縫份
0.5公分

芽口記號

芽口記號

裡袋
（反面）

縫份0.3公分

外袋
（正面）

袋側

兩袋側U形處，裡袋布邊反摺0.8公分縫份後，和預先打好線孔的皮革外袋對齊縫合。

⑤接縫皮袋口、安裝醫生口金框

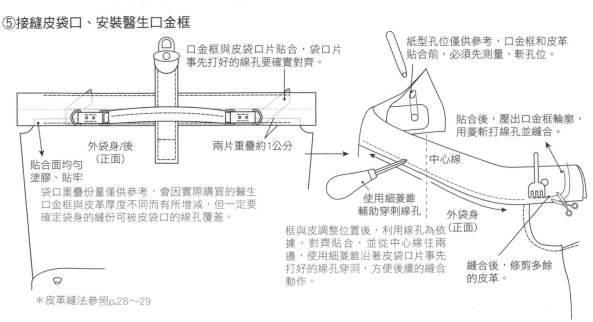

口金框與皮袋口片貼合，袋口片事先打好的線孔要確實對齊。

外袋身/後
（正面）

兩片重疊約1公分

貼合面均勻塗膠、貼牢

袋口重疊份量僅供參考，會因實際購買的醫生口金框與皮革厚度不同而有所增減，但一定要確定袋身的縫份可被皮袋口的線孔覆蓋。

＊皮革縫法參照p.28～29

紙型孔位僅供參考，口金框和皮革貼合前，必須先測量、斬孔位。

貼合後，壓出口金框輪廓，用菱斬打線孔並縫合。

中心線

使用細菱錐輔助穿刺線孔

外袋身
（正面）

框與皮調整位置後，利用線孔為依據，對齊貼合，並從中心線往兩邊，使用細菱錐沿著皮袋口片事先打好的線孔穿洞，方便後續的縫合動作。

縫合後，修剪多餘的皮革。

詞彙解釋

以下整理本書常見與相關的專有名詞資訊，幫助你瞭解這些名詞，成為縫紉達人。

紙型	又稱版型，所有的布作品像包包、服裝、帽子等，製作前需要先繪製紙型，再依紙型將所需用的布剪裁好再使用。
外布、裡布	外布又稱「外片」、「本片」、「表布」，指所有布作品最外部示人的主要布料，反之稱為裡布或裡片。
排版圖	又稱「拼版」，指將繪製好、剪好的紙型，依需要排放在用布上的動作。可參照本書作品教學頁中，皆有布料排版圖，有助於剪裁布片時不浪費布，且剪裁布紋方向正確。
布紋方向	任何布料都有織線的經緯方向，依照布的經緯，所以布紋會有方向性。本書紙型上常見的布紋標記是直布紋和斜布紋。 直布紋圖示　　斜布紋圖示
布的常見幅寬	購買布料時，要瞭解布料的出廠固定寬度，並且對應本書作品材料中，布料的使用量。書中大部分作品使用幅寬約 110 ～ 120 公分（3 尺 8 寬）的布。台灣布行常見的尺寸有三種：3 尺寬（約 90 ～ 92 公分）、3 尺 8 寬（約 110 ～ 120 公分）、5 尺寬（約 145 ～ 155 公分）。
雙記號 （摺雙記號）	紙型上常見到「雙」，是指對稱的紙型，將布對摺裁剪的意思。標示「雙」的那邊就是完整紙型的中心線，因此在使用本書紙型裁剪布片時，記得預先將布料對摺，紙型標示「雙」的那邊布料對摺不剪開。
芽口記號 （合印記號）	指剪刀在布邊緣剪小三角對齊記號，利於縫合過程中對齊布片或記號標記。芽口記號和 p.45 弧形邊緣的縫份芽口不同，前者的作用在於事前剪出記號對齊點，後者是為了成品邊緣平順，在縫合後的布邊剪出等距離的芽口，幫助成品的外形更加美觀。
返口	又稱反轉口，當布作品完成後從裡面翻到正面的翻面出口，製作有內裡的包包都必須預留返口在裡布袋，有利於縫合後將作品從反面翻到正面。
紙型拼接	光碟內紙型，因為要讓大家都能方便印出，因此紙張大小為 A4，但有些大包紙型無法放入 A4，所以會有裁切紙型產生「紙型拼接 A」或「紙型拼接 B」的標記出現，看到這個標記，只要將同編號的紙型銜接，即可拼成一張完整的原寸紙型。
對花	是指遇到大花紋或明顯格紋的布料，在裁切、縫製前，必須很留意布紋之間是否有對齊，尤其格子布，兩塊相銜接的格子布紋也要對齊，往往判斷一件縫紉作品的好壞，就是從花紋有沒有對齊、對準為首要。
假縫	縫紉是將兩片或以上的裁片縫在一起，相對的，假縫則沒有固定布片的用意，只是要縫一道裝飾線，這個動作就叫假縫。

＊本書紙型均為原寸，印出後即可開始裁剪使用。

材料哪裡買？

北部地區

佑諡布行	台北市迪化街一段 21 號 2 樓 2034 室（永樂市場 2 樓）	（02）2556-6933
華興布行	台北市迪化街一段 21 號 2 樓 2018 室（永樂市場 2 樓）	（02）2559-3960
傑威布行	台北市迪化街一段 21 號 2 樓 2043、2046 室（永樂市場 2 樓）	（02）2550-3220
勝泰布行	台北市迪化街一段 21 號 2 樓 2055 室（永樂市場 2 樓）	（02）2558-4424
介良裡布行	台北市民樂街 11 號	（02）2558-0718
中一布行	台北市民樂街 9 號	（02）2558-2839
台灣喜佳台北生活館	台北市中山北路一段 79 號	（02）2523-3440
台灣喜佳士林生活館	台北市文林路 511 號 1 樓	（02）2834-9808
韋億興業有限公司	台北市延平北路二段 60 巷 19 號	（02）2558-7887
大楓城飾品材料行	台北市延平北路二段 60 巷 11 號	（02）2555-3298
小熊媽媽	台北市延平北路一段 51 號	（02）2550-8899
協和工藝材料行	台北市天水路 51 巷 18 號 1 樓	（02）2555-9680
溪水協釦工藝社	台北市長安西路 278 號	（02）2558-3957
昇煇金屬（銅鍊飾品）	台北市重慶北路二段 46 巷 3-2 號	（02）2556-4959
振南皮飾五金有限公司	台北市重慶北路二段 46 巷 5-2 號	（02）2556-0286
東美開發飾品材料有限公司	台北市長安西路 235 號 1 樓	（02）2558-8437
正典布行	新北市三重區碧華街 1 號	（02）2981-2324
東昇布行	新北市三重區碧華街 54-1 號	（02）2857-6958
新昇布行	新北市三重區五華街 65 號	（02）2981-7370
印地安皮革創意工廠	新北市三重區中興北街 136 巷 28 號 3 樓	（02）2999-1516
鑫韋布莊中壢店	桃園縣中壢市中正路 211 號	（03）426-2885
台灣喜佳桃園生活館	桃園市中山路 139 號	（03）337-9570
台灣喜佳中壢生活館	桃園縣中壢市新生路 207 號 1 樓	（03）425-9048
新韋布莊新竹店	新竹市中山路 111 號	（03）522-2968
三色堇拼布坊	新竹市光復路二段 539 號 5 樓 -2	（03）561-1245
布坊拼布教室	新竹市勝利路 149 號	（03）525-8183

中部地區

鑫韋布莊	台中市綠川東街 70 號	（04）2226-2776
薇琪拼布	台中市興安路二段 453 號	（04）2243-5768
吳響峻布莊	台中市繼光街 77 號	（04）2224-2253
巧藝社	台中市繼光街 143 號	（04）22253093
大同布行	台中市成功路 140 號	（04）2225-6534
小熊媽媽	台中市中正路 190 號	（04）2225-9977
中美布莊	台中市中正路 393 號	（04）2224-4325
皮老闆皮革專賣	台中市潭子區得福街 122 號	（04）2535-2698
皮皮挫皮革屋	台中市南區忠明南路 713 號	（04）2372-9760
德昌手藝館	台中市復興路四段 108 號	（04）2225-0011

六碼手藝社	彰化市長壽街 196 號	（04）2726-9161
新日和布行	彰化市中正路二段 108 號	（04）724-4696
彰隆布行	彰化市陳稜路 250 號	（04）723-3688
布工坊	南投市三和一路 24 號	（049）220-1555
和成布莊	南投縣草屯鎮和平街 11 號	（049）233-4598
丰配屋	雲林縣斗六市永安路 112 號	（05）534-3206

南 部 地 區

鑫韋布莊台南店	台南市北安路一段 314 號	（06）2813117
品鴻服飾材料行	台南市文南路 304 號	（06）263-7317
千美手工藝材料行	台南市榮譽街 47 巷 1 號	（06）223-2350
清秀佳人	台南市西門商場 22 號	（06）2247-0314
福夫人布莊	台南市西門路二段 145-29 號	（06）225-1441
江順成材料行	台南市西門商場 16 號	（06）222-3553
皮老闆皮革專賣	台南市台南市新化區中山路 1-36 號	（06）591-1989
溪水製作所	台南市正興街 40 號	（06）222-7911
吳響峻棉布專賣店	高雄市青年一路 203、232 號	（07）251-8465
建新服裝材料、建新鈕釦	高雄市林森一路 156 號	（07）281-1827
秀偉手工藝材料行	高雄市十全一路 369 號	（07）322-7657
鑫韋布莊中山店	高雄市新興區中山一路 26 號	（07）2165833
鑫韋布莊鼎山店	高雄市三民區鼎山街 568 號	（07）3835901
憶麗手藝材料行	高雄市鳳山區五甲二路 529 巷 39 號	（07）841-8989
英秀手藝行	高雄市五福三路 103 巷 16 號	（07）241-2412
巧虹城雜物坊	高雄市文橫一路 15 號	（07）251-6472
聯全鈕線行	高雄市嫩江街 109 巷 32 號	（07）321-5171
鑫韋布莊屏東店	屏東市漢口街 1 號	（08）732-0167

網 路 商 店

德昌網路手藝世界	http://www.diy-crafts.com.tw/
小熊媽媽 DIY 購物網	https://www.bearmama.com.tw/
喜佳縫紉網購中心	http://www.cheermall.com.tw/front/bin/home.phtml
車樂美網購中心	http://janome.so-buy.com/front/bin/home.phtml
巧匠 DIY 手工藝材料網	http://www.ecan.net.tw/demo/ezdiy/privacy.php
羊毛氈手創館	http://www.feltmaking.com.tw/shop/
印地安皮革創意工場	http://www.silverleather.com/
花木棉拼布生活雜貨	http://www.hmmlife.com.tw/
鑫韋布莊	http://www.sing-way.com.tw/index.php
玩 9 創意	http://www.0909.com.tw/
幸福嫖蟲手作雜貨購物網	http://ladybug.shop2000.com.tw/
皮皮挫皮革屋	http://bit.ly/1Q3W65F
溪水製作所	http://www.sisediy.com/index.php

從少女到媽媽都喜愛的
100 個口金包
1000 張以上教學圖解＋
原寸紙型光碟，各種類口金、包款齊全收錄

國家圖書館出版品預行編目

從少女到媽媽都喜愛的 100 個口金包：
1000 張以上教學圖解＋原寸紙型光碟，各種
類口金、包款齊全收錄

楊孟欣 著 -- 初版．
臺北市：朱雀文化, 2015.07
360 面；公分
ISBN 978-986-6029-92-9
1. 縫紉
423.3

作者	楊孟欣
美術	潘純靈
編輯	彭文怡
校對	連玉瑩
企畫統籌	李橘
總編輯	莫少閒
出版者	朱雀文化事業有限公司
地址	台北市基隆路二段 13-1 號 3 樓
電話	02-2345-3868
傳真	02-2345-3828
劃撥帳號	19234566 朱雀文化事業有限公司
e-mail	redbook@ms26.hinet.net
網址	http://redbook.com.tw
總經銷	大和書報圖書股份有限公司 （02）8990-2588
ISBN	978-986-6029-92-9
初版一刷	2015.07

定價	530 元

出版登記 北市業字第 1403 號

About 買書 ---

●朱雀文化圖書在北中南各書店及誠品、金石堂、何嘉仁等連鎖書店均有販售，如欲購買本公司圖書，
建議你直接詢問書店店員。如果書店已售完，請撥本公司電話（02）2345-3868。
●●至朱雀文化網站購書（http://redbook.com.tw），可享 85 折起優惠。
●●●至郵局劃撥（戶名：朱雀文化事業有限公司，帳號 19234566），掛號寄書不加郵資，4 本以下
無折扣，5 ～ 9 本 95 折，10 本以上 9 折優惠。